"十四五" 国家重点图书

Springer 精选翻译图书

自适应压缩感知的高效硬件实现
压缩感知信号级优化的设计流程

Adapted Compressed Sensing for Effective Hardware Implementations
A Design Flow for Signal-Level Optimization of Compressed Sensing Stages

［意］ **Mauro Mangia**

［意］ **Fabio Pareschi**

［比］ **Valerio Cambareri**　主编

［意］ **Riccardo Rovatti**

［意］ **Gianluca Setti**

吴小川　张　鑫　杨　强　译

哈尔滨工业大学出版社
HARBIN INSTITUTE OF TECHNOLOGY PRESS

内 容 简 介

本书的写作目的是阐述压缩感知在硬件系统实现中的性能表现和实现代价。首先介绍了压缩感知的基本理论,分析了典型 CS(压缩感知)处理算法的性能表现。在此基础上,建立硬件系统架构,给出信号采集、量化过程的基本依据,同时对采集压缩比选择和量化饱和问题提出具体解决措施。最后介绍了典型应用的硬件实现案例,并从数据传输的安全性角度分析了 CS 的保密性限制和破解概率。本书着重从硬件实现角度详细分析了压缩感知的应用过程,针对实际工程应用中存在的热点及难点问题给出了详细解答。

本书既可以作为压缩感知学习者的工具书,也可以作为压缩感知理论工程应用者的参考资料。

黑版贸审字 08-2019-126 号

First published in English under the title

Adapted Compressed Sensing for Effective Hardware Implementations:

A Design Flow for Signal-Level Optimization of Compressed Sensing Stages

by Mauro Mangia, Fabio Pareschi, Valerio Cambareri, Riccardo Rovatti and Gianluca Setti, edition: 1

Copyright © Springer International Publishing AG, 2018

This edition has been translated and published under licence from Springer Nature Switzerland AG

图书在版编目(CIP)数据

自适应压缩感知的高效硬件实现:压缩感知信号级优化的设计流程/(意)马罗·曼吉亚(Mauro Mangia)等主编;吴小川,张鑫,杨强译. —哈尔滨:哈尔滨工业大学出版社,2024.1

(电子与信息工程系列)

ISBN 978-7-5767-1166-0

Ⅰ.①自… Ⅱ.①马… ②吴… ③张… ④杨… Ⅲ.①数字信号处理-研究 Ⅳ.①TN911.72

中国国家版本馆 CIP 数据核字(2024)第 018239 号

策划编辑 许雅莹
责任编辑 李长波
封面设计 高永利
出版发行 哈尔滨工业大学出版社
社　　址 哈尔滨市南岗区复华四道街 10 号　邮编 150006
传　　真 0451-86414749
网　　址 http://hitpress.hit.edu.cn
印　　刷 辽宁新华印务有限公司
开　　本 660 mm×980 mm　1/16　印张 20.75　字数 370 千字
版　　次 2024 年 1 月第 1 版　2024 年 1 月第 1 次印刷
书　　号 ISBN 978-7-5767-1166-0
定　　价 98.00 元

(如因印装质量问题影响阅读,我社负责调换)

译者序

压缩感知是一种新的信号处理理论,由 D. Donoho(美国科学院院士)、E. Candes(Ridgelet,Curvelet 创始人)及华裔科学家 T. Tao(2006 年菲尔兹奖获得者)等人提出。

压缩感知在 2008 ~ 2013 年是发展的鼎盛时期,其应用覆盖电子、通信、电气工程、统计学、人工智能和计算机视觉等各个领域。该理论证实了,只要信号在某个变换域是稀疏的或可压缩的,就可以用一个与变换基不相关的观测矩阵,将变换所得高维信号投影到一个低维空间上,然后通过求解一个优化问题,就可以从这些少量的投影中以高概率重构出原信号。因此,压缩感知可以从两个方面理解,即压缩过程和感知过程。压缩是将高维数据转变为低维数据,也就是欠采样的过程。感知是将采样得到的数据通过某种方式重新构造出原始数据的过程。

经过近 20 年的研究和发展,该理论已日臻完善,然而由于压缩和采样过程与传统的硬件结构实现不同,因此绝大多数压缩感知处理方法不能得到实际应用。

在偶然的机会下,我们阅读了本书的内容,本书是唯一一本压缩感知领域里专门从硬件实现角度介绍压缩感知处理方式的著作。首先,介绍了压缩感知的基本理论,给出了衡量实际性能的评估标准,在此基础上建立自适应 CS 处理方法并根据不同的感知矩阵评估算法的适应能力。其次,建立硬件系统架构,并针对每种硬件架构给出信号采集、量化过程的基本依据,其中包括采集压缩比选择和量化饱和问题的处理方法等。结合具体的案例分析,给出经典的硬件实现方案和测试结果,以及常用生物信号的压缩分析。最后,从数据传输的安全性考虑,分析了压缩感知系统的保密性限制和破解概率。由于本书特定的分析角度更符合实际应用需求,因此,它也为压缩感知理论与工程应用实现建立了联系纽带。

所有参加翻译工作的教师和研究生竭尽全力，力图准确传达原书作者的思想。主要参加翻译的人员和所译的章节如下：第 1~4 章、第 6 章由吴小川翻译；第 5 章、第 7 章由张鑫翻译；第 8 章、第 9 章由杨强翻译。还有其他研究生为翻译工作提供了帮助，他们是王洪永、任宇星、菅宇鹏、左鑫、李文隆、宋晓琳等。

在本书中出现了一些新术语，这些术语目前尚无固定译法，尽管我们力图为它们选择简洁达意的表述方式，但仍难免出现言不尽意之处。译文中的疏漏和不足之处，敬请读者指正。

注：书中矢量、向量、矩阵等均未用黑体形式。

译　者
2023 年 7 月

前　　言

本书的写作目的是针对以下问题给出一个具体的答案：

无论是在模拟电路还是在数字电路和系统中，当考虑到约束条件时，压缩感知在实现过程中能否成为信号采集、编码和加密的有效优化手段呢？

这个问题之所以重要，是因为压缩感知(CS)多年来一直是在工程界被激烈探讨的一个热门研究课题，汇集了应用数学和信息论领域科学家，以及模拟/数字电路和光学系统工程师的大量努力。然而，一些误解主导了一部分研究，这些误解在某种程度上阻碍了这种技术在现实系统中的应用。

第一种误解是优化和自适应从根本上来说是没有意义的，因为 CS 作为一种通用的技术而诞生，不能得到显著的改进。

第二种误解是即使人们想要优化 CS，但解决这方面问题的自由度是不存在的，因为它是一种信息传播均匀的技术，没有任何标准能够区分什么是应该重点强调的部分，什么是应该忽略的非重要部分。

两种误解都是建立在基础数学结果的基础上，这些结果确实是 CS 理论的支柱，也是整个学科所依赖的形式结构中不可或缺的组成部分。遗憾的是，形式上的定理推导会带来误导性的设计准则。

自适应性是无意义的，该思想之所以被普遍认可，主要根源在于提出 CS 概念的开创性论文以及后来的其他信息理论成果。在 CS 产生之初，非自适应性的观念可以赋予 CS 在工程应用中可以使用通用的信息获取方法。此外，数学推导给出了自适应方法与非自适应方法性能比值的上界，这个上界是有限制的，它限定了 CS 的性能和现有的最好的信息获取技术相差不大。也就是，在实际的情况下，这个比值限定了自适应性的好处不会比非自适应性的好处远超某个因数，比如 100。然而，工程师不会因为知道改进量会小于 10 000%，而不去尝试系统的优化。

另一种误解有时会将人们的注意力从严格的 CS 优化中转移出来，也就是平等性。CS 的工作原理是将高维信号编码到低维的测量集合中，平等性用来决定如何处理在获取过程中可能损坏的测量。在特定条件下，所有的测量都被认为是同等重要的，因为它们都以相同的方式对保证可以检索原始信号的数学特性做出贡献。这意味着简单丢弃损坏的信息会导致性能的大幅下降。

这种开发是基于最坏的情况下的分析，该分析对系统的对称性本质上是不变的，因为最坏情况配置可以重复利用相同的对称性。从这种观点来看，用基本相同的过程计算测量值同样重要。然而，这并不妨碍某些测量在非最坏情况下比其他测量更能获取信息。

总体来说，数学的普遍性和平等性对于实际 CS 系统的表现影响很小。可以选择测量值，也可以用多种非常有效的方式进行优化，甚至可以考虑传统的实现约束，类似面积、功率、时间等常见代价函数，来降低最终实现的成本。

本书的目的是展示如何做到这一点，以及在获取性能和实现成本方面可以预期哪些好处。

第 1 章简要回顾定义 CS 的主要思想，并确保它是一个可行的选择。

第 2 章和第 3 章讨论了基于耙度的 CS 设计，描述了如何从非最坏情况不平等过程中推导出来，展示了如何在通用的、不可知的 CS 中改进重构性能，最后讨论了将自适应感知用于信号获取的优缺点。

第 4 章从硬件实现的角度讨论了 CS 的计算复杂度。在确定了基于 CS 获取成本所依赖的关键参数后，采用基于耙度的设计解决成本与重建性能之间的权衡问题。

第 5 章简单回顾讨论了如何生成随机过程，使它们只有有限的值，同时重现一些指定的二阶统计特性。这是超越基于耙度的、实现友好的 CS 应用程序的一个普遍问题。

第 6 章描述了实现 CS 系统的主要架构，并展示了它们对信号级功能的影响。本章还解决了饱和度的问题，其目的是尽可能从损坏的测量数据中提取每一小块信息。

第 7 章列出并讨论了几个 CS 实现，这些实现将其嵌入到信号链的模拟－数字部分，从而形成模拟－信息阶段。最后的比较图展示了基于耙度的 CS 设计如何获得最有效的实现。

第 8 章采取了不同的观点，将 CS 视为一个纯粹的数字有损压缩阶段，其主要特征是极其简单的。将 CS 有损压缩与无损压缩相结合，对整体性能进行了评估，结果表明，在采用耙度 CS 时，得到了一种非常简单而有效的比特压缩机制。然后将这种机制应用于生物信号的获取，并分析各种复杂程度的实现。

第 9 章讨论了 CS 的一个非常有用的功能,它可同时作为一种有效的采集方案和一个低复杂度的加密过程使用。加密几乎是免费的,这意味着安全性在某种程度上是有限的,但对经典攻击的总体鲁棒性是足够好的,可以在低成本系统实现时加以考虑。

本书涵盖了相当宽泛的内容,虽然本书目的是力求自我覆盖并对 CS 应用爱好者以指导,但也需要读者在数学方面有较好的基础,特别是在前几章中。此外,本书在混合信号电路或数字体系结构上介绍不够详细,需要读者在系统级和电路级设计上有一定的基础。

Bologna,Italy　　　　　　　　　　　　　　　Mauro Mangia

Ferrara,Italy　　　　　　　　　　　　　　　Fabio Pareschi

Louvain-la-Neuve, Belgium　　　　　　　　Valerio Cambareri

Bologna,Italy　　　　　　　　　　　　　　　Riccardo Rovatti

Ferrara,Italy　　　　　　　　　　　　　　　Gianluca Setti

目　　录

第1章 压缩感知导论

1.1 信号采集与压缩感知

要与物理世界进行交互,信息处理系统需要展现 3 个基本活动:获取与之交互的信息,处理这些信息以决定是否响应以及如何响应,将此决策转换为物理效果。

本书集中讨论了这 3 个活动中的第一个所涉及的技术,即信息的获取。所有现代工程都认识到信息是由信号传递的,如电压或电流等物理量,它们随时间随机变化,可以建模为一个随机过程。

自然随机过程在时间和幅度上本质是连续的, 这意味着它们是函数 $x(t):\mathbf{R} \to \mathbf{R}^s$,对于 $s \geqslant 1$ 的实例。虽然向量处理很常见(一组传感器、一组图像等),但主要关注 $s = 1$ 的情况,并注意到数字处理在时间和幅度上都是离散的。因此,获取总是在时间上进行采样和量化,这样物理信号的时间演化就被转换成二进制流。

传统的方法是用 1 s 的采样量作为采样率 r_x,取 $1/r_x$ 的倍数得到采样序列 $r_k:\mathbf{Z} \to \mathbf{R}$,即 $r_k = x(k/r_x)$。然后,将每个样本量化成整数 $Q(x_k)$,它就是二进制序列,接下来输入到数字处理流程中(图 1.1)。

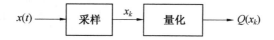

图 1.1　数字信息获取的两个阶段

假设 r_x 是采样的充分速率,即非量化样本序列 x_k 包含应用所需要信息的最小速率。通常,充分速率 r_x 与奈奎斯特率一致,即两倍于获取信号波形频谱的最大频率。因为这样选择建立了波形和序列之间数学上的双映射。

然而,基于实际和理论的原因,充分速率可能不同于奈奎斯特率,所以后续的讨论都是独立的。压缩感知的目的是将信号波形转换成一个标量 y_j 序列(称之为测量值),它的采样率 $r_y < r_x$ 是亚充分的,并且量化值可以送给信号处理器,因为它已经包含了所需的信息。这就是 CS 经常被作为一种实现亚奈奎斯特采样的方法的原因。

　　为了达到这个目的,CS 通过在采样信号链中插入中间阶段实现对信号的一些早期处理,如图 1.2 所示,在不同阶段引入一些额外处理:① 连续时间模拟预处理阶段;② 离散时间模拟处理阶段;③ 数字后处理阶段。

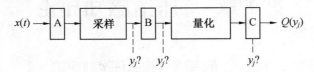

图 1.2　采用压缩感知对采样信号链进行改进
（根据实现方式的不同,亚充分速率采样序列 y_k 可以出现在不同阶段）

　　根据实现方案(本书后续讨论内容),亚充分速率序列可能出现在信号链路中的不同位置。尽管如此,y_j 和亚充分速率采样序列 x_j 之间的关系始终是块级线性的。

　　假定有两个块大小为 m 和 n,且 $m < n$,使得 n 个相邻的样本块 x_k 线性映射到 m 个相邻测量值 y_j 上(图 1.3)。数学上表示为,对任意 $l \in \mathbf{Z}$,存在 $m \times n$ 维矩阵 $A^{(l)}$,向量 $x^{(l)} \in \mathbf{R}^n$,其中 $x_k^{(l)} \in x_{ln+k}$;向量 $y^{(l)} \in \mathbf{R}^m$,其中 $y_j^{(l)} \in y_{lm+j}$,使得

$$y^{(l)} = A^{(l)} x^{(l)} \tag{1.1}$$

　　这种块编码清晰地展现出压缩率 $r_x / r_y = n/m$。因为 x_j 是充分速率,因此只有在特定的条件和假设下,这样的压缩率才是可行的。

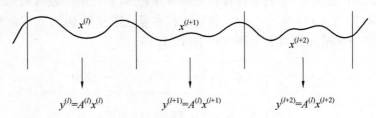

图 1.3　沿一维子空间集中的二维随机向量

　　首先注意,测量值 y_k 不是样本,虽然充分速率 r_x 定义为了保留信息必须从信号中提取样本的最低速率,但这并不阻碍用更少的采样信息包含相同的信息量。

　　要实现这一点,必须承认采样可能不是从波形中提取信息的最有效方法。这正是 CS 展现信号分类潜力的原因:本质上是低维信号,一般表述为稀疏信号。

如果在式(1.1)中的线性映射 $A^{(l)}$ 设计合理且重构算法合适,那么将在下面看到对于这些信号,尽管采样率降低了,仍可以从测量值返回到样本。

事实上,尽管线性算子 $A^{(l)}$ 一般随 l 而变,但是 CS 是通过利用非重叠窗(长度为 n 个采样点与充分采样率 r_x 的比值 n/r_x)对原始信号 $x(t)$ 进行分块,并在每个块上独立操作,对每一个窗产生 m 个测量向量。这样,分析和设计就可以集中在单个窗/块上,从而丢弃掉角标(l)。

需要注意的是,采集系统的物理实现必然会给信号添加噪声,而在将测量数据输入处理阶段之前对其进行的量化操作可以被认为是一种进一步的干扰。总体来说,CS 产生的测量和充分采样之间的关系一般是

$$y = A(x + \eta^x) + \eta^y \tag{1.2}$$

其中,η^x 和 η^y 考虑了影响 x 和 y 的所有非理想情况。

通常,更倾向于在处理过程最后添加一个噪声源,这样 CS 的编码阶段就可以概括为

$$y = Ax + \eta \tag{1.3}$$

其中,$\eta = A\eta^x + \eta^y$。为了使 m 尽可能小,必须设计编码以便于从 m 维向量 y 回到 n 维向量 x。

在这样一个系统的设计和操作中,低维信号模型、感知算子和重构算法 3 个概念相互作用。

1.2　信号低维度模型

因为是逐块处理,并且需要的信息包含在采样 x_j 中,可以利用随机向量 $x \in \mathbf{R}^n$ 识别信号。假定存在子集 $X \subseteq \mathbf{R}^n$,可以通过定义距离来判断 X 是否能很好地代表 x 在信号空间中的分布

$$\Delta(X, x) = \min_{\xi \in X} \| x - \xi \|_2$$

是当用 X 中最近的点近似 x 时,所产生的最小误差。

平均误差能量 $E_\Delta = E_x[\Delta(X, x)^2]$ 可以与信号平均能量 $E_x = E_x[\| x \|_2^2]$ 比较,当 E_Δ / E_x 很小时,可认为 x 集中在 X 中。

信号集中在子集 X 中可以具有不同的形状。这里,我们感兴趣的 X 是子空间或者子空间的并集。这些子空间的几何维数很好地反映了信号的真实信息内容,因为在 k 维 $\mathbf{R}^n$ 子空间内表达一点,只需要 k 个标量。

可以用以下两个例子来说明子空间/子空间的并集,这两个例子阐明了一些定义。

1.2.1 集中和局部信号

作为第一个例子，考虑一个随机向量 $x \sim N(\mu, \Sigma)$，即一个均值为 μ、方差为 Σ 的多元高斯分布的随机向量，它的概率密度函数为

$$g(\mu, \Sigma; \xi) = \frac{1}{\sqrt{(2\pi)^n \det \Sigma}} e^{-\frac{1}{2}(\xi-\mu)^T \Sigma^{-1}(\xi-\mu)} \tag{1.4}$$

特别地，令 $n = 2$，$\mu = (0,0)^T$，$\Sigma = \begin{pmatrix} 5 & 3 \\ 3 & 2 \end{pmatrix}$，因为 x 是零均值，所以相关矩阵 $\mathscr{R} = E_x[xx^T]$ 与协方差矩阵 Σ 一致，向量的平均能量是 $E_x = \mathrm{tr}(\mathscr{R}) = \mathrm{tr}(\Sigma) = 7(\mathrm{tr}(\cdot)$ 表示矩阵的迹)。

图 1.4 展示了二维平面 $\mathbf{R}^2$ 向量点的实现。由图可以看出这些点的走向与对应子空间 $\mathrm{span}(d_0)$ 的直线对齐，其中 $d_0 = (1 + \sqrt{5}, 2)^T$。

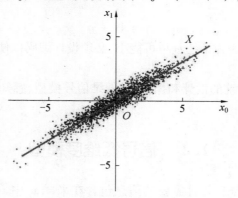

图 1.4　沿一维子空间的二维随机向量分布

如果子集 X 是这样的子空间，那么就可以通过正交投影计算 $\Delta(X, x)$，即 $\Delta(X, x) = d_1^T x / \| d_1 \|_2$，其中 $d_1 = (1 - \sqrt{5}, 2)^T$ 和 d_0 是正交的。因此，$\Delta(X, x)$ 是方差为 $d_1^T \mathscr{R} d_1 = d_1^T \Sigma d_1 = E_\Delta \simeq 0.15$ 的零均值高斯随机变量。平均误差量接近信号能量（$E_\Delta \simeq 0.15$ vs $E_x = 7$）的 2% 证实了观测的结论。

用矩阵的方式表示，d_0 和 d_1 是相关矩阵 $\mathscr{R}$ 的特征向量，E_Δ 是对应 d_1 的特征值，也就是，与 x 集合构成的子空间正交的方向。

基于这个框架，很容易将示例推广到一般的维度 n。相关矩阵 $\mathscr{R}$ 是对称正定矩阵，因此它表示一组正交特征向量 $d_0, \cdots, d_{n-1}$，对应的特征值 $\lambda_0 \geqslant \lambda_1 \geqslant \cdots \geqslant \lambda_{n-1} \geqslant 0$。如果部分特征值的和 $\sum_{j=k}^{n-1} \lambda_j$ 小于迹 $\mathrm{tr}(\mathscr{R}) = \sum_{j=0}^{n-1} \lambda_j$，那

么就说 x 集中在子空间范围 $(d_0,\cdots,d_{k-1})$。这也称为主成分分析,因为前 k 个特征向量可以看作是占据信号大部分能量。

主成分分析也允许搜索更少尖锐值,这些值并不集中,而特征值序列并是不恒定的,因此信号的能量不是均匀分布在信号空间中。这种不均匀性可以通过定义位置索引来度量。

定义 1.1　假定随机向量 $x \in \mathbf{R}^n$,$\mathscr{X}$ 表示相关矩阵 $\mathscr{X} = E_x[xx^\mathrm{T}]$,$\lambda_0 \geqslant \lambda_1 \geqslant \cdots \geqslant 0$ 表示特征值。x 位置度量表示为

$$\mathscr{L}_x = \sum_{j=0}^{n-1} \left(\frac{\lambda_j}{\mathrm{tr}(X)} - \frac{1}{n} \right)^2 = \frac{\mathrm{tr}(X^2)}{\mathrm{tr}^2(X)} - \frac{1}{n} \tag{1.5}$$

$\mathscr{L}_x$ 是 $\mathscr{X}$ 的特征值和一组用来表征白信号的均匀特征值序列之间平方距离的数值。位置是在 $0 \leqslant \mathscr{L}_x \leqslant 1 - 1/n$ 之间,上界的取值是因为 $\mathscr{X}$ 是正定的。事实上,对于 $j,k = 1,\cdots,n-1$ 有 $|\mathscr{X}_{j,k}| \leqslant \sqrt{\mathscr{X}_{j,j}\mathscr{X}_{k,k}}$,因此

$$\mathrm{tr}(\mathscr{X}^2) = \sum_{j=0}^{n-1}\sum_{k=0}^{n-1} \mathscr{X}_{j,k}\mathscr{X}_{k,j} \leqslant \sum_{j=0}^{n-1}\sum_{k=0}^{n-1} \mathscr{X}_{j,j}\mathscr{X}_{k,k} = \mathrm{tr}^2(\mathscr{X})$$

显而易见,当所有特征值都相等时,$\mathscr{L}_x = 0$,沿着能量分布方向没有倾向。相反,当只有一个特征值是非空的,那么 $\mathscr{L}_x = 1 - 1/n$,x 总是沿着相应特征向量的方向。

真实信号一般是 $\mathscr{L}_x > 0$。例如,表 1.1 列举了 4 种真实信号的位置索引:来自物理网络数据库的信号 Electro Cardio Grams(ECG) 和 Electro Myo Grams(EMG)[8],分离打印信件的黑白图像信号[15],10 ms 的语音片段[11]。

表 1.1　实际信号种类的 $\mathscr{L}_x$

信号	充分采样率 r_x	n	$\mathscr{L}_x$
ECG	720 Hz	360	0.187
语言信号	20 kHz	200	0.069
EMG	400 Hz	200	0.021
黑白印刷字母	像素大小为 24 × 24	576	0.016

ECG、EMG 和语音片段是一维信号,对这 3 种信号使用充分采样率 r_x,可以得到 n 点子序列采样 $x^{(l)}$,其中 $l = 0,\cdots,N-1$。相关矩阵 $\mathscr{X} = E_x[xx^\mathrm{T}]$ 可以通过估计 $\mathscr{X} \simeq \dfrac{1}{N}\sum_{l=0}^{N-1} x^{(l)}(x^{(l)})^\mathrm{T}$ 代替,特征值可以通过计算式(1.5)获得。

　　静止图像是恒定的二维信号，其结果表征为一定数量的像素值。在这里，考虑 24×24 图像，它的像素值指定在 576 点向量 $x^{(l)}$，估计 $\mathcal{X}$ 的方式和之前相同。

1.2.2　稀疏和可压缩信号

　　考虑第 2 个例子 $n = 3$，3 个独立向量 $d_0, d_1, d_2 \in \mathbf{R}^3$。假设向量归一化，利用式(1.4)定义 x 的概率密度函数：

$$f_x(\xi) = \frac{1}{3} \sum_{j=0}^{2} g\left(0, d_j d_j^{\mathrm{T}} + \frac{\sigma_\eta^2}{3} I; \xi\right)$$

其中 $0 = (0,0,0)^{\mathrm{T}}$；I 是 3×3 单位阵；$\sigma_\eta^2 \ll 1$。因为向量是零均值，仍满足相关矩阵和协方差矩阵是一致的。因为 $\| d_j \| = 1$，所以有 $\mathrm{tr}(d_j d_j^{\mathrm{T}} + \sigma_\eta^2 I/3) = 1 + \sigma_\eta^2$，也就是 x 的平均能量。

　　图 1.5 展示了在三维空间 $\mathbf{R}^3$ 许多向量作为点集的实现，对于 $d_0 = 1/\sqrt{3}(1,1,1)^{\mathrm{T}}, d_1 = 1/\sqrt{3}(1,-1,1)^{\mathrm{T}}$ 和 $d_2 = 1/\sqrt{3}(-1,1,1)^{\mathrm{T}}$，结果直观地表现出这些点集中在三维子空间 $\mathrm{span}(d_j)$（其中，$j = 0,1,2,\cdots$）中，因此，可以设定集合 $X = \mathrm{span}(d_0) \cup \mathrm{span}(d_1) \cup \mathrm{span}(d_2)$。

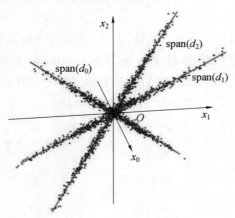

图 1.5　三维随机向量集中于一维子空间内

　　同样在这种情况下，人们会错误地认为 $x \in X$ 可以通过正交投影计算，由于定义了 f_x，因此有 $E_\Delta = \sigma_\eta^2 \ll E_x$。这种集中性通常称为可压缩性，极端表达形式是 $E_\Delta = 0$，即稀疏性。

　　为了阐明原因，注意到如果构建矩阵 $D = d_0 d_0^{\mathrm{T}} + d_1 d_1^{\mathrm{T}} + d_2 d_2^{\mathrm{T}}$，那么 D 是非奇异的，D^{-1} 引入 d_j 在第 j 个坐标轴上，其中 $j = 0,1,2$。因此，$\xi = D^{-1} x$ 沿着坐

标轴集中,也就是,只有一个非空的部分。这允许将概念推广到更高维度,当存在一个基矩阵,使得 $x = D\xi$,至多有 $k < n$ 非空单元,其中 ξ 是一个稀疏向量,那么称 x 是 k 稀疏(或者 k 可压缩)的。

概括来说,称 D 为一个字典,它是 $d > n$ 列向量的集合,包含 n 个独立向量的子集。因此,能够表示任意 $x \in \mathbf{R}^n$,尽管不是唯一的方式。

合理的字典要求非常低的稀疏性,稀疏度 k 有利于降低测量值 m 的数量。事实上,只需要很少的测量值 $m^* = O(k\log(d))$ 就可以实现从 y 中重构 x。填加特定向量到集合中对表达 x 有帮助。极端情况就是,如果 x 只能是有限数量波形中的一个,那些波形可以作为 D 列集合,使得 $k = 1$,$m^* = O(\log d)$,因为证实 d 个可能的选项,只需要 $\log_2 d$(bit)。

定义 1.2　假定随机向量 $x \in \mathbf{R}^n$,存在一个满秩矩阵 $n \times d(d \geqslant n)$,对每一个 x,至少存在一个 $\xi \in \mathbf{R}^d$ 使得 $x = D\xi$,且 ξ 有不多于 $k < n$ 非空元素,则称它是 k 稀疏的(k 可压缩的)。

不失一般性,假定 D 的列 $D_{\cdot,0},\cdots,D_{\cdot,d-1}$ 单位长度为 $\| D_{\cdot j} \|_2 = 1$。

经典的 CS 指信号是 k 稀疏的(k 可压缩的),D 是稀疏基或者稀疏字典。这经常被说成是 CS 利用了 x 是稀疏的或可压缩的先验知识,简而言之,是稀疏先验。

整个机器的效率通常包括几个重要的参数,如:

(1) 压缩比 $CR = n/m$;

(2) 稀疏率 n/k;

(3) 测量开销 m/k;

(4) 字典冗余度 d/n。

这些指标确定了设计中的主要目标和标准。

我们将专门针对传统方法描述自适应方法,这些传统方法对真实的信号只利用了 $\zeta_x > 0$,即先验位置。

1.3　感知过程

如果存在 D 和 ξ,使得 $x = D\xi$,那么假定噪声影响可忽略,即 $\eta = 0$,式(1.3)可以写作

$$y = Ax = AD\xi = B\xi \tag{1.6}$$

对 $m \times d$ 矩阵,$B = AD$。

因为 $m < n \leqslant d$,那么主要问题是从 y 到 ξ,因为即使 B 是满秩,方程的解也并不唯一。降维的效果暗示 $\ker(B) \neq \{0\}$。因此 B 不是单射的,每一个 y 有多个可能的映射。

为了举例说明稀疏性在这方面的帮助,分析一个玩具箱,其中 $n = 3$,x 已知稀疏度是 1。这正是 1.2 节的第二个例子中描述的情况。

稀疏性意味着信号 x 映射到向量 ξ 上,向量 ξ 只有一个非空元素。因此,x 的不同实例如图 1.6 中的 ξ'、ξ''、ξ'''。虽然 $x \in \mathbf{R}^3$,稀疏性先验表明,每一个点都可以用少于 3 个标量来表示。然而,即使它们各自所在的轴是已知的,也应该为每个点指定至少一个标量,以表示其沿该轴的位置。在这种情况下,可以期望表示每个点所需的标量数量为 2(多于一个坐标,但小于泛型点所需的完整三坐标集)。

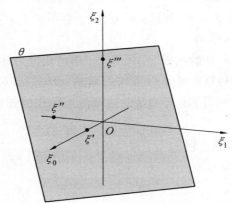

图 1.6　点表示了 1 – 稀疏信号 $x \in \mathbf{R}^3$ 和一个平面 θ,以及在该平面上投影点来降低信号维度

为了理解这个过程,考虑由方程 $\xi_0 + \xi_1 + \xi_2 = 0$ 定义的平面 θ。在 θ 上的投影可以通过与矩阵对应的线性映射得到

$$B = \begin{pmatrix} \dfrac{1}{\sqrt{2}} & -\dfrac{1}{\sqrt{2}} & 0 \\ -\dfrac{1}{\sqrt{6}} & -\dfrac{1}{\sqrt{6}} & \sqrt{\dfrac{2}{3}} \end{pmatrix} \tag{1.7}$$

在 θ 平面上的点 $y' = B\xi'$,$y'' = B\xi''$,$y''' = B\xi'''$ 如图 1.7(a)所示。图 1.7(b)展示了只看二维投影的结果。因为 3 个坐标轴在 θ 平面的投影彼此相距很远,先验的稀疏性足以从 y'、y''、y''' 推断出 ξ'、ξ''、ξ'''。

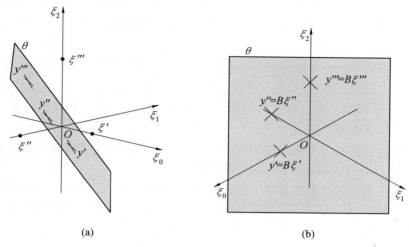

(a)   (b)

图 1.7   稀疏信号 $x \in \mathbf{R}^3$ 在平面 θ 的投影点以及从两个不同方向的原始点图像重构

1.4 相 干 性

这种定性行为可以变得更加精确。B 在坐标轴上的投影对应 B 的列向量 $B_{\cdot,0}, \cdots, B_{\cdot,d-1}$，这些向量很重要，因为测量向量 y 可通过这些向量中的 k 个线性组合获得(在这里 $k=1$，y 实际上落在上面)。因此，它们越容易区分，就越容易从 y 得到原始值 ξ。在这种情况下，完全可分辨意味着线性无关，而这是不可能的，因为它们都是 m 维向量，$d > m$。然而，借助于框架的概念，可以形式化一组向量的概念，这些向量在给定维数约束的情况下尽可能线性无关。

框架理论内容丰富，并且它的实用性远远超出这里给它们的角色：这是对 B 的一个直观的支持。更系统全面的讨论可参考文献[13,14]。这里需要给出一种特殊的框架定义。

定义 1.3 m 维向量集合 $\{b_0, \cdots, b_{d-1}\}$ 是列紧、标准、等角框架，那么长度 ℓ 和角度 α 存在关系

$$| b_j^{\mathrm{T}} b_l | = \begin{cases} \ell^2, & j = l \\ \ell^2 \cos \alpha, & j \neq l \end{cases} \tag{1.8}$$

并且

$$\frac{m}{d} \ell^{-2} \sum_{j=0}^{d-1} (b_j^{\mathrm{T}} v) b_j = v \tag{1.9}$$

式(1.8)表示向量之间的长度、等角标准化,式(1.9)表示集合类似正交基,依赖于降维 m/d。对于 $m < d$,TNEF 是向量的集合,是正交基最佳估计,在这些正交基中,向量最大区分。

著名的 Naimark 膨胀定理可以专用到有限维空间,实数域表明等角紧框架事实上是由在 $\mathbf{R}^d$ 空间正交基向量 $\mathbf{R}^m$ 上的正交投影构成。如果信号在更高维基上是稀疏的,那么对应的等角紧框架显然是一个很好的候选对象,它可以实现从 y 到 ξ 的逆。

作为这种嵌入的有力证明,图 1.8(a)展示了在 $\mathbf{R}^3$ 空间 4 个向量的排列,它形成了 $\ell = 1,\cos\alpha = 1/3$ 的等角紧框架。

如果利用这种等角紧框架向量构造 3×4 矩阵 B,它可以将稀疏度为 2 的稀疏向量 $\xi',\xi'',\xi''' \in \mathbf{R}^4$ 映射到测量向量 $y',y'',y''' \in \mathbf{R}^3$。在这种情况下,映射是不可见的,但结果可以画在图 1.8(b)的 $\mathbf{R}^3$ 空间中。

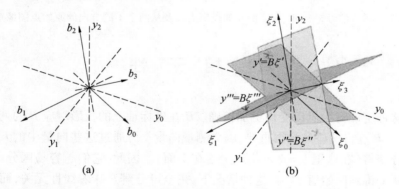

图 1.8　$\mathbf{R}^3$ 空间 4 个向量列紧等角标准框架在信号重构中的应用

因为 $\mathbf{R}^4$ 空间坐标轴的投影与 $\mathbf{R}^3$ 完全不同,是 ξ 所属平面的投影,图 1.8(b)展示了 6 个可能坐标平面中的 3 个。图中清晰地表明,除了稀疏度为 1 的信号这种特殊情况,测量值 y'、y''、y''' 只属于这些投影中的一个,因此,表明了组成部分在原始信号中是非空的。

考虑到这些极为有利的情况,但等角紧框架并不是对每种 m 和 d 选择都是存在的。这是亟待研究但仍未解决的问题。

在这种情况下,另一个重要的性质取决于互相关性[6]。

定义 1.4　给定 $m \times d$ 维矩阵 B,具有列向量 $B_{\cdot,0},\cdots,B_{\cdot,d-1}$,那么互相关性可以用下式表示:

$$\mu(B) = \mu(B_{\cdot,0},\cdots,B_{\cdot,d-1}) = \max_{j \neq l} \frac{|B_{\cdot,j}^{\mathrm{T}} B_{\cdot,l}|}{\|B_{\cdot,j}\|_2 \|B_{\cdot,l}\|_2} \qquad (1.10)$$

众所周知,互相关性表示的是任意两个向量 B_j 之间最大角度的余弦值,并且满足界限

$$\sqrt{\frac{(d-m)^+}{(d-1)m}} \leqslant \mu(B) \leqslant 1 \qquad (1.11)$$

其中, $(\cdot)^+ = \max\{0, \cdot\}$。

对 $d > m$,式(1.11)的下界能够达到的条件是一组标准化向量集合是等角紧框架。针对讨论的情况,m 和 d 是由外部条件约束的,可能会妨碍构造真正的等角紧框架。那么,自然会要求 $\mu(B)$ 尽可能小以接近等角紧框架的情况。也就是,要保证坐标轴在测量值空间上的投影尽可能区分开以利于重构 ξ。

在图1.6情况中,坐标轴投影的完美区分是因为集合

$$B_{\cdot,0} = \begin{pmatrix} \dfrac{1}{\sqrt{2}} \\[2mm] -\dfrac{1}{\sqrt{6}} \end{pmatrix}, \quad B_{\cdot,1} = \begin{pmatrix} -\dfrac{1}{\sqrt{2}} \\[2mm] \dfrac{1}{\sqrt{6}} \end{pmatrix}, \quad B_{\cdot,2} = \begin{pmatrix} 0 \\[2mm] \sqrt{\dfrac{2}{3}} \end{pmatrix}$$

是一个等角紧框架,其中 $\ell = \sqrt{2/3}$, $\alpha = \pi/3$,事实上 $|B_{\cdot,j}^{\mathrm{T}} B_{\cdot,l}| = 1/3$,那么对于 $d = 3$, $\mu(B) = 1/2$, $m = 2$ 是式(1.11)中的最下界。

我们会发现,B 的列向量的相关性会影响从 y 构造 ξ 的算法的表现性能。也可以说对 A 的设计原则是尽可能使 $B = AD$ 的列不相关。

1.5　限制等距性

前面的讨论利用稀疏性,通过推断在 ξ 空间通过坐标轴 B 的投影尽可能区分开。然而,可以进一步利用稀疏先验信息来凸显 B 的另一种性质。

定义一个向量机 v,使得 $\mathrm{supp}(v) = \{j \mid v_j \neq 0\}$ 包含非空项的位置,那么对任意有限集合 C,$|C|$ 表示基。用 $|\cdot|$ 这个符号,如果 $|\mathrm{supp}(\xi')| = k$ 并且 $|\mathrm{supp}(\xi'')| = k$, $\Delta\xi = \xi' - \xi''$,那么 $|\mathrm{supp}(\Delta\xi)| \leqslant 2k$,当不存在 $\xi' - \xi''$ 分量时,可以达到上界。

在设计 B 时必须避免 $y = B\xi'$ 和 $y = B\xi''$ 同时成立,即 $\Delta\xi \in \ker(B)$。因此,假定 A 矩阵满足条件 $B = AD$ 的核函数包含向量多于 $2k$ 个非空部分,那么就可以用相应的 ξ 唯一地关联任何可能的 y。

考虑一个一般性的索引子集 $K \subseteq \{0, \cdots, n-1\}$,对任意的向量 v 和矩阵 M,用 v_K 和 $M_{\cdot,K}$ 来表示,同一实体,其索引限制在 K 中。令 $K = \mathrm{supp}(\Delta\xi)$, $K =$

$2k$，对任意 K 和 $\Delta\xi_K$，要求

$$0 \neq B\Delta\xi = B_{\cdot,K}\Delta\xi_K$$

因此，每一个可能的子矩阵 $B_{\cdot,K}$ 是从满秩矩阵 B 中选择 $2k$ 列构成。

经典理论对这一概念进行了详细的阐述，使其不仅能够用在无噪情况，即 $\eta=0$；而且当 $\eta\neq0$ 时，式(1.6)变成 $y = B\xi + \eta$，从 y 构造 ξ 会受一些误差影响。在这种情况下，B 的特征、提取 ξ 时产生的误差以及干扰之间的关系很重要，这需要能量之间的转换。

一般来说，当 $\Delta\xi$ 通过 B 映射，给定向量 $\Delta y = B\Delta\xi = B_{\cdot,K}\Delta\xi_K$。要求 $\Delta\xi_K \notin \ker(B_{\cdot,K})$，等于说 $\|\Delta y\|_2 > 0$，因此能量增益 $\|\Delta y\|_2^2 / \|\Delta\xi_K\|_2^2$ 在 $\Delta\xi_K$ 和 Δy 之间是非空的。

可以首先评估增益的平均性，通过假设 $B_{\cdot,K}$ 是满秩的，$\Delta\xi_K$ 是有径向分布的满向量，也就是可以写作 $\Delta\xi = \alpha v$，其中 v 是一个均匀分布在 $n-1$ 维单位球表面的向量，$\alpha \geq 0$ 是一个随机标量。那么，在 $\Delta\xi_K$ 和 Δy 之间的平均能量增益可以表示为

$$\gamma = E_{\Delta\xi_K}\left[\frac{\|B_{\cdot,K}\Delta\xi_K\|_2^2}{\|\Delta\xi_K\|_2^2}\right] = E_v\left[\frac{\|B_{\cdot,K}v\|_2^2}{\|v\|_2^2}\right] = E_v\left[v^{\mathrm{T}}B_{\cdot,K}^{\mathrm{T}}B_{\cdot,K}v\right]$$

计算最后一个表达式，注意到 $B_{\cdot,K}^{\mathrm{T}}B_{\cdot,K}$ 是 $2k\times2k$ 的非奇异对称矩阵，它的特征值是 $B_{\cdot,K}$ 奇异值的平方。一般来说，用 $\sigma_j(\cdot)$ 表示矩阵的第 j 个奇异值，$\sigma_{\min}(\cdot)$ 和 $\sigma_{\max}(\cdot)$ 表示奇异值集合的最小值和最大值。与特征值／平方奇异值相关，存在正交特征向量 b_j，使得

$$B_{\cdot,K}^{\mathrm{T}}B_{\cdot,K} = \sum_{j=0}^{2k-1}\sigma_j^2(B_{\cdot,K})b_jb_j^{\mathrm{T}}$$

因此

$$E_v\left[v^{\mathrm{T}}B_{\cdot,K}^{\mathrm{T}}B_{\cdot,K}v\right] = \sum_{j=0}^{2k-1}\sigma_j^2(B_{\cdot,K})\left[v^{\mathrm{T}}b_jb_j^{\mathrm{T}}v\right] = \sum_{j=0}^{2k-1}\sigma_j^2(B_{\cdot,K})\mathrm{E}\left[(b_j^{\mathrm{T}}v)^2\right]$$

因为 b_j 是正交的，那么

$$\sum_{j=0}^{2k-1}(b_j^{\mathrm{T}}v)^2 = \|v\|_2^2 = 1$$

因为 v 是均匀分布在 $n-1$ 维单位球表面，所以所有的投影 $b_j^{\mathrm{T}}v$ 是不可区分的。总体来说

$$E_v\left[(b_j^{\mathrm{T}}v)^2\right] = \frac{1}{2k}$$

对任意 $j = 0,\cdots,2k-1$，满足

$$\gamma = \frac{1}{2k} \sum_{j=0}^{2k-1} \sigma_j^2(B_{\cdot,K}) = \frac{1}{2k} \mathrm{tr}(B_{\cdot,K}^{\mathrm{T}} B_{\cdot,K}) = \frac{1}{2k} \sum_{j \in K} \| B_{\cdot,j} \|_2^2 \qquad (1.12)$$

首先利用奇异值是 $B_{\cdot,K}^{\mathrm{T}} B_{\cdot,K}$ 的特征值,那么这个矩阵对角元素包含 $B_{\cdot,K}$ 列的平方项,也就是 $B_{\cdot,j}, j \in K$。需要注意的是,如果 B 的列标准化到某一长度 ℓ,那么 $\gamma = \ell^2$。

在式(1.12)中的值,通常 $\| \Delta y \|_2^2$ 是 $\| \Delta\xi_K \|_2^2$ 的 γ 倍,尽管每一个 $\Delta\xi_K$ 可能会以不同的方式放大。为了避免病态情况的出现,可能会需要实际能量增益在一定限制内偏离它的平均值。

定义 1.5　存在一个矩阵 B,对于某一稀疏度 k,且存在常数 $\delta_{2k} < 1$,满足限制等距性(RIP),那么

$$\gamma(1 - \delta_{2k}) \leqslant \frac{\| B_{\cdot,K} \Delta\xi_K \|_2^2}{\| \Delta\xi_K \|_2^2} \leqslant \gamma(1 + \delta_{2k})$$

对任意可能的子集 $K \subseteq \{0, \cdots, n-1\}$,基 $|K| = 2k$,并且任意 $\Delta\xi_K \in \mathbf{R}^{2k}$。常数 δ_{2k} 称为限制等距常数。

理想情况下,如果 $\delta_{2k} = 0$,所有的 $2k$ 稀疏向量具有相同的能量增益,并且 B_K 在某种意义上是限制等距的,即 $2k$ 稀疏向量以一个比例因子 $\sqrt{\gamma}$ 保存起来。

对于特殊向量 $\Delta\xi_K$ 的非平均能量增益,可以通过定义单位长度向量 $v = \Delta\xi_K / \| \Delta\xi_K \|_2$ 来获得

$$\| B_{\cdot,K} v \|_2^2 = \sum_{j=0}^{2k-1} \sigma_j^2(B_{\cdot,K}) (b_j^{\mathrm{T}} v)^2$$

如果 B_K 的奇异值是 $\sigma_0^2(B_{\cdot,K}), \sigma_1^2(B_{\cdot,K}), \cdots, \sigma_{2k-1}^2(B_{\cdot,K})$,具有上界 $\sigma_{\max}^2(B_{\cdot,K})$,下界 $\sigma_{\min}^2(B_{\cdot,K})$,那么利用式(1.12),对 $B_{\cdot,K}$ 的要求可以转换为

$$1 - \delta_{2k} \leqslant \frac{\sigma_{\min}^2(B_{\cdot,K})}{\frac{1}{2k} \sum_{j=0}^{2k-1} \sigma_j^2(B_{\cdot,K})} \leqslant \frac{\sigma_{\max}^2(B_{\cdot,K})}{\frac{1}{2k} \sum_{j=0}^{2k-1} \sigma_j^2(B_{\cdot,K})} \leqslant 1 + \delta_{2k} \qquad (1.13)$$

通过式(1.13),利用 δ_{2k} 可以找到最小可能的值。

举例如下,三个矩阵 $B_{\cdot,K}$ 中,$|K| = 2k = 2$

$$B_{\cdot,\{0,1\}} = \begin{pmatrix} \frac{1}{\sqrt{2}} & -\frac{1}{\sqrt{2}} \\ -\frac{1}{\sqrt{6}} & -\frac{1}{\sqrt{6}} \end{pmatrix}, B_{\cdot,\{0,2\}} = \begin{pmatrix} \frac{1}{\sqrt{2}} & 0 \\ -\frac{1}{\sqrt{6}} & \sqrt{\frac{2}{3}} \end{pmatrix}, B_{\cdot,\{1,2\}} = \begin{pmatrix} -\frac{1}{\sqrt{2}} & 0 \\ -\frac{1}{\sqrt{6}} & \sqrt{\frac{2}{3}} \end{pmatrix}$$

$$(1.14)$$

它们中没有奇异的,并且有相同的奇异值,$\sigma_0^2(B_{\cdot,K}) = 1$,$\sigma_1^2(B_{\cdot,K}) = 1/3$。利用式(1.12)得出 $\gamma = 2/3$,那么式(1.13)变成 $1 - \delta_{2k} \leq 1/2 \leq 3/2 \leq 1 + \delta_{2k}$,即 $\delta_{2k} = 1/2$。因此,对于 2 个稀疏信号不少于 33% 的能量,投影平均保留了信号中 66% 的能量。

显然,当 k、m、d 有实际值时,限制等距常数的计算成为计算复杂度不断增加的任务,它与矩阵 $B_{\cdot,K}$ 的数量相关,计算复杂度为 $\binom{d}{k}$。

无论是否易于计算,设计感知矩阵 A 的目的就是,更多地利用稀疏先验信息获得 $B = AD$ 的限制等距常数尽可能小。

尽管从不同的视角分析,相关性和限制等距性都是关注矩阵 $Z_K = B_{\cdot,K}^T B_{\cdot,K}$ 的特性,如果假设矩阵 B 的所有列都归一化为相同的单位长度,那么 $\gamma = 1$,相关系数表示为

$$\mu(B) = \max_{j \neq l} |(Z_{\{0,\cdots,2k-1\}})_{j,l}|$$

而限制等距常数为

$$\delta_{2k} = \max_{|K|=2k} \max\{\lambda_{\max}(Z_K) - 1, 1 - \lambda_{\min}(Z_K)\}$$

其中,$\lambda_j(\cdot)$ 表示矩阵的第 j 个特征值;$\lambda_{\min}(\cdot)$ 和 $\lambda_{\max}(\cdot)$ 分别表示特征值集合中最小和最大值。

不考虑 K,$|(Z_K)_{j,k}| \leq \max_{j \neq l} |(Z_{\{0,\cdots,2k-1\}})_{j,l}|$,且 Z_K 是 $2k \times 2k$ 维矩阵,Gershgorin 圆定理的一个简单应用是

$$\delta_{2k} \leq 2k\mu(B)$$

尽管这个界限是非常松弛,但被认为是一个隐含的事实,也就是相关性和限制等距常数都能将感知矩阵表征为达到良好感知性能所需要的结构。

上述所有对 A 的设计原则都是基于矩阵 B。因此,对于每一类信号,稀疏性证实在于矩阵 D,需要重新设计 A 来满足选择的准则。理想情况下就是寻找两个优化问题之一的解。

$$\underset{A \in \mathbf{R}^{m \times n}}{\mathrm{argmin}} \, \mu(B) \quad \text{s.t.} \quad B = AD \tag{1.15}$$

或者

$$\underset{A \in \mathbf{R}^{m \times n}}{\mathrm{argmin}} \, \delta_{2k}(B) \quad \text{s.t.} \quad B = AD \tag{1.16}$$

$\mu(B)$ 和 $\delta_{2k}(B)$ 分别表示矩阵 B 列的互相关和限制等距常数。

这两个问题都很难解决,式(1.15)是非凸的,只能通过松弛和预估方式来解决,但感知性能很大程度上不是最优的。式(1.16)很难获得限制等距常数的组合性质,甚至对于相对小规模的实例也无法解决。

　　这就是为什么 CS 采集阶段的设计流程通常要寻求一种完全不同的方式。直观地说,其主要思想是,好的感知矩阵是在信号空间分布很好的矩阵。从这个观点来看,至少在平均水平上,有什么更好策略比用随机矩阵来实现良好的传播呢?

　　定义 1.6　一个 $p \times q$ 的随机矩阵 $M \in \mathbf{R}^{pq}$ 具有零均值,行独立随机高斯分布($M \sim \mathrm{RGE}(\mathscr{M})$),如果存在一个 $q \times q$ 的对称正定矩阵 $\mathscr{M}$,使得 $\mathscr{M}$ 的每一行是高斯随机向量 $\sim N(0, \mathscr{M})$。那么 M 的概率密度函数为

$$f_{\mathrm{RGE}}(M) = \frac{1}{\sqrt{(2\pi)^{pq}\det^p(M)}} e^{-\frac{1}{2}\mathrm{tr}(M^{-1}M^{\mathrm{T}}M)} \quad\quad (1.17)$$

　　式(1.17)是一个 pq 维实联合高斯随机向量概率密度函数的矩阵形式[10]。

　　$M' \sim \mathrm{RGE}(I)$,其中 I 是 $n \times n$ 的单位矩阵,如果 $\sqrt{M}$ 是对称矩阵,$\sqrt{\mathscr{M}}\sqrt{\mathscr{M}} = \mathscr{M}, M = M'\sqrt{\mathscr{M}} \sim \mathrm{RGE}(\mathscr{M})$。那么,从算法的角度来看矩阵 $M \sim \mathrm{RGE}(\mathscr{M})$ 是非常容易生成的。

　　定义 1.7　如果存在一个 $q \times q$ 正定矩阵 $\mathscr{M}$ 使得 M 的每一行是对映的零均值随机向量,具有相关矩阵 $\mathscr{M}$,那么一个 $p \times q$ 的随机矩阵 $M \in \{-1, +1\}^{pq}$ 是行独立零均值随机对映集合($M \sim \mathrm{RAE}(\mathscr{M})$)。

　　定义 1.8　如果存在一个 $q \times q$ 正定矩阵 $\mathscr{M}$ 使得 M 的每一行是三元的零均值随机向量,具有相关矩阵 $\mathscr{M}$。那么一个 $p \times q$ 的随机矩阵 $M \in \{-1, 0, +1\}^{pq}$ 是行独立零均值随机三元集合($M \sim \mathrm{RTE}(\mathscr{M})$)。

　　定义 1.9　如果存在一个 $q \times q$ 正定矩阵 $\mathscr{M}$ 使得 M 的每一行是一个二元随机向量,具有相关矩阵 $\mathscr{M}$,那么一个 $p \times q$ 的随机矩阵 $M \in \{0,1\}^{pq}$ 是行独立、零均值随机二元集合($M \sim \mathrm{RBE}(\mathscr{M})$)。

　　上述定义的重要特殊情况是这些分布都是独立的,同分布的。

　　因为,对于零均值高斯、互反、二元随机变量是独立的,那么

$$\mathrm{RGE}(\mathrm{iid}) = \mathrm{RGE}(I), \quad \mathrm{RAE}(\mathrm{iid}) = \mathrm{RAE}(I),$$
$$\mathrm{RBE}(\mathrm{iid}) = \mathrm{RBE}(I/4 + 11^{\mathrm{T}}/4)$$

其中 I 是 $q \times q$ 单位阵;$1 = (1, \cdots, 1)^{\mathrm{T}}$。以上分布的 iid 对于相关性和限制等距性有值得注意的渐近性。

　　通过采用文献[3,12]中的结果,可以得到:

　　定理 1.1　如果 $p \times q$ 矩阵 M 满足 $\mathrm{E}[M_{j,l}] = 0$ 并且 $\mathrm{E}[M_{j,l}^2] = \sigma_M^2$,且 $p, q \to \infty, \log q = O(p)$,那么

$$\mu(M) = O\left(\frac{\log q}{p}\right) \qquad (1.18)$$

在式（1.18）中，空间自由度 p 对于要在空间中展开的向量 q 的数量起着不同的作用。然而，如果向量的数量没有随着矩阵的维数以指数形式增长，那么随着矩阵的增大，相关性就会消失。

就限制等距性而言，可以采用 Marchenkoe Pastur 的经典结论得到以下结果。

定理 1.2　如果 $p \times q$ 矩阵 M 满足条件 $E[M_{j,l}] = 0$ 和 $E[M_{j,l}^2] = \sigma_M^2$，且 p，$q \to \infty$，$q/p \to r$，$0 < r < 1$，那么 $M/\sqrt{p}$ 的奇异值平方的渐近分布为

$$f_{MP}(\xi) = \begin{cases} \dfrac{\sqrt{(\xi - r^-)(r^+ - \xi)}}{2\sigma_M^2 \pi r \xi}, & r^- \leqslant \xi \leqslant r^+ \\ 0, & \text{其他} \end{cases}$$

其中 $r^\pm = \sigma_M^2 (1 \pm \sqrt{r})^2$。

注意，σ_M^2 的相关性只有在 RTE(iid) 分布情况时才是有效的，此时，$\sigma_M^2 < 1$，因为在其他的情况，$\sigma_M^2 = 1$。

定理 1.2 明确限定了 $M/\sqrt{p}$ 最小奇异值 $\sigma_{\min}^2(M/\sqrt{p}) \geqslant r^-$ 和最大奇异值 $\sigma_{\max}^2(M/\sqrt{p}) \leqslant r^+$。此外，$M/\sqrt{p}$ 的奇异值平方的均值是

$$E[\sigma_j^2(M/\sqrt{p})] = \int_{r^-}^{r^+} \xi f_{MP}(\xi) \mathrm{d}\xi = \sigma_M^2$$

如果 $2k/m \to r$，且 $0 < r < 1$，可以认为 M 是 $m \times 2k$ 维子阵 $B_{\cdot, K}$ 之一，其中 $p = m$，$q = 2k$。

因为一般来说 $\sigma_j^2(M) = p\sigma_j^2(M/\sqrt{p})$，可以估计出式（1.13）内部项

$$1 - \delta_{2k} \leqslant (1 - \sqrt{r})^2 < (1 + \sqrt{r})^2 \leqslant 1 + \delta_{2k}$$

这允许限制等距常数尽可能小

$$\delta_{2k} = \max\{(1 + \sqrt{r})^2 - 1, 1 - (1 - \sqrt{r})^2\} \qquad (1.19)$$

因此，保持 m 比 $2k$ 充分大，可以确信对于足够大的矩阵，一个小的限制等距常数是可以获得的。

其他方法参见第 5 章参考文献[1]和[7]，其克服了定理 1.2 中的限定，允许限制等距常数在非渐近条件下估计并且不需要是 iid 矩阵。然而，就限制等距常数幅度而言，相比于式（1.19），对于随机矩阵 B 的选择当前是最前沿的，还没有更为复杂的设备能够提供更有利的结论，直观来看，当 A 是上面随机矩

阵中的一个时,可以保证 $B = AD$ 满足。因为 A 是随机的,对应不同的相关性和不同的限制等距常数,B 也是随机的。

为了进一步研究这个方向,需要定义亚高斯范数和亚高斯随机变量和向量的概念,参见第 5 章参考文献[7]。

定义 1.10　对任意随机变量 α

$$\| \alpha \|_{sG} = \sup_{t \geqslant 1} \frac{1}{\sqrt{t}} \mathrm{E}^{1/t} \big[\, | \, \alpha \, |^t \big]$$

称为 α 的亚高斯范数。对任意实随机向量 α,亚高斯随机范数定义为

$$\| \alpha \|_{sG} = \sup_{\| \beta \|_2 = 1} \| \beta^{\mathrm{T}} \alpha \|_{sG}$$

β 是任意的确定性单位长度向量。

当它们的亚高斯范数是有限的,即 $\| \alpha \|_{sG} < \infty$ 和 $\| \alpha \|_{sG} < \infty$,则随机向量 α 就称为亚高斯变量。

亚高斯随机变量和向量是高斯随机变量和向量的一般性表示,当维度增加时,它们的构造保留了性质和集中测量所需的拖尾概率形式。

利用亚高斯性可以对随机矩阵的奇异值进行归类而不需要它是独立的。

定理 1.3　如果 $p \times q$ 矩阵 M 是由独立的亚高斯行 $M_{j,\cdot}$ 构成,且具有相同的相关矩阵 $\mathrm{E}[M_{j,\cdot} M_{j,\cdot}^{\mathrm{T}}] = \mathscr{M}$,那么有两个常数 $C, c > 0$ 只依赖于 $\max_{j=0,\cdots,q-1}$ $\| M_{\cdot,j} \|_{sG}$,使得

$$\delta = C \sqrt{\frac{q}{p}} + \frac{\tau}{\sqrt{p}}$$

对于 $\tau > 0$,有

$$\sigma_{\max} \Big(\frac{1}{p} M^{\mathrm{T}} M - \mathscr{M} \Big) \leqslant \max\{\delta, \delta^2\}$$

至少以 $1 - 2\mathrm{e}^{-c\tau^2}$ 概率成立。

此时,对定理 1.3 的非渐近性不太感兴趣,因此,假设 $p, q \to \infty$,$q/p \to r$ 且 $0 < r < 1$。任取一个较大的 τ 值,那么

$$\sigma_{\max} \Big(\frac{1}{p} M^{\mathrm{T}} M - \mathscr{M} \Big) \leqslant \Delta \qquad (1.20)$$

对于 $\Delta = \max\{C\sqrt{r}, C^2 r\}$ 以概率 1 成立。

对任意两个对称正定矩阵 P 和 Q($P = M^{\mathrm{T}} M/p$,$Q = \mathscr{M}$),矩阵 $P - Q$ 是对称的(不一定是正定的),该矩阵的奇异值等于特征值的绝对值。因此,式(1.20)能被转换为

$$| \lambda_j (P - Q) | \leqslant \Delta, \quad j = 0, \cdots, q - 1 \qquad (1.21)$$

除此之外，任意 $q \times q$ 对称矩阵 R 可以写作 $R = \sum_{j=0}^{q-1} \lambda_j(R) e_j e_j^{\mathrm{T}}$，其中 e_j 是它的正交特征向量。因此，给定任意单位长度向量 s，有

$$s^{\mathrm{T}} R s = \sum_{j=0}^{q-1} \lambda_j(R) \, (e_j^{\mathrm{T}} e_j)^2$$

其中系数 $(e_j^{\mathrm{T}} e_j)^2$ 是正的且 $\| s \|_2^2 = 1$，因此生成了特征值的凸组合。因为界定一组数值的绝对值等价于限定凸组合，式（1.21）等价于限定 $|s^{\mathrm{T}}(P - Q)s|$，因此

$$| s^{\mathrm{T}} P s - s^{\mathrm{T}} Q s | \leqslant \Delta, \quad \forall \ \| s \|_2 = 1 \tag{1.22}$$

这意味着 $|\lambda_{\max}(P) - \lambda_{\max}(Q)| \leqslant \Delta$。事实上，可以反过来假设，交换 P 和 Q，那么 $\lambda_{\max}(Q) < \lambda_{\max}(P) - \Delta$，一个严格的上界对所有 Q 的特征值成立，同样对于凸组合 $s^{\mathrm{T}} Q s$ 成立。然而，存在一个单位长度向量 $s_{\max}$ 使得 $\lambda_{\max}^{\mathrm{T}}(P) = s_{\max}^{\mathrm{T}} P s_{\max}$，那么式（1.22）在 $s = s_{\max}$ 时被破坏。

类似的论证证实了 $|\lambda_{\max}(P) - \lambda_{\max}(Q)| \leqslant \Delta$ 这个结论。事实上，如果这个结论不正确，$\lambda_{\max}(P) > \lambda_{\max}(Q) + \Delta$ 应用到 P 的所有特征值上有严格的下界，那么对所有凸组合 $s^{\mathrm{T}} P s$ 同样成立。然而，存在单位长度向量 $s_{\min}$ 使得 $\lambda_{\max}^{\mathrm{T}}(Q) = s_{\min}^{\mathrm{T}} Q s_{\min}$，那么式（1.22）在 $s = s_{\min}$ 时被破坏。

回到 $P = M^{\mathrm{T}} M / p$ 和 $Q = \mathscr{M}$，则 $\lambda_j(P) = \sigma_j^2(M / \sqrt{p})$，$\lambda_j(Q) = \lambda_j(\mathscr{M})$，那么

$$\lambda_{\min}(\mathscr{M}) - \Delta \leqslant \sigma_{\min}^2 \left(\frac{M}{\sqrt{p}} \right) \leqslant \sigma_{\max}^2 \left(\frac{M}{\sqrt{p}} \right) \leqslant \lambda_{\max}(M) + \Delta$$

除了定理 1.3 的结论，也能得到 $M / \sqrt{p}$ 奇异值的平均信息

$$\frac{1}{q} \sum_{j=0}^{q-1} \sigma_j^2 \left(\frac{M}{\sqrt{p}} \right) = \frac{1}{q} \mathrm{tr} \left(\frac{1}{p} M^{\mathrm{T}} M \right) = \frac{1}{q} \sum_{j=0}^{q-1} \frac{1}{p} \sum_{l=0}^{p-1} M_{l,j}^2 \to \frac{1}{q} \mathrm{tr}(\mathscr{M})$$

在这里，利用了行的独立性，采用大数定律得到 $\mathrm{E}[M_{l,j}^2] = \mathscr{M}_{j,j}$。

假设 $2k/m \to r$，其中 $0 < r < 1$，现在也可以认为 M 是一个 $m \times 2k$ 维的子阵 $B_{\cdot,K}$，它的行有 $2k \times 2k$ 二阶统计量 $\mathscr{B}$，且 $p = m$，$q = 2k$。

因为通常来说 $\sigma_j^2(M) = p \sigma_j^2(M / \sqrt{p})$，可以渐近估计式（1.13）的内部项

$$1 - \delta_{2k} \leqslant \frac{\lambda_{\min}(\mathscr{B}) - \Delta}{\lambda_{\mathrm{ave}}(\mathscr{B})} \leqslant \frac{\lambda_{\min}(\mathscr{B}) + \Delta}{\lambda_{\mathrm{ave}}(\mathscr{B})} \leqslant 1 + \delta_{2k}$$

其中 $\lambda_{\mathrm{ave}}(\mathscr{B}) = \mathrm{tr}(\mathscr{B})/q$ 是 $\mathscr{B}$ 的特征值的平均值。给定上界，δ_{2k} 至少可以取到

$$\delta_{2k} = \max \left\{ \frac{\lambda_{\min}(\mathscr{B}) - \Delta}{\lambda_{\mathrm{ave}}(\mathscr{B})} - 1, 1 - \frac{\lambda_{\min}(\mathscr{B}) + \Delta}{\lambda_{\mathrm{ave}}(\mathscr{B})} \right\} \tag{1.23}$$

　　因为 $\Delta = \max\{C\sqrt{r}, C^2 r\}$，保证 m 比 $2k$ 足够大，假定 B 的行亚高斯范数不大（即联合概率密度函数满足快速收敛条件），限制等距常数仍在可控范围内。

　　选择特定的概率密度函数不再是基本的，可能依赖一类概率密度函数解决 $B = AD$ 问题，也不再直接设计 B。事实上，当对某一个 A，$A \sim \mathrm{RGE}(\mathscr{A})$，或 $A \sim \mathrm{RAE}(\mathscr{A})$，或 $A \sim \mathrm{RTE}(\mathscr{A})$，或 $A \sim \mathrm{RBE}(\mathscr{A})$ 时，很容易证明，如果 D 是正交基，$B = AD$ 就是由独立的次高斯行向量组成，并且它的二阶统计量是 $\mathscr{B} = D^{\mathrm{T}} \mathscr{A} D$。

　　这包括合理使用随机矩阵 A，测量向量能够用来提取 ξ 和 x。

　　为了用例子说明这一点，假定 $A \sim \mathrm{RGE}(\mathscr{A})$ 或者 $A \sim \mathrm{RAE}(\mathscr{A})$，其中 $\mathscr{A}_{j,l} = \omega^{|j-l|}$，$0 \leqslant \omega < 1$ 对应单位功率平滑低通处理，它的功率谱为

$$\psi(f) = \frac{1 - \omega^2}{1 + \omega^2 - 2\omega \cos(2\pi f)}$$

当 $\omega = 0$ 时，意味着是平坦的功率谱，满足独立同分布要求。

　　高斯矩阵 A 满足 $M \in \mathrm{RGE}(\mathrm{iid})$，其中 $A = \sqrt{\mathscr{A}} M$。利用 $A_{j,0} = \pm 1$，$\Pr\{A_{j,0} = \pm 1\} = 1/2$ 产生 A。那么每一行序列表示 $\Pr\{A_{j,l-1} A_{j,l} > 0\} = (1 + \omega)/2$，$l = 1, \cdots, n - 1$。

　　稀疏基 D 是 DCT Ⅱ 型正交基，$D_{j,l} = \cos[\pi j(l + 1/2)/d]$。利用 D 的标准正交特性，有 $A \sim \mathrm{RGE}(\mathscr{A})$，那么 $B = AD \sim \mathrm{RGE}(\sqrt{D}^{\mathrm{T}} \mathscr{A} \sqrt{D})$ 由子高斯独立行组成。在 $A \sim \mathrm{RGE}(\mathscr{A})$ 的情况下，$B = AD$ 的每行满足 $\| B_{j,\cdot} \|_2^2 = n$，因此这是一个有界子高斯向量。

　　令 $m = 128$，$n = 256$，$k = 3$，展现量化后的 $B_{\cdot,K}$ 的奇异值的概率密度函数的蒙特卡洛估计

$$\hat{\sigma}_j^2(B_{\cdot,K}) = \frac{\hat{\sigma}_j(B_{\cdot,K})}{\dfrac{1}{2k} \displaystyle\sum_{l=0}^{2k-1} \sigma_l^2(B_{\cdot,K})}$$

　　结果如图 1.9(a) 为 $A \sim \mathrm{RGE}(\mathscr{A})$，图 1.9(b) 为 $A \sim \mathrm{RAE}(\mathscr{A})$，其中 $\omega = 0, 0.1, 0.2$。注意到不管 A 服从什么分配，轮廓都是非常相似的。因此，可以确认最重要的是向量的次高斯性。在这两种情况下，随着 ω 的增加，概率密度会随之扩散开，也就是，$\lambda_{\min}(\mathscr{A})$ 和 $\lambda_{\max}(\mathscr{A})$ 之间的差异会变大，如图 1.10 所示。

　　利用相同的数据，图 1.11(a) 和图 1.11(b) 展示了 RIC 低于某个阈值概率的剖面图。这个概率密度函数也体现了统计过程的恶化，即使在 $\omega = 0.2$ 时，δ_{2k} 不到 1/2 的获取概率约 70%。

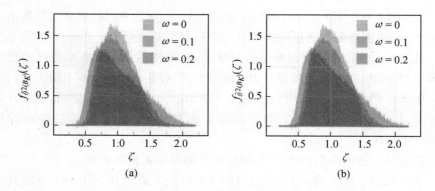

图 1.9　$m = 128, n = d = 256$ 时 $B_{.,K}$ 的奇异值的概率密度函数：
（a）$A \sim \mathrm{RGE}(A)$，（b）$A \sim \mathrm{RAE}(A)$（D 是 DCT 正交基，$A_{j,l} = \omega^{|j-l|}$）（彩图见附录）

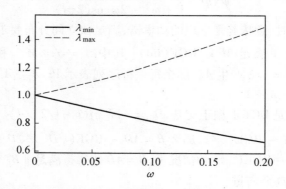

图 1.10　关于 ω 的 256×256 相关矩阵 $\mathscr{A}_{j,l} = \omega^{|j-l|}$
特征值的最小值和最大值

接下来的部分展示了在利用 y 计算 ξ 时的相干性和 RIC 重构误差界限。很遗憾，这个边界过于松散并且在相干性、RIC 和重构效果上也不存在单调关系。

例如，方程（1.23）和图 1.9、图 1.11 表明采用 $\mathscr{B} \neq I$ 的各向异性行可以增加特征值的扩散范围，使 RIC 恶化降低，降低了性能。

然而，只有对原始信号一无所知的情况下这可能是正确的。实际上，信号是稀疏的，最坏情况是需要分析相干性和 RIP 以很好地反映实际采集数据中可能发生的情况。

在接下来的章节中采用的技术设计了非对角相关矩阵，利用上面的方式产生具有独立行的感知矩阵，每行统计特性本质上是为了优化采集信号的性能。

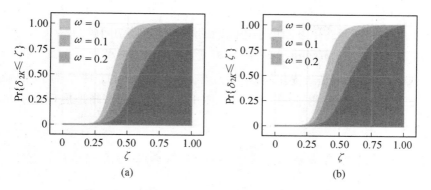

图 1.11   系统的概率：(a)$A \sim \text{RGE}(\mathscr{A})$，(b)$A \sim \text{RAE}(\mathscr{A})$
（其中 $\mathscr{A}_{j,l} = \omega^{|j-l|}$，$B = AD$ 为 RIC 不大于某值的感知矩阵）（彩图见附录）

因此，尽管它们是建立保障的重要技术工具，相干性和 RIC 也很难作为一种设计准则。当涉及性能优化时，特别是有更多关于原始信号信息时，让 A 随机化是唯一实际可行的方式。

1.6   信号重构

信号重构就是解决公式(1.3) 的问题

$$y = Ax + \eta = B\xi + \eta \qquad (1.24)$$

在 η 未知且是有限的情况下，即 $\| \eta \|_2^2 \leqslant \varepsilon^2$，且小于 $\| y \|_2^2$，找到 ξ。如果这个假设成立，并且没有关于 ξ 的信息，那么

$$\| y - B\xi \|_2 \leqslant \varepsilon \qquad (1.25)$$

就是备选求解方案。事实上，ξ 是 k 稀疏的，并且假设 B 事先利用了这一点。那么，寻找的 ξ 应该满足式(1.25) 和 $\| \xi \|_0 \leqslant k$，其中，通常定义 $\| \xi \|_p = \left(\sum\limits_{j=0}^{d-1} \xi_j^p \right)^{1/p}$，$p > 0$，也可以扩展到 $\| \xi \|_0 \leqslant | \text{supp}(\xi) |$（在 ξ 中非零单元的数量），这是一个伪范数，因为不会随着其中的参数缩放而缩放，也就是，这不是一个齐次函数。

事实上，正确的 B 设计应该能够保证式(1.25) 的 k 稀疏具有唯一性。尽管这通常是一种隐式假设，但在无噪声情况下，$\varepsilon = 0^{[5,9]}$，是可以做到的。

定理 1.4   假设 $\bar{\xi}$ 满足 $y = B\bar{\xi}$，$\| \bar{\xi} \|_0 = k$，如果

$$k < \frac{1}{2} \left(1 + \frac{1}{\mu(B)} \right)$$

那么,对任意 $\xi \neq \bar{\xi}$,为使 $y = B\xi$,有 $\|\xi\|_0 > k$。

上面的定理允许用下面最小化问题的解来确定重构问题的解

$$\underset{\xi \in \mathbf{R}^d}{\text{argmin}} \ \|\xi\|_0 \quad \text{s.t.} \quad \|y - B\xi\|_2 \leqslant \varepsilon \tag{1.26}$$

式(1.26)并不是凸优化问题,因为 $\|\cdot\|_0$ 是非凸的。举个例子,如果画出 $\xi \in \mathbf{R}^3$ 的点集,使得 $\|\xi\|_0 \leqslant 1$,如图 1.12 所示,则清晰地展现出了非凸集合。

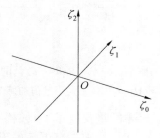

图 1.12　$\xi \in \mathbf{R}^3$, $\|\xi\|_0 \leqslant 1$ 的点集

非凸集合优化问题很难求解,特别是,$\|\cdot\|_0$ 的离散结构暗示了一种组合搜索,使得式(1.26)是一个 NP - 难(NP - hard)问题[17],也就是,没人愿意将其包含在信号处理构成中。

解决这个问题的一个可行的灵感来自图 1.13。如果定义 $S_d^p(r) = \{\xi \mid \xi \in \mathbf{R}^d \wedge \|\xi\|_p \leqslant r\}$,图 1.13 展示了对不同的 $p > 0$,$S_3^p(1)$ 的结构。直观上,p 越低,$S_3^p(1)$ 估计 $S_3^0(1)$ 的效果越好。正式的数学表示为,随着 $p \to 0$,$S_d^p(1) \to S_d^0(1) \cap S_d^2(1)$,其中,$S_d^0(1)$ 由 $S_d^2(1)$ 简化来处理 $\|\cdot\|_0$ 的非同质性。

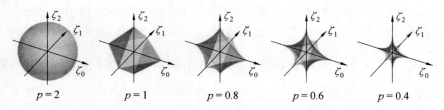

$p=2$　　　　$p=1$　　　　$p=0.8$　　　　$p=0.6$　　　　$p=0.4$

图 1.13　$\|\xi\|_p \leqslant 1$ 的三维球

出于上述考虑,采用 $\|\cdot\|_p$ 来估计 $\|\cdot\|_0$,同时令 p 尽可能小,或者一般来讲,趋于凸函数特征的最小 p,也就是 $p = 1$。因此,式(1.26)变成

$$\underset{\xi \in \mathbf{R}^d}{\text{argmin}} \ \|\xi\|_1 \quad \text{s.t.} \quad \|y - B\xi\|_2 \leqslant \varepsilon \tag{1.27}$$

上式通常称为去噪基追踪(BPDN),对于无噪的情况,$\varepsilon = 0$,称为基追

踪(BP)。

为了说明 BP 和 BPDN 怎么从 y 重构出 ξ,可以用图 1.6 和图 1.7 中的例子。假设给定测量向量 y''' 在平面 θ 上。如果在式(1.27)中 $\varepsilon = 0$,那么限定条件就是 $y''' = B\xi$ 需要 ξ 有一维子空间点集和 y''' 在平面 θ 上的投影一致。这个子空间由粗线表示,它是图 1.14(a)中从 y''' 到平面 θ 的垂直延伸。在这条线上的所有点,式(1.27)用最小的可能 r 选择了球 $S_3^1(r)$ 上的一个。由于 $S_3^1(r)$ 的峰值形状趋向于沿着坐标轴突出,因此点 $\hat{\xi}$ 趋向于真实的原始点。

在噪声情况下,y''' 并不是 ξ''' 在平面 θ 上的投影。然而,$\|y''' - B\xi\|_2 \leqslant \varepsilon$ 的解集是一个轴为 $y''' = B\xi$ 的圆柱体,包含了真实信号 ξ''',如图 1.14(b)所示。再有,即使噪声的存在导致 $\hat{\xi} \neq \xi'''$,$S_3^1(r)$ 的形状也就是式(1.27)的解,同样具有如 ξ''' 有相同非零值的稀疏向量 $\hat{\xi}$。

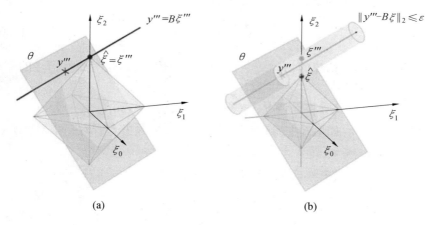

图 1.14 借助 BP(a)和 BPDN(b)实现图 1.6 和图 1.7 中 ξ''' 的恢复

这种直观的处理方式同样适用于更高的维度,一些经典定理也证实了这一理论。

定理 1.1 利用了相干性,确保 k 稀疏信号的准确重构。

定理 1.5 如果 $\mu(B) < 1/(2k-1)$,存在一个 ξ 使得 $\|\xi\|_0 = k$,并且 $y = B\xi$,那么式(1.27)的解 $\hat{\xi}$ 在 $\varepsilon = 0$ 条件下是 $\hat{\xi} = \xi$。

定理 1.5 与定理 1.1 结合起来给出了一个粗略的估计需要多少次测量来实现信号的重构。事实上,如果使用 n 维信号的 m 次测量,定理 1.1 允许估计相干矩阵用于感知 $\mu = O\left(\dfrac{\log n}{m}\right)$。利用定理 1.5,如果相干性满足 $\mu < 1/(2k-1)$,其中,k 是稀疏度,那么信号的重构就能够得到保证。总体来说,

对其估计以便有效重构 n 维 k 稀疏信号需要大量的测量,阶数满足

$$m^* = O(k\log(n)) \tag{1.28}$$

实际上,推导 RIP 相关性质的其他方式[2]超出了本书 CS 理论的范畴,CS 理论表明更合适的阶数选择是

$$m^* = O\left(k\log\frac{n}{k}\right) \tag{1.29}$$

上式通常用于 CS 系统大小的粗略估计。

回到重构性能上,一种不同的、更具一般性的结论认为 ξ 不必是准确 k 稀疏的,这可以应用到更广泛一类原始信号中,这类信号有近似 k 稀疏性。可以通过定义一个阈值 $\xi^{k\uparrow}$ 来表示,它是 ξ 中只保留 k 个最大值得到的。

定理 1.6[4]   如果 B 中的 RIC 满足 $\delta_{2k} < \sqrt{2} - 1$,并且存在一个 ξ 使得 $y = B\xi$,那么式(1.27)的解 $\hat{\xi}$,$\varepsilon = 0$,满足

$$\|\hat{\xi} - \xi\|_2 \leqslant 2\frac{1 + (\sqrt{2} - 1)\delta_{2k}}{1 - (\sqrt{2} - 1)\delta_{2k}}\frac{\|\xi - \xi^{k\uparrow}\|_1}{\sqrt{k}} \tag{1.30}$$

对于 ξ 是准确的 k 稀疏的,有 $\|\xi - \xi^{k\uparrow}\|_1 = 0$,因此,这是对原始信号的完美重构。

同样,对于存在噪声的情况,一些条件也成立。

定理 1.7[4]   如果 B 中的 RIC 满足 $\delta_{2k} < \sqrt{2} - 1$,并且存在一个 ξ 使得 $y = B\xi + \eta$,$\|\eta\|_2 \leqslant \varepsilon$,那么式(1.27)的解 $\hat{\xi}$ 满足

$$\|\hat{\xi} - \xi\|_2 \leqslant 2\frac{1 + (\sqrt{2} - 1)\delta_{2k}}{1 - (\sqrt{2} - 1)\delta_{2k}}\frac{\|\xi - \xi^{k\uparrow}\|_1}{\sqrt{k}} + 4\frac{\sqrt{1 + \delta_{2k}}}{1 - (\sqrt{2} + 1)\delta_{2k}}\varepsilon \tag{1.31}$$

式(1.31)利用两项之和的形式限定了重构误差,第一项与定理 1.6 是相同的,因为它只与不完美 k 稀疏信号的重构概率相关;第二项与测量值 y 的不确定性相关,同样重构信号也具有不确定性。

基于互相干性和 RIP 的考虑实际上是最坏情况的分析,因为这种分析方式导致边界相当宽松,而在这种条件下,成立的条件往往过于严格。例如,式(1.7)中的矩阵强调图 1.6、图 1.7 和图 1.14 中的例子有互相干系数等于 1,也就是如果 $k = 1$,定理 1.6 和定理 1.7 在 $\delta_{2k} > \sqrt{2} - 1$ 的条件下不能使用。尽管如此,至少在无噪声的情况下,完美的重建显然是可能的。

可以肯定的是,BP 和 BPDN 可以合理地预期恢复原始信号,因为它们是凸的,因此比原始信号式(1.26)更容易处理。实际上,BP 不仅是凸的,而且是线性优化问题。如果引入额外变量 $\alpha_j = |\xi_j|$,对于 $\varepsilon = 0$,式(1.27)等价于

$$\begin{cases} \underset{\alpha_j}{\mathrm{argmin}} \sum_{j=0}^{d-1} \alpha_j \\ B\xi = y \\ \mathrm{s.\,t.} \begin{array}{l} \xi_j \leqslant \alpha_j, \quad j=0,\cdots,d-1 \\ -\xi_j \leqslant \alpha_j, \quad j=0,\cdots,d-1 \\ \alpha \geqslant 0, \quad j=0,\cdots,d-1 \end{array} \end{cases} \tag{1.32}$$

最后三项不等式保证了 α_j 不小于 ξ_j 的绝对值，最小化 $\sum_{j=0}^{d-1} \alpha_j$ 的目的就是将 α_j 逼近下界。

因此，虽然 CS 相关的优化问题有专门的求解器，但是 BP 也可以通过标准的、大规模的线性优化器来解决。

本章参考文献

[1] Z. D. Bai, Y. Q. Yin, Limit of the smallest eigenvalue of a large dimensional sample covariance matrix. Ann. Probab. 21(3), 1275-1294 (1993).

[2] R. Baraniuk et al., A simple proof of the restricted isometry property for random matrices. Constr. Approx. 28(3), 253-263(2008).

[3] T. Cai, T. Jiang, Limiting laws of coherence of random matrices with applications to testing covariance structure and construction of compressed sensing matrices. Ann. Stat. 39(3), 1496-1525(2011).

[4] E. J. Candès, The restricted isometry property and its implications for compressed sensing. Comptes Rendus Mathematique. 346(9), 589-592 (2008).

[5] D. L. Donoho, M. Elad, Optimally sparse representation in general (nonorthogonal) dictionaries via ℓ_1 minimization. Proc. Natl. Acad. Sci. 100(5), 2197-2202(2003).

[6] D. L. Donoho, X. Huo, Uncertainty principles and ideal atomic decomposition. IEEE Trans. Inf. Theory. 47(7), 2845-2862(2001).

[7] Y. C. Eldar, G. Kutyniok, Compressed Sensing: Theory and Applications (Cambridge University Press, Cambridge, 2012).

[8] A. L. Goldberger et al., Physiobank, Physiotoolkit, and Physionet:

components of a new research resource for complex physiologic signals. Circulation. 101(23), 215-220(2000).

[9] R. Gribonval, M. Nielsen, Sparse representations in unions of bases. IEEE Trans. Inf. Theory. 49(12), 3320-3325(2003).

[10] A. K. Gupta, D. K. Nagar,Matrix Variate Distributions(Chapman & Hall/CRC Press, Boca Raton, 2000).

[11] J. Harrington et al. ,The EMU Speech Database System. Available at http://emu. sourceforge. net/.

[12] T. Jiang, The asymptotic distributions of the largest entries of sample correlation matrices. Ann. Appl. Probab. 14(2), 865-880(2004).

[13] J. Kovačević, A. Chebira, Life beyond bases: the advent of frames Part Ⅰ. IEEE Signal Process. Mag. 24(4), 86-104(2007).

[14] J. Kovačević, A. Chebira, Life beyond bases: the advent of frames-Part Ⅱ. IEEE Signal Process. Mag. 24(6), 115-125(2007).

[15] M. Mangia, R. Rovatti, G. Setti, Rakeness in the design of analog-to-information conversion of sparse and localized signals. IEEE Trans. Circuits Syst. I Regul. Pap. 59(5), 1001-1014(2012).

[16] V. A. Marčhenko, L. A. Pastur, Distribution of eigenvalues for some sets of random matrices. Sbornik Mathematics. 1(4), 457-483(1967).

[17] B. K. Natarajan, Sparse approximate solutions to linear systems. SIAM J. Comput. 24(2), 227- 234(1995).

[18] L. Welch, Lower bounds on the maximum cross correlation of signals (Corresp.). IEEE Trans. Inf. Theory. 20(3), 397-399(1974).

第 2 章　　压缩感知的应用

2.1　压缩感知(CS)性能的非最坏情况评估

相干及等距约束的主要问题之一是在最坏的情况需要明确校准相应的参数。这与假设的前提相一致,正是由于这个前提,才能确保系统能够正确运行。也就是,采集系统对随机输入进行处理,通过概率方法表征其性能是完全合理的。输入不是唯一的随机分量,如矩阵 A 在处理过程中也可能是时变的,不确定的。

这一替代方法的一个有指导意义的例子是通过一种更几何的方法来研究最小化问题(1.27)(Basis Pursuit,BP)的性质以及它与最小化问题(1.26)的关系。

定义 2.1　在分析中需要进行的定义有:

(1) p 维凸面体 $P \subset \mathbf{R}^p$ 是 $\mathbf{R}^p$ 中一组点的集合 V 的凸包。

(2) 如果在不改变生成的凸包的情况下 V 中无点被丢弃,则 V 中的点是 P 的顶点。

(3) p 维凸多面体 P 与不包含 P 内部任意点的 $p-1$ 维超平面的交集 $P \cap h$ 称为 P 的小平面。小平面可以是 0 维(顶点)、1 维(边)或 q 维,且 $q < p$。

(4) 给出具有顶点 v_0, v_1,… 的凸多面体 $P \subset \mathbf{R}^p$ 和一个 $q \times p$ 的矩阵 B,点 Bv_0,Bv_1,… 组成的凸包是 q 维凸多面体 $Q(Q = BP \subset \mathbf{R}^q)$。

(5) 如果 $v \in V$, $-v \in V$,则称多面体是中心对称的。

(6) 如果 $e_j = (0,\cdots,0,1,\cdots,0)^\mathrm{T}$ 中唯一的 1 出现在第 j 个位置,那么 $\mathbf{R}^p$ 中的交叉多面体被定义为 $V = \{ \pm e_0, \pm e_1,\cdots, \pm e_{p-1} \}$ 的中心对称凸包。在以前的表示法中,交叉多面体只是 $S_p^1(1)$。

从凸多面体理论中的标准元素的这些定义开始,可以得出与测量矢量重建原始信号的可能性相关的特定概念(定理 7.5)。

定义 2.2　如果不包括两个对映顶点的 q 个元素的 V 的每个子集是 P 的 $q-1$ 维面的顶点集,则称 p 维中心对称多面体为中心 q 邻域。

定理 2.1　如果 $y = B\xi$ 具有不超过 k 个非零分量的唯一解,那么当且仅当

$BS_d^1(1)$ 具有 $2d$ 个顶点并且在中心 $k-1$ 邻域时，这种解是 BP 的唯一解。

定理 2.1 为信号重建提供了必要和充分的条件：不涉及最坏情况的边界。这对 CS 性能的可预测性产生了重大影响。举个例子，可以回到式(1.7)中的矩阵 B，它的互相干性等于 1 并且其 RIC 等于 $1/2$，利用定理 $1.5 \sim 1.7$，将限制这些结果的应用。

定理 2.1 解释了为什么通过 BP 方法在无噪声情况下进行重建始终有效。图 2.1(a) 给出从 $S_3^1(1)$ 重构出的 $BS_3^1(1)$，在图 2.1(b) 中同样是 $BS_3^1(1)$。在这种情况下，$d=3$ 且 $k=1$，并且很容易验证 $BS_3^1(1)$ 具有 $2d=6$ 个顶点，每个顶点扩展成一个面，使得多面体在中心 0 邻域。

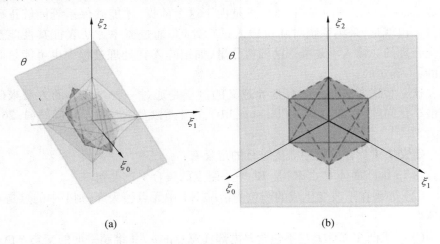

(a)   (b)

图 2.1   基于式(1.7) 使用 B 从 $S_3^1(1)$ 中构造 $BS_3^1(1)$

相同定理表明 B 矩阵的选择可能会阻碍重构。例如考虑

$$B = \begin{pmatrix} \dfrac{1}{\sqrt{2}} & -\dfrac{1}{\sqrt{2}} & 0 \\ -\dfrac{1}{\sqrt{3}} & -\dfrac{1}{\sqrt{3}} & \dfrac{1}{\sqrt{3}} \end{pmatrix} \qquad (2.1)$$

得到的 $BS_3^1(1)$ 如图 2.2 所示。在这种情况下，顶点的数量仅为 $4 < 2d = 6$，并且定理 2.1 表明通过 (1.27) 的重构可能不可行，因为稀疏先验性可能不足以选出 $y = B\xi$ 的唯一解。如图 2.2 所示，其中 $S_3^1(1)$ 在新平面 θ 投影成新的 B 矩阵。$S_3^1(1)$ 的 8 个面中的两个正交于 θ，使得这两个面中的每一个的顶点中的一个被映射到连接其他两个顶点的边缘的投影上的点，并在最终的多面体 $BS_3^1(1)$ 中消失。

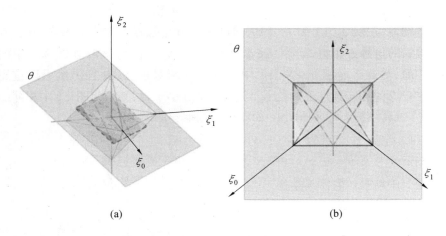

(a)   (b)

图 2.2   基于式 (2.1) 使用 B 从 $S_3^1(1)$ 中构造 $BS_3^1(1)$

这是无法重构的原因。实际上,假设想要恢复与图 1.14(a) 中相同的点 ξ'''。对应于 $y''' = B\xi$ 的直线与 θ 正交,也平行于 $S_3^1(1)$ 的 2 个面,使得其与 $S_3^1(\parallel \xi''' \parallel_1)$ 的交集是一整段,其每个点是 BP 的解,如图 2.3 所示。

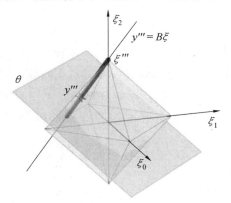

图 2.3   利用 BP 从 $y''' = B\xi'''$ 重构 ξ''',粗实线上的所有点为最优解

作为模型案例的进一步应用,无论平面 θ 如何定位,定理 2.1 解释了为什么当已知 ξ 是 2 稀疏而不是 1 稀疏时,BP 的解决方案无法从 $y = B\xi$ 中提取出 ξ。事实上,要有 $2d$ 个顶点,$BS_3^1(1)$ 必须是六边形。然而,只有成对的连续顶点属于六边形的 $k-1$ 维面(对于 $k = 2$ 是边缘),而其他对则不属于。因此,无论 θ 如何定位,BP 都不能用于信号重建。

最后,这种观点可以延伸到要恢复的信号是随机的情况。实际上,定理 2.1 保证 ξ 的独立,即使单个 ξ 无法重建,它也会停止。然而,即使保证不成立,就像式(2.1)中的矩阵一样,也有可以重建的信号。

特别地,在从 $S_3^1(1)$ 到 $BS_3^1(1)$ 的过程中,6 个顶点中的 2 个丢失,并且不能被检索的信号 ξ 正好是 $S_3^1(\parallel \xi \parallel_1)$ 的相应顶点处的信号,如图 2.3 中的 ξ'''。然而,图 2.2 显示在 $BS_3^1(1)$ 中出现另外两对顶点,并且仍然可以重建 $S_3^1(\parallel \xi \parallel_1)$ 的相应顶点上的信号。这在图 2.4 中示出,其中与图 1.6 中相同的 ξ' 和 ξ'' 由直线 $y = B\xi$ 和最小半径球的交点唯一地标识。

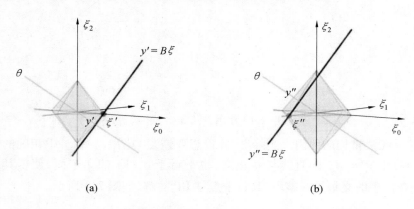

图 2.4　利用 BP 从 $y' = B\xi'$ 中重构 ξ' (a) 及从 $y'' = B\xi''$ 中重构 ξ'' (b)

直观地说,如果原始的 1 稀疏信号 ξ 与坐标轴有相同的概率指向,则 BP 有效恢复它的概率等于保存顶点的数量与原始顶点的数量的比率。

所有这些都可以推广到处理更大的稀疏 k。为了理解如何推广,可以首先将 $\phi_k(\cdot)$ 定义为计算其多面体论证的 k 维面的数量的运算符,并陈述如下[7,定理3]。

定理 2.2　令 B 为 $m \times d$ 矩阵,使得如果 $B\alpha = 0$,对于小于 m 的非零向量 α,则 $A = 0$。$k < m/2$。

给定基数为 k 的子集 $K \subset \{0, \cdots, d-1\}$,如果 $\mathrm{supp}(\xi) = K$,则可以通过 BP 利用 $y = B\xi$ 重建 ξ。用 K_{BP} 表示这些子集的数量,用 $K_{\mathrm{tot}} = \binom{d}{k}$ 表示基数 k 的可能子集的总数。则

$$\frac{K_{\mathrm{BP}}}{K_{\mathrm{tot}}} \geqslant \frac{\phi_{k-1}(BS_d^1(1))}{\phi_{k-1}(S_d^1(1))} \qquad (2.2)$$

假设原始信号具有以基数 k 的任何 K_{tot} 支持为特征的相同概率,则上述结果可以立即重新形成概率性术语,以表明通过 BP 成功重建的概率 $p_{\mathrm{BP}} = K_{\mathrm{BP}}/K_{\mathrm{tot}}$ 不小于式(2.2)中的小平面计数的比率。对于 B 是随机的情况,可以

得到双重结果[8,定理7.7]。

定理 2.3　设 B 是 $m \times d$ 维随机矩阵,其概率分布对于任何有符号排列的行都是不变的。设 $\xi \in \mathbf{R}^d$ 是 k 稀疏矢量,$y = B\xi$ 是相应的随机测量矢量。BP从 y 恢复 ξ 的概率 p_{BP} 受限于

$$p_{BP} \geq \frac{\mathrm{E}[\phi_{k-1}(BS_d^1(1))]}{\phi_{k-1}(S_d^1(1))}$$

注意到,平面计数是组合任务,即使可以实现,在高维设置中计算 $\phi_{k-1}(\cdot)$ 代价也是较大的。从这个观点来看,如果与渐近条件配对,随机矩阵 B 的引入可能是有帮助的,所述渐近条件是应用 CS 的高维设置的数学等价物。在这个领域出现了许多复杂的结果,其最简单的原型可能是用术语重新描述的原型[10]。

定理 2.4　设 B 相似于具有单位方差项的 RGE(iid),$d = (\mathrm{DR} \times \mathrm{CR})m$,$m = \mathrm{OH} \cdot k$,函数 $\psi(\cdot)$ 如下:

$$\lim_{d \to \infty} \frac{\phi_{k-1}(BS_d^1(1))}{\phi_{k-1}(S_d^1(1))} = \begin{cases} 1, & \mathrm{DR} \times \mathrm{CR} < \psi(\mathrm{OH}) \\ 0, & \mathrm{DR} \times \mathrm{CR} > \psi(\mathrm{OH}) \end{cases}$$

在定理 2.2 ～ 2.4 中收集结果可以得出结论,随着维数的增加,从随机投影中重建 ξ 的可能性存在明显的相变。相对于信号(OH)中的实际自由度的过量测量控制了在保持原始信号的可恢复性的同时适应特定维数减少 DR × CR 的可能性。

虽然定理 2.4 利用 RGE(iid),但当 B 的条目是 iid 或其行是某个标准正交基的 iid 随机子集时,已经凭经验发现函数 ψ 的存在和形状是一般属性[9]。

在无噪声且完全稀疏的情况下,这使得基于多面体的分析比基于相干性或基于 RIP 的考虑更接近实际性能,因为无论有限维的结果还是随机矩阵 B 的渐近性都不依赖于最坏情况的边界。

因此,虽然严重依赖于对称性考虑的理论和迄今为止在文献中收集的经验证据都没有说明直接将这种观点应用于设计适当的传感矩阵 A 的可能性,但如果 n 很大并且增加 m,那么 CS 会很好地工作(概率 1 隐含在定理 2.4 中)。

从偏向工程的角度来看,反过来说目标是找到 CS 工作得非常好的最小可能的 m。

2.2　超越基追踪

尽管 BP 具有理论吸引力,但它只是一种传统的重建方法。实际上,BP 及

其去噪变体 BPDN 已经用各种方法实现，从直接映射到利用线性和二次优化工具的经典数学规划问题，再到专业程序，将它们视为凸优化任务的特定情况。

例如，该领域的活动表明，有时可以方便地解决不在式（1.27）中包含的合成形式中的 BP 或 BPDN 问题，而是以另一种分析形式。

实际上，注意式（1.27）仅取决于 B，因此考虑并试图在稀疏域中重建信号 ξ。一旦知道 ξ，就可以合成 $x = D\xi$。

现在假设线性算子 D^* 可用，使得如果 $\xi = D^* x$ 则 $x = D\xi$。当 D 是非奇异方阵时，得到 $D^* = D^{-1}$；当 D 为帧时，D^* 是双帧算子。则可以直接集中在真正的信号 x 上并尝试解决等效问题。

$$\begin{cases} \arg \min \| D^* x \|_1 \\ x \in \mathbf{R}^n \\ \text{s. t.} \qquad \| y - Ax \|_2 \leq \varepsilon \end{cases} \tag{2.3}$$

显然，当 D 不是可逆矩阵时，式（1.27）和式（2.3）不等价。实际上，$D^*\xi$ 只是稀疏域中 x 的许多可能表示中的一个，并且是扫描式（2.3）的可行性空间时考虑的唯一的一个，而式（1.27）考虑所有这些。D^* 做出的选择是一个进一步的先验，在这个角色中，降低 BP 和 BPDN 分析形式的维度通常很有用，并帮助它们找到好的解决方案。

除此之外，对本书参考文献中描述的和／或向从业者提供的所有方法和实现的考虑都超出了本书的范围。然而，提及一些最广泛的工具是有用的，这些工具区分了那些有助于实施 BP、BPDN 及其他变体的工具，那些从理论上不同的角度解决重建问题的工具，以及主要基于启发式的工具。考虑并产生轻量级迭代过程，当专用于信号检索的资源有限时，这些过程可能非常有用。

除了在商业大规模求解器中实现它们之外，还可以通过相当多的实现来解决 BP 和 BPDN。其中值得一提的是表 2.1，其中给出了常用的首字母缩略词，指向一些现成代码的指针以及相关文献的参考。

由于 BP 和 BPDN 是凸优化问题，因此它们可以通过具有更广泛适用性的凸解算器来解决。表 2.2 中的那些在建模和解决两个标准重建问题方面特别有效。此外，它们更大的通用性可用于添加约束，这些约束可以使先验模型进一步扩展到可能在信号上可用的稀疏性，从而提高重建性能。

除了这些方法之外，不依赖于 1 范数及其有利的几何形状，可以从完全不同的观点来接近信号重建，例如，从估计、机器学习或回归的观点来看。不同的方法对应不同的算法，其中一些列在表 2.3 中。

表 2.1　几种专用的 BP/BPDN 求解器

求解器	网址	参考文献
SPGL1	www. math. ucdavis. edu/ ~ mpf/spgl1/	[2]
NESTA	statweb. stanford. edu/ ~ candes/nesta/	[1]

表 2.2　几种用于信号恢复的凸优化求解器

求解器	网址	参考文献
CVX	cvxr. com/	[12, 13]
Unlocbox	lts2. epfl. ch/unlocbox/	[5]

表 2.3　几种新的重构方法

求解器	网址	参考文献
GAMP	gampmatlab. wikia. com	[17]
IRLS	http://stemblab. github. io/irls/	[6]
SBL	dsp. ucsd. edu/ ~ zhilin/BSBL. html	[14]

最后,要想恢复原始信号,只需要考虑找到稀疏解,而不需要找到 $y = B\xi$ 的通解。按照这个原则,在每步迭代过程中调整稀疏度就可以找到这个解。可以使用不同处理方法来提高稀疏性,其中一些方法列于表 2.4 中。这些方法的简单结构和相对良好的性能使它们非常适用于资源有限的信号重构 CS 实现。

表 2.4　几种新的重构方法

求解器	网址	参考文献
FOCUSS	dsp. ucsd. edu/ ~ jfmurray/software. htm	[11]
OMP	http://www. mathworks. com/matlabcentral/fileexchange/32402 – cosamp – and – omp – for – sparse – recovery	[16]
CoSaMP	www. personal. soton. ac. uk/tb1m08/sparsify/sparsify. html	[16]
Iterative hard thresholding	http://sparselab. stanford. edu/	[3]

一个例子可以说明这种算法有多简单,假设 B 是一个独立同分布的随机矩阵,具有零均值,并且每列的 2 范数大致相等。由于 B 的列是独立的,因此

矩阵 $B^{\mathrm{T}}B$ 可以用对角矩阵很好地近似。

现在假设给出了真实 ξ 的估计 $\hat{\xi}$。对应于 $\hat{\xi}$ 的测量向量是 $y = B\hat{\xi}$，其相对于真实测量矢量的差是 $\Delta y = B(\hat{\xi} - \xi)$。根据前面对 $B^{\mathrm{T}}B$ 的分析，得到

$$B^{\mathrm{T}}\Delta y = B^{\mathrm{T}}B(\hat{\xi} - \xi) \approx \| B.,0 \|_2 (\hat{\xi} - \xi)$$

因此，$B^{\mathrm{T}}\Delta y$ 的最大非零分量通过取 $\hat{\xi}$ 而不是 ξ 来表示是错误的。这也是 CoSaMP算法的核心步骤，其完整定义在表2.5中给出：$\cdot^{p\uparrow}$ 需要一个向量并给出其阈值，该向量除了 p 个最大分量之外的所有分量都设置为零，$\cdot^{\dagger}$ 表示矩阵的 Moore-Penrose 伪逆，并且给定索引集 J、向量 v 和矩阵 M，v_J 是 v 的子向量，仅包含带有 J 索引的 v 的向量，而 $M.,_J$ 是由 M 的列组成的 M 的子矩阵，其索引为 J。

表 2.5　CoSaMP 代码流程

已知:测量值 y	
稀疏度 k	
感知矩阵$B = AD$	
$\hat{\xi} \leftarrow 0; \Delta y \leftarrow y - B\hat{\xi}$	测量误差
重复执行:$\Delta \xi \leftarrow B^{\mathrm{T}}\Delta y$	信号估计误差
$J = \mathrm{supp}(\hat{\xi}) \cup \mathrm{supp}(\Delta \xi^{2k\uparrow})$	校正误差基
$\hat{\xi} \leftarrow 0$	
$\hat{\xi}_J = (B._{,J})^{\dagger} y$	
$\hat{\xi} \leftarrow \xi^{k\uparrow}$	更新的信号估计
$\Delta y = y - B\hat{\xi}$	更新的测量误差
直到收敛	

虽然没有规定收敛标准，但很明显程序本身比解决凸优化问题简单得多，该方法和表2.4中的其他方法经常用于有限资源下重建的实现（参见文献[4]）。

2.3　性能评估框架

根据第1章和本章开头部分的讨论，很容易说明对 CS 系统性能的精确评估远非易事。

很明显性能必须与重建误差的大小有关，即与真实稀疏表示 ξ 和由重建算法获得的估计 $\hat{\xi}$ 之间的差异或在真实信号 x 和 $\hat{x} = D\hat{\xi}$ 之间的差异有关。

然而，第1章的经典理论是按照最坏情况进行分析，并给出了类似于

$\|\xi' - \xi\|_2$ 这样的量化的界限,这种处理方法要么难以应用(例如,因为它们对测量矩阵 A 提出了过于严格的要求),要么界限过于宽松,最终离实际情况相去甚远。

即使是本章开头描述的非最坏情况方法也存在问题,尽管它的多面计数方式对哪些可以重构、哪些不能重构进行了清晰的区分,但随着维度的增加,扩展性很差,不能应用于实际中。

最重要一点,矩阵 A 的构造通常是通过随机方式完成的。这与要获取的信号的固有随机性质相结合,意味着重建误差是非常复杂的随机量。

解决所有这些问题最直接的方法是采用大量的蒙特卡洛仿真实验。这种方法在文献和实际中是最常见的,并且包括生成大量的 W 个信号实例 $x^{(j)}$ 和用于 $j = 0, \cdots, W - 1$ 的测量矩阵 $A^{(j)}$,使用它们中的每一个来计算 $y^{(j)} = A^{(j)} x^{(j)}$,然后估计 $\hat{x}^{(j)}$ 之前运行其中一个算法并计算重建误差。这种误差的统计通常由两种方法之一以单个数字概括。

起初,定义重建信噪比

$$\text{RSNR[dB]} = 20 \lg \frac{\|x\|_2}{\|\hat{x} - x\|_2}$$

即 RSNR[dB] 越大,重建越好。然后可以尝试估计平均 RSNR[dB] 为

$$\text{ARSNR[dB]} = E\left(20 \lg \frac{\|x\|_2}{\|\hat{x} - x\|_2}\right) \approx$$
$$\frac{1}{W} \sum_{j=0}^{W-1} \left(20 \lg \frac{\|x^{(j)}\|_2}{\|\hat{x}^{(j)} - x^{(j)}\|_2}\right) \quad (2.4)$$

或者,可以假设当相应的 RSNR[dB] 超过某个 RSNR[dB]$_\text{min}$ 时重建是正确的,并且将正确重建的可能性(PCR)定义为

$$\text{PCR} = \Pr\{\text{RSNR[dB]} \geq \text{RSNR[dB]}_\text{min}\} \approx$$
$$\frac{\left|\left\{\frac{\|x^{(j)}\|_2}{\|\hat{x}^{(j)} - x^{(j)}\|_2} \geq 10^{\frac{\text{RSNR[dB]}_\text{min}}{20}}\right\}\right|}{W}$$

显然,ARSNR[dB] 和 PCR 是通用最优数值,实际应用可能为建立采集性能提供更重要的指标。在本书末尾处理这些实际问题时,会描述和应用这些最优数值。

然而,针对自适应方法的例子,将使用 ARSNR[dB] 和 PCR 以及统一框架解决蒙特卡洛试验的积累问题。

特别地,我们感兴趣的是 n 维信号 x,其相对于假设为标准正交基的某个参考系 D,是局部的和 k 稀疏的。

为了生成x的样本，从具有协方差／相关矩阵$\mathscr{X}'$的零均值高斯随机向量x'的实例开始，并执行以下步骤：

$x' \sim N(0, \mathscr{X}')$

$\xi' \leftarrow D^{-1}x' = D^{T}x'$

$\xi \leftarrow (\xi')^{k\uparrow}$

$x = D\xi$

上述步骤形成了一种初步想法，就是将非白化向量(x')投影到基上，沿着基方向，希望形成的信号是稀疏的，稀疏化后，将其映射到原始基上。显然，如果$k = n$，则有$x = x'$，因为没有其他分量的减少。

首先，因为$\mathrm{E}[x'] = 0$，可以得到$\mathrm{E}[\xi'] = 0$，$\mathrm{E}[\xi] = 0$，$\mathrm{E}[x] = 0$。再有，如果定义协方差／相关矩阵$\mathscr{X}' = \mathrm{E}[xx'^{T}]$，$\varXi' = \mathrm{E}[\xi'\xi'^{T}]$，$\varXi = \mathrm{E}[\xi\xi^{T}]$，$\mathscr{X}' = \mathrm{E}[xx^{T}]$，可得$\varXi' = D^{T}\mathscr{X}'D$，$\mathscr{X} = D\varXi D^{T}$。

因此，如果$\mathscr{X}'$是对角矩阵，并且x'的分量和ξ'的分量都是独立的，生成$\varXi$的$\xi = (\xi')^{k\uparrow}$的非零分量也相同，那么$\mathscr{X}$也是对角的。在这种情况下，x将只是k稀疏但不是局部化的。事实上，通过式(1.5)，有

$$\mathscr{L}_{x} = \frac{\mathrm{tr}(\mathscr{X}^{2})}{\mathrm{tr}^{2}(\mathscr{X})} - \frac{1}{n} = 0$$

因为根据对角相关性，当$\mathrm{tr}^{2}(\mathscr{X}) = n^{2}\mathscr{X}_{0,0}^{2}$时，有$\mathrm{tr}(\mathscr{X}^{2}) = n\mathscr{X}_{0,0}^{2}$。

可以通过选择非对角的$\mathscr{X}'$来实现定位，其特征将近似地转换为$\mathscr{X}$的特征。实际上，由于ξ'的k个最大分量被转移到ξ，因此ξ是ξ'的最佳k稀疏近似，而x和x'之间也具有相同的关系。因此，k越大，x与x'的特性越相似。

虽然$\mathscr{X}'$的根与$\mathscr{X}$的根之间的关系难以通过分析进行建模，但可以使用示例提供特定框架内关于该方法的有效数据。

特别地，考虑$\mathscr{X}'$有$\mathscr{X}'_{j,k} = \omega^{|j-k|}$，$-1 < \omega < 1$。如第1章所述，这意味着$x'$是平稳随机过程，其功率谱可表示为

$$\Psi(f) = \frac{1 - \omega^{2}}{1 + \omega^{2} - 2\omega\cos(2\pi f)}$$

假定$-1 < \omega < 0$为高通曲线，$\omega = 0$为平坦／白色曲线，$0 < \omega < 1$为低通曲线。通过计算得到

$$\varphi_{x}' = \frac{2}{n^{2}}\sum_{j=1}^{n-1}j\omega^{2(n-j)} = \frac{2\omega^{2}}{n}\frac{n(1 - \omega^{2}) + \omega^{2n} - 1}{n(1 - \omega^{2})^{2}} \tag{2.5}$$

现在假设$n = 128$，并且D是正交离散余弦变换（DCT）的基。通过生成大量的样本向量x'得到x，可以估计它们的根并从中获取它们的功率谱。对于ω

和稀疏度 k 的不同值,在图 2.5 和图 2.6 中给出了这种估计的结果($k = n$ 意味着 $x = x'$,即 x 是具有由 ω 衰减控制的指数相关的高斯随机向量)。

特别是图 2.5 显示了当 ω 变化时 $\mathscr{L}_x$ 如何变化。注意,增加 $|\omega|$ 提高了生成信号 x 的定位。就 x 赋予何种类型的定位而言,图 2.6 表明当 x' 为超低通时,x 也是低通的,反之亦然。

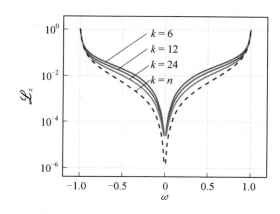

图 2.5　当 ω 改变,对不同 k 值 x 的定位

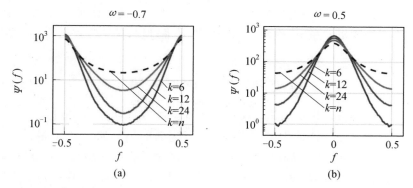

图 2.6　对于不同的 k 值,x 在高通时的频谱(a)和 x 在低通时的频谱(b)

总体来说,生成方法证明了它是确保稀疏性的实用方法,同时至少定性地控制信号的定位,因此,将用于本书的所有非现实的例子中。

为了使这些示例与实际条件相差不远,参考表 1.1 并关注具有与现实信号兼容的本地化的过程。这有助于定义表 2.6 中给出的一些原型信号。

由于大多数讨论都取决于矩阵 A 的设计,产生压缩测量 $y = Ax$,所有示例都将针对特定的设计选项或比较其中部分选项。

表 2.6　信号定义

信号名称	$\mathscr{L}_x$	k	ω
ZL: $\mathscr{L}_x = 0$ - 白	0	6	0
		12	
		24	
LL: 低 $\mathscr{L}_x$	0.02	6	± 0.509
		12	± 0.584
		24	± 0.669
ML: 中 $\mathscr{L}_x$	0.06	6	± 0.810
		12	± 0.853
		24	± 0.878
HL: 高 $\mathscr{L}_x$	0.2	6	± 0.959
		12	± 0.964
		24	± 0.966

　　为此,将依赖于如上生成的信号 x 并通过首先使用由独立的零均值高斯分量构成的随机向量 η^x 扰动它们来模拟采集过程,其中方差被调整以匹配规定的本征信噪比。

$$\text{ISNR}[\text{dB}] = 20\lg \frac{\| x \|_2}{\| \eta^x \|_2}$$

引入这种扰动模拟采集阶段中的不准确性,包括可能的量化。

　　然后通过使用评估中的矩阵 A,使用扰动的信号来产生测量,得到 $y = A(x + \eta^x)$。当没有明确说明时,将通过 y、A 和 ISNR 反馈到 2.1 节中提到的 SPGL1 包提供的函数来生成与真实信号匹配的重构信号,SPGL1 包实现 BP 或 BPDN 方法,其鲁棒性易于使用,这也使其成为实例混合的理想候选项。

2.4　实际性能

　　本章的第一部分表明,当没有从最坏情况下建模时,CS 是一种很有前途的技术,它可以允许从矢量 y 的 m 个标量测量中重建 n 维信号 x,其中 $m \ll n$。

　　为了对可实现的内容进行定量评估,假设 x 是 n 维的且 $n = 128$,稀疏度 $k = 6$ 对应 DCT 标准正交基,其中 $\omega = 0$ 且 ISNR [dB] = 60 dB。

取 $A \sim \mathrm{RGE(iid)}$，对于从 6 到 64 的每个 m 值，进行蒙特卡洛仿真。对于每一次试验，计算 RSNR，以积累 ARSNR 作为 m 的函数。通过固定 $\mathrm{RSNR[dB]_{min}} = \mathrm{ISNR[dB]} - 5\ \mathrm{dB} = 55\ \mathrm{dB}$，还可以估计每个 m 的 PCR。结果在图 2.7 中给出。

由于 ARSNR 和 PCR 都是越大越好的数值，因此两个图中的 S 形趋势表征了定理 2.4 的实际意义。事实上，与理论一致的是，m 有一个临界值，超过这个临界值，性能就会显著增加，这就导致了通常所说的相变。

除了反映理论结果之外，图 2.7 给出了可实现压缩的定量评估。例如，图 2.7(a) 显示，对于 $m = 64$，ARSNR 稍微超过了 $\mathrm{ISNR} = 60\ \mathrm{dB}$，因此表明原始信号（其维数为 $n = 128$）可以以压缩比 $\mathrm{CR} \approx 2$ 获得而没有损失精度（实际上有少量去噪）。然而，可以确定 $\mathrm{ARSNR} = 55\ \mathrm{dB}$ 对于应用是足够的并且从相同的图得出 $m = 38$ 个测量足以满足要求，并将压缩比增加到 $\mathrm{CR} \approx 3.4$。

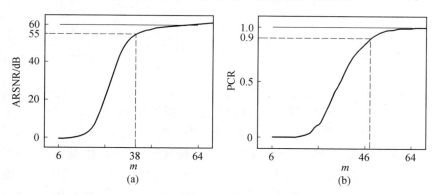

图 2.7　当测量数随着 ARSNR(a) 和 PCR(b) 增加，传统 CS 系统的蒙特卡洛性能分析

显然，这与平均性能有关。更严格的观点是要求 $\mathrm{RSNR} = 55\ \mathrm{dB}$ 不是平均达到，而是至少 90% 以上的时间达到。由于图 2.7(b) 估计 RSNR 作为 m 的函数超过该阈值的概率，因此可以得到更严格的参数，以满足 $m = 46$ 的系统规模，给出 $\mathrm{CR} \approx 2.8$。

这在某种程度上令人印象深刻，因为它远远超出了规定范围内所解决的最坏情况。举个例子，定理 1.7，专门针对 x 在相对于标准正交基上完全 k 稀疏的情况，表示原始信号 x 与其重建 $\hat{x}$ 之间的误差可以限制为

$$\|\hat{x} - x\|_2 = \|D\hat{\xi} - D\xi\|_2 = \|\hat{\xi} - \xi\|_2 \leqslant 4\ \frac{\sqrt{1 + \delta_{2k}}}{1 - (\sqrt{2} + 1)\delta_{2k}}\varepsilon$$

其中 ε 满足 $\|\eta\|_2 \leqslant \varepsilon$，而 δ_{2k} 是 A 的 RIC。对于 $\delta_{2k} \geqslant 0$，ε 的系数是单调递增的，因此，即使在可能的条件下，RSNR 在定理 1.7 中的适用条件是

$$\text{RSNR[dB]} = 20\lg \frac{\|x\|_2}{\|\hat{x} - x\|_2} \geqslant 20\lg \frac{\|x\|_2}{4\|\eta\|_2} \geqslant$$
$$\text{ISRN[dB]} - 12 \text{ dB}$$

由于最差情况基本没有描述这一情况，因此，可以获得较差的平均去噪效果。

图2.8表明当要获取的信号稀疏度 $k = 6$、$k = 12$ 或 $k = 24$ 时估计效果的趋势。显然，由于 k 是识别 x 所需的标量的最小值，因此需要逐渐增大测量次数来实现良好的信号重建，随着稀疏度变大，相应的曲线逐渐右移。

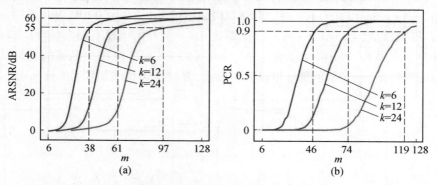

图2.8　传统 CS 系统的蒙特卡洛性能评估：当测量数量增加时，ARSNR(a) 和
　　　　PCR(b) 都增加，尽管其趋势取决于稀疏度 k

例如，要使得 ARSNR $\geqslant 55$ dB，当信号稀疏度为 $k = 6$ 时，需要至少 $m^* = 38$ 次测量；当信号稀疏度为 $k = 12$ 时，需要 $m^* = 61$ 次测量；当信号稀疏度为 $k = 24$ 时，需要 $m^* = 97$ 次测量。虽然 m^* 对 n 和 k 的趋势是通过式(1.28) 和式(1.29) 的渐近项来估计，但是对有限的情况，也可以作为 m^* 的粗略估计。

通过观察表 2.7，一般倾向于采用第一个标准 $m^* = ck \log_2(n/k)$，其中常数 c 在 $2 \leqslant c \leqslant 3$ 的范围内。

表2.7　式(1.29) 的渐近趋势与图2.8 的经验证据的数值匹配。稀疏度 k 的增加意味着需要测量数 m^* 相应增加以满足和 $O(k\log(n/k))$ 可比拟的性能

k	ARSNR $\geqslant 55$ dB		PCR $\geqslant 0.9$	
	m^*	$\dfrac{m^*}{k \log_2(n/k)}$	m^*	$\dfrac{m^*}{k \log_2(n/k)}$
6	38	1.43	46	1.74
12	61	1.49	74	1.81
24	97	1.67	119	2.05

　　尽管所有这些看起来都很成功，但从工程角度来看，这只是一个起点。实际上，在一个系统中估计如图 2.7 所示的性能，其中 A 需要满足以下条件：

　　（1）具有无限精度，并且是无界的。

　　（2）在方差约束内满足最大随机性，即完全不知道内容和优化的可能性。

　　然而，任何 x 乘 A 在实际中都意味着有限范围的计算和有限的精度，如果实现是模拟的，可能是因为噪声；如果实现是数字的，可能是因为量化。

　　此外，与其简单地接受由最大随机策略计算的测量值，不如尝试寻找最能识别信号本身的测量值，以便在 $m < n$ 情况下尽可能多地压缩信息，用来表示 x。这种对最佳测量方式探索的好处在于，可以利用少量的测量信息实现与大量随机信号测量同样的工作。

　　将有限范围／有限精度问题留给第 3 章，值得注意的是，第二个目标似乎违背了一个普遍被认可的观点，即平等性，含义是每个测量携带关于采样信号中基本相同数量的信息。这种思想的数学基础很稳固，它与矩阵 A 的 RIC 有关，并且与当 A 的某几行被丢弃时这个常数如何变化相关。结果表明，当剩余行数仍然大于保证信号重构所需的最小行数时，丢弃哪一行对得到的矩阵的 RIC 常数影响不大。

　　到目前为止，这样发展下去的实际影响是可以忽略不计的，原因有两个。首先，已经看到了将基于 RIC 的性能边界作为前提条件是不合理的，因为它们与现实表现的相关性非常松散，因此将它们作为设计标准是无效的。在这种情况下，A 的 RIC 存在微小变化意味着恢复性能会有微小变化，但却无法说明实际性能的变化。

　　其次，当寻求最佳设计 CS 阶段时，人们绝不会通过不断降低观测数量完成正确重建，以此来寻找对应的最小 m。然而，理论系统优化的目的就是尽可能降低 m。

2.5　对抗"平等性"，为实践优化铺平道路

　　除了 2.4 节的考虑之外，如果利用本章前几节的简单假设：没有噪声（即 ISNR $\to \infty$），并且直接利用 BP 进行重构，那么可以用一个简单的推论来证明，测量的平等性是一个从合理的数学结果中错误推断出来的。

　　基于上述内容，可以从几何角度观察分析基本重构方法成功的原因，以

及什么情况下会失败。特别是可以集中观测失败的情况，针对图 2.3 进行轻微旋转和简化，得到图 2.9。

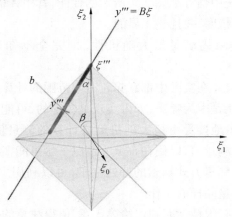

图 2.9　图 2.3 旋转简化版
（图中标注了信号 ξ''' 的位置、投影 y''' 和 $S_3^1(\parallel\xi'''\parallel_1)$ 的面）

在图 2.9 中，很容易验证 BP 的解是不唯一的（粗线上的所有点都有可能是原始信号的重建），由于投影平面包含方向 b，该方向与 ξ''' 本身所属的 $S_3^1(\parallel\xi'''\parallel_1)$ 的二维小平面之一正交。

也可以说投影信号的一个矢量（矩阵 $B = AD$ 的行 b）与信号形成角度 β，使得互余角 $\alpha = \pi/2 - \beta$ 等于信号 ξ 和 $S_3^1(\parallel\xi'''\parallel_1)$ 的一个面之间的角度。

在这种情况下，$\alpha = \arccos(\sqrt{2/3})$，并且如果可以确保避免 B 的行与信号形成角度 $\beta = \pi/2 - \arccos(\sqrt{2/3})$，则不会发生如图 2.9 所示的情况，并且正确地重建像 ξ'''。

显然，可能会发生其他较差的情况。例如，图 2.10 表明 b 的另外一种选择会阻碍 BP 恢复原始信号。原因是信号和 $S_3^1(\parallel\xi'''\parallel_1)$ 平面（在这种情况下它是一维平面）之间的角度 α 与信号在 b 方向的投影之间的夹角 β 互补。这种情况下 $\alpha = \beta = \arccos(\sqrt{1/2}) = \pi/4$。

如果不选择方向 b，其信号角度是上面计算的两者之一，两种较差的情况都可以避免。

虽然详细的证明超出了本书的范围，但在一般的 n 维情况下，当信号为 k 稀疏时，必须抑制 $\beta^{\min} = \pi/2 - \arccos(1/\sqrt{1+k})$ 和 $\beta^{\max} = \pi/2 - \arccos\sqrt{\dfrac{n-k}{n-k+1}}$ 之间的角度。在例子中，$n = 3$ 且 $k = 1$，因此 $\beta^{\min}$ 和 $\beta^{\max}$ 可以

取先前计算的 $\pi/4$ 和 $\pi/2 - \arccos(\sqrt{2/3})$。为了安全起见，不要根据 n 和 k 做微调，应避免 $[\pi/4, \pi/2]$ 范围内的所有角度。

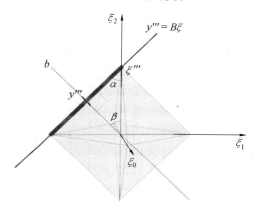

图 2.10　方向 b 选择不当，在使用 BP 时不能重构原始信号

因此，为了确保在无噪声情况下的最佳重建性能，建议选择矩阵 B，其行以 ξ 构成，圆锥孔径严格小于 $\pi/4$。当 D 是标准正交基时，直接转换为 $A = BD^{\mathrm{T}}$ 的行和信号 $x = D\xi$ 之间的角度。这转变为一个简单的几何准则：行可以通过 n 维独立的随机变量生成，并且服从 $N(0,1)$ 分布，但只有当它们与 x 的角度小于 $\dfrac{\pi}{4}$ 时才被包含在 A 中。这种方法也称为锥约束 CS 方法，因为所有行由落在锥体中的向量构成，其轴为 x 并且圆锥孔径为 $\dfrac{\pi}{4}$，如图 2.11 所示。

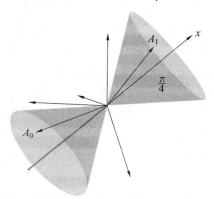

图 2.11　在众多随机指向空间的候选向量中，只有两个落在轴为 x 的圆锥
　　　　　（圆锥孔径为 $\pi/4$）上的向量成为矩阵 A 的行 $A_{0,.}$ 和 $A_{1,.}$

为了实际了解该准则对恢复性能的影响，可以在无噪 INSR → ∞ 的情况下采用与上述相同的仿真设置，并用 BP 实现一个纯线性优化问题（1.32）来代替 BPDN。在这些条件下，模拟传统 CS 和锥约束 CS 的性能，结果如图 2.12 所示。

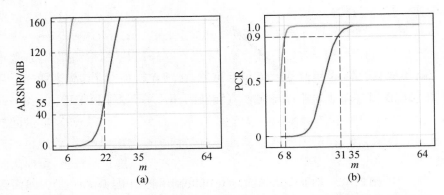

图 2.12　传统 CS（黑线）和锥约束 CS（灰线）蒙特卡洛性能评估，理想的锥约束
CS 展现出更好的性能：（a）ARSNR 表现，（b）PCR 表现

没有噪声情况下明显改善了传统 CS 的重建性能。通过比较图 2.7 和图 2.12，得到当平均质量 ARSNR = 55 dB 时，只需要 m = 22 次测量，而不用 m = 38；并且 m = 31 次测量，而不用 m = 48，可以保证 RSNR = 55 dB 的频率达到 90%。

也就是说，锥约束 CS 明显具有更好的性能，因为平均重建质量不低于 80 dB，并且对于只有 m = 8 次测量，RSNR = 55 dB 的频率达到 90%。

总体来说，选择的测量相比于随机选择的测量明显携带了更多关于信号的信息，因为在现实世界中，不存在平等性。实际上，当不是所有的选项都是一样好的时候，可以通过优化来寻找最佳的设计方案。

遗憾的是，锥约束 CS 只是一种理论工具，因为它没有具体的实施机会。为了理解其中的原因，必须花些时间来说明一些更好的约束实现，它们是 CS 成功应用的基础。

虽然本书的重点是根据图 1.2 的方案设计 CS 过程，但不可避免地需要以更一般的视角来分析这种采集子系统。这就是图 2.13 要考虑的事情。所有采集阶段（采样，量化，压缩）可以看作是一个模块。该模块将模拟波形编码转化为数字标量 $Q(y_k)$ 欠采样序列。该序列被传递给想要获取 $x(t)$ 的其他子系统，并将序列 $Q(y_k)$ 解码成近似值 $\hat{x}(t)$。

更高层次视角的采集过程揭示了编码器－解码器结构,其突出了编码器和解码器之间唯一连续通信的信息是欠采样序列,原则上,没有其他依赖系统的信号从采集子系统到使用采集信号的子系统的传递。

就 CS 采集原理而言,意味着 A 的行无法被传送到解码器,解码器必须能够自主获取。这就是为什么图 2.13 中的方案更现实的观点应该包含很少的细节。

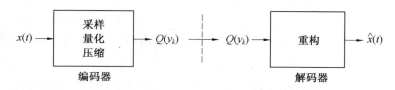

图 2.13　更高层次视角下的信号采集过程

首先,编码器和解码器两边必须共享一些先验信息。例如,如果 A 是固定的,那么它必须输入给两边。或者,如果 A 是随机矩阵集合的时变实例(如在示例中),则编码器和解码器可以共享可再现的伪随机数发生器的结果,以及它工作的初始状态。在这种情况下,编码器和解码器的操作必须是同步的,这意味着少量的辅助信息要从编码器转移到解码器,进一步转移到欠采序列 $Q(y_k)$。图 2.14 给出更真实的采集系统框图。显然,为了实现有效压缩,总传输信息(欠采序列加上先验信息)必须比传输全样本序列所需的比特少。

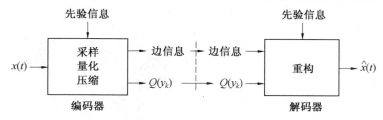

图 2.14　带有附加信号路径的编码器－通道－解码器视图

这是锥形约束 CS 不能得到有效应用的主要原因。事实上,在实际使用中可以做的是在编码器和解码器处部署两个相同的伪随机数发生器副本,同步它们并让它们运行,以产生矩阵 A 的候选行。编码器测试它们中的每一行并取其中与 x 的角度小于 $\pi/4$ 的前 m 行以构造 A。然后,计算 $y = Ax$,并且向解码器传递向量 y 和识别其所使用行所需的先验信息。

如果假设要找到 m 行,则必须检查 M 个候选项,那么先验信息的比特数是 $\left\lceil \log_2 \binom{M}{m} \right\rceil$,因为我们的任务是识别 M 个可能候选项中的 m 个元素作为特定子集。总体来说,必须从编码器传送到解码器的信息量是 $mb_y + \left\lceil \log_2 \binom{M}{m} \right\rceil$,其中 b_y 是用于每个欠采样序列 $Q(y_k)$ 的比特数。这必须与用 b_x 比特量化每个样本的情况进行比较,使得按位压缩比为

$$\mathrm{CR}^{\mathrm{bit}} = \frac{nb_x}{mb_y + \left\lceil \log_2 \binom{M}{m} \right\rceil} \tag{2.6}$$

然而,m 和 M 之间的比例受到 S_n^2 球形状对维数的影响。假设候选行均匀地张成所有可能的角度(例如,每一项都是独立常数,就会出现这种情况),其中落入锥体内的概率等于如图 2.15 所示的两个球冠帽 $\Gamma' \cup \Gamma''$ 和整个球体 S_n^2 的 ∂S_n^2 表面积之比。

从文献[15]中可以得到该比值为

$$\frac{\mu(\Gamma' \cup \Gamma'')}{\mu(\partial S_n^2)} = B_{\sin^2(\pi/4)}\left(\frac{n-1}{2}, \frac{1}{2}\right) = B_{1/2}\left(\frac{n-1}{2}, \frac{1}{2}\right)$$

其中不完全正则化 β 函数为

$$B_\zeta(p,q) = \frac{\displaystyle\int_0^\zeta t^{p-1}(1-t)^{q-1}\mathrm{d}t}{\displaystyle\int_0^1 t^{p-1}(1-t)^{q-1}\mathrm{d}t}$$

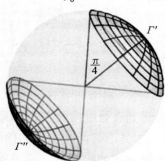

图 2.15　球帽表面与产生随机测量落入 $\dfrac{\pi}{4}$ 锥体范围内的概率成正比

我们推导出,对于 $n \geq 1$,$B_{1/2}\left(\dfrac{n-1}{2}, \dfrac{1}{2}\right) \leq 2^{-\frac{n-1}{2}}$ 成指数 n 递减。这意味着任意给定信号 x,128 维候选行落入 $\pi/4$ 锥体范围内的概率小于 7.6×10^{-21}。

现在假设要保证至少 90% 的概率 RSNR $\geqslant$ 55 dB。从图 2.12 得到 $m = 8$ 次测量就可以满足条件。然而，在积累 $m = 8$ 次测量之前要评估独立候选行的平均数量是 $8/(7.6 \times 10^{-21}) = 1.1 \times 10^{21}$，并且需要传递的先验信息达到 544 bit。如果假设 $b_y = 12$（达到 RSNR = 55 dB 的最佳选择），则编码 $n = 128$ 维数据所需的总比特数是 $544 + 8 \times 12 = 640$ bit。

在没有压缩时，可以通过直接量化采样值粗略估计出 RSNR，假设采样信号满足正弦特性，RSNR $= 6.02 b_x + 1.76$ dB，其中 b_x 是单次采样的比特数。要使 RSNR = 55 dB，可以设置 $b_x = 9$，以使总比特数为 $128 \times 9 = 1\,152$ bit。因此，锥约束 CS 的按位压缩比由公式（2.6）得出 $CR^{bit} = 1\,152/640 \approx 1.8$。

需要注意的是，如果决定使用生成器生成的行，就不需要在初始同步时发送任何先验信息，图 2.12 表明当 $m = 21$ 次测量时，可以保证与之前相同的性能，总共需要 $mb_y = 31 \times 12 = 372$ bit，相应的按位压缩比 $CR^{bit} = 1\,152/372 \approx 3.1$。

也就是说，利用锥约束 CS 的实现意义不大，因为它与纯随机 CS 相比没有任何实际优势，同时纯随机 CS 具有更小的计算负担（即使生成和测试候选行采用纳秒，在 $\pi/4$ 的锥体范围内积累 8 次测量也需要超过 33 000 年）。

增加测量 y 携带的关于信号 x 的信息量的可能依据是通过 $y = a^T x$ 来判断，向量 a 与信号 x 之间的夹角角度越小，y 中涵盖的信息量越大。本书提出了一种针对实际 CS 采集有效的设计流程，更具实际意义。

首先要注意的是，给定两个非共线矢量 v' 和 v'' 形成角度 $v'v''$，它们之间的夹角是 $\min\{v'v'', \pi - v'v''\}$。因此，当 $v'v''$ 趋于 0 或 π 时，即当绝对值 $\cos^2(v'v'')$ 增加时，夹角角度变小。由于指定了 $y^2 = (a^T x)^2 = \|a\|_2^2 \|x\|_2^2 \cos^2(ax)$ 和 x，如果假设 A 的所有行大致等长，则测量值 y 能量越高，相应的夹角就越小。

基于上述讨论，形成了新的处理方法。在一个类似锥约束 CS 的系统中，让行生成器产生 M 个候选行，然后利用对应 m 个最大值 $(a^T x)^2$ 的行 a 组成矩阵 A。计算测量值 $y = Ax$ 并将其传递给解码器。该方法被命名为最大能量 CS。

在这种新的配置下，M 和 m 是自由度。可以利用它们控制先验信息 $\left\lceil \log_2 \binom{M}{m} \right\rceil$ 需要的比特量，该比特量须与重建质量相匹配。在这种情况下，没有理论支撑来预测重建性能，只能依赖仿真。通过仿真，可以在图 2.12 中增加最大能量 CS 方法的估计结果，得到图 2.16。

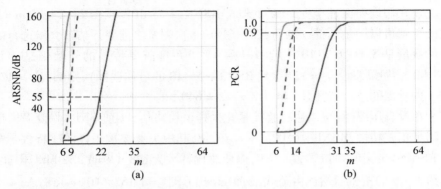

图 2.16　传统 CS(黑色实线)、最大能量 CS(黑色虚线)、锥约束 CS(灰色实线)蒙
　　　　特卡洛性能评估(最大能量 CS 表现不如锥约束 CS,但优于传统 CS 方
　　　　法):(a) ARSNR,(b) PCR

仿真最大能量 CS,通过生成 $M = 512$ 个候选行,获取 $m = k = 6$ 到 $m = n/2 = 64$ 时 m 个最大能量测量。由于它是基于锥约束原理的改进方法,性能虽然会有所下降,但仍然远高于传统的 CS。

如果假设目标重建质量 ARSNR ≥ 55 dB,那么传统 CS 在 $m = 22$ 时可实现,而最大能量 CS 仅需要 $m = 9$。这些数字允许计算相同情况下如上所述的按位压缩比(2.6),其中 $b_x = 9$ 且 $b_y = 12$。传统 CS 产生 $CR^{bit} = 1\ 152/(22 \times 12) \simeq 4.4$,最大能量 CS 产生 $CR^{bit} = 1\ 152/171 \simeq 6.7$,因此能够进一步减少测量的数量。

假设目标重建质量为了保证 90% 概率要满足 RSNR ≥ 55 dB,那么传统 CS 在 $m = 31$ 时可实现,而最大能量 CS 仅需要 $m = 14$。对于传统 CS 相应的按位压缩比是 $CR^{bit} \simeq 3.1$,对于最大能量 CS,相应的按位压缩比是 $CR^{bit} \simeq 4.5$。

总体来说,最大能量 CS 似乎是一个很好的选择,通过增加先验信息自适应调整测量质量,从而为信号恢复问题建立相应的准则。

即使在噪声环境下也是一样。实际上,可以回到 ISNR = 60 dB 的原始设置,并保持最大能量 CS 的相同配置,以获得如图 2.17 所示的曲线。

由于噪声的引入,最大能量 CS 的性能会恶化。然而,该方法仍然能够产生更好的按位压缩比。实际上,参见图 2.17(a),得到 ARSNR = 55 dB,通过传统 CS 需要 $m = 38$ 次测量,而通过最大能量 CS 需要 $m = 16$ 次测量。通常用 $b_x = 9$ 和 $b_y = 12$ 计算 CR^{bit},对于传统 CS,$CR^{bit} = 1\ 152/456 \simeq 2.5$,对于最大能量 CS,$CR^{bit} = 1\ 152/292 \simeq 3.9$。

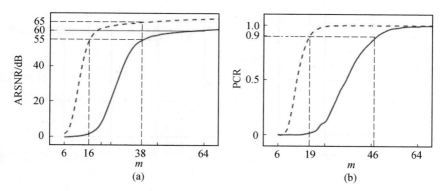

图 2.17　传统 CS(实线)和最大能量 CS(虚线)的蒙特卡洛性能比较

图 2.17(a) 也表明自适应方法具有显著的平均去噪效果。例如,当传统 CS 达到参考性能水平 ARSNR = 55 dB 时,最大能量 CS 能够得到 ARSNR = 65 dB > ISNR。 显然,这需要一些代价,因为除了用于编码测量的 456 bit 之外,最大能量 CS 还要累积并传送 $\left\lceil \log_2 \binom{512}{38} \right\rceil = 192$ bit。然而,在这种情况下,重建提供了通过简单编码样本而不能获得的精度。

为确定到目前为止上述观察到的内容可以应用,可以试验具有不同稀疏度、不同类型的信号。和之前一样,无法得到标准的分析过程,只能利用 2.3 节中定义的指数相关信号模型,基于不同的 k 值和不同的 ω 值进行大量的蒙特卡洛评估。

图 2.18 针对表 2.6 中定义的 ML、ZL 和 HL 三种信号,给出 $n = 128$、$k \in \{6,12,24\}$ 时 ARSNR 和 PCR(目标 RSNR = 55 dB) 的变化趋势。其中,$k = 6$ 与图 2.17 中的情况相同。

就匹配某一重建质量所需的最小测量数而言,最大能量 CS 相比于传统 CS 的改善是毋庸置疑的。它可以产生更好的按位压缩比。从图 2.18 可以清楚地看出,传统 CS 的性能与局部区域无关,而最大能量 CS 则不然。因此,可以把焦点放在白信号上并在表 2.8 中总结量化。

总体来说,最大能量准则似乎表现得相当好。 然而,它的实现有两个缺点,可能限制其实际应用。首先,必须要计算比传输到解码器更多的测量值(在例子中 $M = 512$)。如果计算测量值的代价不可忽略,这可能对编码器复杂性产生影响。在分析锥约束 CS 时已经注意到维数效应,即随着 n 的增加,这种影响会急剧增加。此外,必须计算先验信息并将其传送到解码器以进行测量,这也可能意味着增加编码器复杂性。

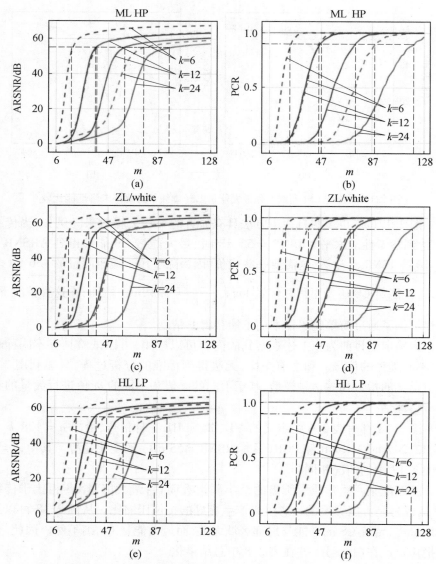

图 2.18   传统 CS(实线) 和最大能量 CS(虚线) 蒙特卡洛性能比较
（针对表 2.6 中定义的三种信号）

　　直观地说,这种潜在增加的复杂性取决于最大能量 CS 要自适应采集信号 x。

　　在第 3 章中,会看到可以设计一种性能稍差的方法,利用相同的测量能量原理,并适应要获取的信号类别,而不是特定的实例,在提高性能的同时,保持编码器的复杂性最低。

表 2.8　在 $b_x = 8$ 和 $b_y = 12$ 时,传统 CS 和最大能量 CS 的按位压缩比以及两种不同的重建质量要求下的结果对比,$n = 128$ 次采样的简单编码需要 1 152 bit

ARSNR = 55 dB

k	最大能量 CS				传统 CS		
	m	M	$mb_y + \lceil \log_2 \binom{M}{m} \rceil$	CR^{bit}	m	mb_y	CR^{bit}
6	16	512	292	3.9	38	452	2.5
12	32	512	553	2.1	59	708	1.6
24	59	512	968	1.2	95	1140	1.0

PCR = 0.9

k	最大能量 CS				传统 CS		
	m	M	$mb_y + \lceil \log_2 \binom{M}{m} \rceil$	CR^{bit}	m	mb_y	CR^{bit}
6	19	512	342	3.9	47	564	2.5
12	37	512	632	1.8	73	876	1.3
24	70	512	1 131	1.0	119	1 428	0.81

本章参考文献

[1] S. Becker, J. Bobin, E. J. Candès, NESTA: a fast and accurate first-order method for sparse recovery. SIAM J. Imag. Sci. 4(1), 1-39 (2011).

[2] E. van den Berg, M. P Friedlander, Probing the Pareto frontier for basis pursuit solutions. SIAM J. Sci. Comput. 31(2), 890-912(2008).

[3] T. Blumensath, M. E. Davies, Iterative thresholding for sparse approximations. J. Fourier Anal. Appl. 14(5-6), 629-654(2008).

[4] D. Bortolotti et al., Energy-aware bio-signal compressed sensing reconstruction on the WBSN gateway. IEEE Trans. Emerg. Top. Comput. PP(99), 1-1(2016).

[5] P. L. Combettes, J. -C. Pesquet, A proximal decomposition method for solving convex variational inverse problems. Inverse Prob. 24(6), p. 065014 (2008).

[6] I. Daubechies et al. , Iteratively reweighted least squares minimization for sparse recovery. Commun. Pure Appl. Math. 63(1), 1-38(2010).

[7] D. L. Donoho, Neighborly Polytopes and Sparse Solution of Underdetermined Linear Equations, Technical report, Department of Statistics, Stanford University, 2005.

[8] D. L. Donoho, J. Tanner, Counting faces of randomly projected polytopes when the projection radically lowers dimension. J. Am. Math. Soc. 22(1), 1-53(2009).

[9] D. L. Donoho, J. Tanner, Observed universality of phase transitions in high-dimensional geometry with implications for modern data analysis and signal processing. Philos. Trans. R. Soc. Lond. A Math. Phys. Eng. Sci. 367(1906), 4273-4293(2009).

[10] D. L. Donoho, J. Tanner, Precise undersampling theorems. Proc. IEEE 98(6), 913-924(2010).

[11] I. F. Gorodnitsky, B. D. Rao, Sparse signal reconstruction from limited data using FOCUSS: A re-weighted minimum norm algorithm. IEEE Trans. Signal Process. 45(3), 600-616(1997).

[12] M. Grant, S. Boyd, CVX: Matlab Software for Disciplined Convex Programming version 2. 1. http://cvxr. com/cvx, Mar 2015.

[13] M. Grant, S. Boyd, Graph implementations for nonsmooth convex programs, in Recent Advances in Learning and Control, ed. by V. Blondel, S. Boyd, H. Kimura. Lecture Notes in Control and Information Sciences(Springer, Heidelberg, 2008), pp. 95-110.

[14] S. Ji, Y. Xue, L. Carin, Bayesian compressive sensing. IEEE Trans. Signal Process. 56(6), 2346-2356(2008).

[15] S. Li, Concise formulas for the area and volume of a hyperspherical cap. Asian J. Math. Stat. 4(1), 66-70(2011).

[16] D. Needell, J. A. Tropp, CoSaMP: Iterative signal recovery from incomplete and inaccurate samples. Appl. Comput. Harmon. Anal. 26(3), 301-321(2009).

[17] S. Rangan, Generalized approximate message passing for estimation with random linear mixing, in 2011 IEEE International Symposium on Information Theory Proceedings, IEEE, July 2011, pp. 2168-2172.

第3章 从一般采集到自适应采集：获取信号

3.1 平均最大能量

在第2章中，从CS的最坏情况分析（这是一种经典的方法，该方法能提供数学上合理的保证）并且论述了成功实现编码器 – 解码器配对，提出一种改善性能的准则，该准则是要选择测量 $y = Ax$ 的能量更大。

将该准则直接应用于信号 x 的每个不同实例，此时，需要计算在编码器处（最具代表性的选择依据是候选测量值通常能量不够）以及从编码器到解码器通信上的一些开销（定义在计算后选择的测量值所需的比特数）。因为最大能量方法的适应性，即它能够根据特定的信号实例 x 改变采集矩阵 A，这些开销可以在运行阶段完成。

在某些实际应用中，这两个开销中的任何一个都是不可忽略的。在本章中，提出了一种核心技术来利用最大能量准则，同时不会给编码器和通信带来任何额外的负担。其思想是从一种自适应的方法转变为一种适合方法，即在设计阶段对要采集的特定信号类别进行调优的机制。为此，假设矩阵 A 的行向量 a 是独立生成的，并设计它们的发生器，使能量 $(a^T x)^2$ 最大化。由于生成机制是预先设计好的，因此不能对信号 x 的每个实例单独进行这种最大化。相反，最明智的决定是寻找信号平均能量的最大化。

假设向量 a 的统计量是设计参数，可以定义

$$\rho(a, x) = E_{ax}\left[(a^T x)^2 \right] \tag{3.1}$$

寻找

$$\underset{f_{a|x}}{\operatorname{argmax}} \rho(a, x)$$

其中 $f_{a|x}$ 是给定 x, a 的条件概率密度函数。

最大化 $\rho(a, x)$ 就是从信号 x 中收集能量，产生 A 中行向量的过程，也称为耙度。显然对任意 $\alpha \in \mathbf{R}, \rho(\alpha a, x) = \alpha^2 \rho(a, x)$。因此，如果不设置一个约束条件来防止生成不同的解，那么上述最大化就没有任何意义。由于处理的是信号的能量，所以最自然的约束是固定 a 的平均能量，那么设计可以归结为以

下优化问题：

$$\underset{f_{a|x}}{\arg\max}\, \rho(a,x) \quad \text{s.t.} \quad E_a\big[\,\|a\|_2^2\,\big] = 1$$

其中 A 的行向量能量归一化为 1。

注意，如果 a 与 x 是相互独立的，那么有 $f_{a|x} = f_a$。事实上，即使我们的目标是使这两个统计数据相关联，x 的生成取决于采集过程，而 a 的生成是采集系统的任务，假设采集系统对于将要获取的具体实例是未知的。利用这种独立性，可以推导

$$\begin{aligned}\rho(a,x) &= E_{a,x}\big[(a^\mathrm{T}x)^2\big] = E_{a,x}\big[a^\mathrm{T}xx^\mathrm{T}a\big] = E_{a,x}\big[\mathrm{tr}(aa^\mathrm{T}xx^\mathrm{T})\big] = \\ &\mathrm{tr}\big(E_{(a,x)}\big[aa^\mathrm{T}xx^\mathrm{T}\big]\big) = \mathrm{tr}\big(E_a\big[aa^\mathrm{T}\big]E_x\big[xx^\mathrm{T}\big]\big) = \\ &\mathrm{tr}(\mathscr{A}\mathscr{X})\end{aligned}$$

其中相关矩阵 $\mathscr{A} = E_a\big[aa^\mathrm{T}\big]$，$\mathscr{X} = E_x\big[xx^\mathrm{T}\big]$ 为对称半正定矩阵。因此，独立性允许将 f_a 的设计简化为 a 二阶统计量的设计，而 a 的二阶统计量依赖于 x 的二阶统计量。注意到 $E_a\big[\,\|a\|_2^2\,\big] = \sum\limits_{j=0}^{n-1} E_a\big[a_j^2\big] = \mathrm{tr}(\mathscr{A})$，由于实随机向量的相关矩阵必须是半正定（$\mathscr{A} \geq 0$）的和对称（$\mathscr{A} = \mathscr{A}^\mathrm{T}$）的，因此可以把设计问题重新表述为

$$\begin{cases}\underset{\mathscr{A} \in \mathbf{R}^{n \times n}}{\arg\max}\, \mathrm{tr}(\mathscr{A}\mathscr{X}) & \\ \qquad\quad \mathrm{tr}(\mathscr{A}) = 1 & \\ \text{s.t.} \quad\;\; \mathscr{A} \geq 0 & \\ \qquad\quad \mathscr{A} = \mathscr{A}^\mathrm{T} & \end{cases} \tag{3.2}$$

这个公式直接强调了在从自适应机制到适合机制的转变过程中失去了信息，也就是说在优化时是基于总体特征而不是基于每个实例的特征。实际上，如果感知是静态的高斯过程，可以得到 $\mathscr{X} = \sigma^2 I$，其中 σ^2 表示功率，I 是 $n \times n$ 的单位矩阵。由于功率归一化约束限制，式（3.2）的优化函数 $\mathrm{tr}(\mathscr{A}\mathscr{X}) = \sigma^2\mathrm{tr}(\mathscr{A}) = n\sigma^2$ 为固定值，即不需要再优化。这意味着当感知信号是白色的，或者使用第 1 章的术语，当它的局部区域为空时，所开发的方法将不起作用。幸运的是，大多数真实的信号都不是白色的，因此这不是致命的弱点。

从优化的角度来看，值得注意的是两个对称矩阵乘积的迹实际上是它们之间的标量积。引入 Frobenius 范数，对于任意 $n \times n$ 的对称矩阵 P 和 Q，有

$$\mathrm{tr}(PQ) = \sum_{j=0}^{n-1}\sum_{k=0}^{n-1} P_{j,k}Q_{j,k} \quad \text{和} \quad \sqrt{\mathrm{tr}(P^2)} = \sqrt{\sum_{j=0}^{n-1}\sum_{k=0}^{n-1} P_{j,k}^2}$$

因此，在自由度中，把度是线性的，其梯度是

$$\nabla_{\mathscr{M}}\rho(a,x) = \mathscr{X} \tag{3.3}$$

此外,具有给定轨迹的对称半正定矩阵的子空间是凸的,因此式(3.2)是一个凸优化问题。

实际上,这是一个非常简单的问题,它的解可以通过利用特征向量分解得到 $\mathscr{X} = UMU^{\mathrm{T}}$,其中对角矩阵 $M = \mathrm{diag}(\mu_0,\cdots,\mu_{n-1})$,$\mu_j$ 为 $\mathscr{X}$ 的特征值,U 为特征值 μ_j 所对应的正交同尺度大小的特征向量按列排序而组成的矩阵。如果特征值按 $\mu_0 \geqslant \mu_1 \geqslant \cdots \geqslant \mu_{n-1} \geqslant 0$ 排序,那么式(3.2)的解为 $\mathscr{A} = nu_0u_0^{\mathrm{T}}$。把具有这种关联矩阵的过程称为退化过程,其中所有实例都等于 u_0。显然,这种处理不能生成行向量相互独立的矩阵 A。

所有这些都表明,一种类似的著名的主成分分析方法(PCA)可能会引起人们的兴趣。PCA 是一种平均能量驱动的分析技术,其目的是找出整个信号空间的哪个子空间平均包含了信号的大部分能量。如果将子空间的维度设置为 m,那么事实证明,为了包含信号能量的最大可能部分,子空间本身必须是 $u_0,\cdots,u_{m-1}$ 张成的空间(这里假设相应的特征值按非递增顺序排序)。对应于 m 个最大特征值的 m 个本征向量称为 x 的主要分量。

在 PCA 的框架内,可以暂时放宽 A 有独立行这个假设,并通过选择前 m 个主成分的适当标准化版本逐行构建它。通过使用第 2 章中介绍和使用的方案,可以很容易地测试这种构建方式。将传统 CS 与基于 PCA 的 CS 对不同 k 值和局部性进行比较,得出结果如图 3.1 所示 。注意,这一次没有使用白信号,因为在考虑了平均能量的情况下所开发的方法对白信号无效。

为了解释这些结果,可以考虑对 x 的前 m 个主分量投影 $y_0,\cdots,y_{m-1}$ 作估计值 $\hat{x} = \sum_{j=0}^{m-1} y_ju_j$,其平均误差为

$$\mathrm{E}[\,\|\,\hat{x} - x\,\|_2^2\,] = \sum_{j=m}^{n-1} \mu_j \tag{3.4}$$

虽然重构并不依赖于最小二乘原理,但是当这样的误差变得非常小时,可以合理地期望即使是基于稀疏的重构算法,其效果也是非常好的。这就是高局部化信号的情况(图3.1 最后一行中的 HL 信号),因为当 $\mathscr{L}_x$ 非常高时,$\mathscr{X}$ 的特征值序列一旦按降序排序,就表现出一种迅速消失的趋势。同时,对于较低的 m 值会使式(3.4)非常小。相反,对于低局部化信号,基于 PCA 的 CS 性能甚至比传统的 CS 更差。

总体来说,基于 PCA 的 CS 方法会受稀疏度增加的影响,会改变曲线的形状,使其发生恶化(图 3.1 所示 $k = 24$ 曲线)。

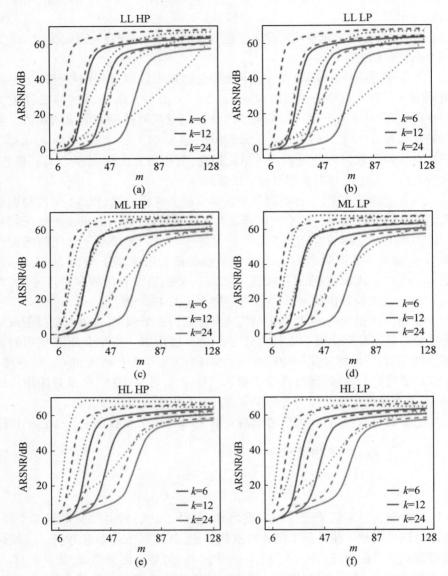

图 3.1　传统 CS（实线）、最大能量 CS（虚线）和基于 PCA 的 CS（点线）的性能，只
　　　　展示 ARSNR（彩图见附录）

　　所有这些都表明，为了以更加稳健的方式利用平均能量最大化标准，应
该避免对矩阵 A 进行过度特殊化。也即是，基于以下两个基本概念，可以允许
投射空间沿着能量较低的方向：(1) 由于只考虑平均能量，排除较少（平均）

的能量方向意味着去掉信号实际访问过的子空间;(2) 从信号中提取的能量
只是重建所依据的一个点,另一个点是稀疏性,因此在许多情况下只考虑前
者可能不是最佳的。

3.2　耙度 - 局部化权衡分析

用数学工具模拟这种定性的直觉就称为局部化。基于 PCA 的 CS 方法中
生成矩阵 A 的每一行的处理是一个退化过程,它总是产生相同的实例,因此被
最大局部化。由于 A 表示探测信号的方向集,那么这种最大局部化意味着探
测的最大专门化。为了防止这种情况发生,可以首先回归到 A 行向量随机和
独立生成,然后对生成每行的过程的局部化施加约束限制。

对式(3.2) 进行调整

$$
\begin{cases}
\underset{A \in \mathbf{R}^{n \times n}}{\text{argmax}} \; \text{tr}(\mathscr{A}\mathscr{X}) \\
\quad\text{tr}(\mathscr{A}) = 1 \\
\text{s.t.} \quad \mathscr{A} \geq 0 \\
\quad \mathscr{A} = \mathscr{A}^{\mathrm{T}} \\
\quad \mathscr{L}_a \leq \ell_a^{\max}
\end{cases}
\tag{3.5}
$$

引入对 $\mathscr{L}_a$ 的界限限制,显然新参数 $\ell_a^{\max} > 0$,确保在最大耙度和保持探测过
程中不太高的局部化之间的权衡。

假设对 $\mathscr{A}$ 的一种谱分解表示为 $\mathscr{A} = V\Lambda V^{\mathrm{T}}$,$V$ 为由正交特征向量组成的矩
阵,$\Lambda = \text{diag}(\lambda_0, \cdots, \lambda_{n-1})$ 为对角阵,其对角线的值按 $\lambda_0 \geq \lambda_1 \geq \cdots \geq \lambda_{n-1}$ 排
列。代入式(3.5) 得到

$$
\begin{cases}
\underset{V \in \mathbf{R}^{n \times n}, \lambda_0, \cdots, \lambda_{n-1}}{\text{argmax}} \; \text{tr}(V\text{diag}(\lambda_0, \cdots, \lambda_{n-1})V^{\mathrm{T}}\mathscr{X}) \\
\quad V^{\mathrm{T}}V = I \\
\quad \sum_{j=0}^{n-1} \lambda_j = 1 \\
\text{s.t.} \\
\quad \lambda_0 \geq \cdots \geq \lambda_{n-1} \geq 0 \\
\quad \sum_{j=0}^{n-1}\left(\lambda_j - \frac{1}{n}\right)^2 \leq \ell_a^{\max}
\end{cases}
\tag{3.6}
$$

其中约束条件不依赖于矩阵 V 的选择。因此,可以独立选择两组可用自由度
(V 中的特征向量集和特征值集)。

然而,不管特征值是什么,由 Wielandt - Hoffman 不等式(参考文献[5] 中
定理4.3.53)可知,对于 $\mu_0 \geq \mu_1 \geq \cdots \geq \mu_{n-1} \geq 0, \lambda_0 \geq \lambda_1 \geq \cdots \geq \lambda_{n-1} \geq 0$ 有

$$\text{tr}(V\text{diag}(\lambda_0,\cdots,\lambda_{n-1})V^{\mathrm{T}}U\text{diag}(\mu_0,\cdots,\mu_{n-1})U^{\mathrm{T}}) \leqslant \sum_{j=0}^{n-1}\lambda_j\mu_j$$

当 $V=U$ 时，等号成立。因此 $V=U$ 为最优解。式(3.6)变为

$$\begin{cases} \underset{\lambda_0,\cdots,\lambda_{n-1}}{\text{argmax}} \sum_{j=0}^{n-1}\lambda_j\mu_j \\ \qquad \sum_{j=0}^{n-1}\lambda_j = 1 \\ \text{s. t.} \quad \lambda_0 \geqslant \cdots \geqslant \lambda_{n-1} \geqslant 0 \\ \qquad \sum_{j=0}^{n-1}\left(\lambda_j - \dfrac{1}{n}\right)^2 \leqslant \ell_a^{\max} \end{cases} \tag{3.7}$$

这突出了具有线性和二次约束的线性指标函数的结构。

式(3.7)的解可以用解析式[6]获得，例如，通过应用 Karush – Kuhn – Tucker 条件获得最优解，并且可以根据 $1 \leqslant J < n$ 的整数和两个量来调整

$$\Sigma_1(J) = \sum_{j=0}^{J-1}\mu_j, \quad \Sigma_2(J) = \sum_{j=0}^{J-1}\mu_j^2$$

上式与式(1.5)中的局部化定义相匹配，注意 $\mathscr{L}_x = \Sigma_2(n)/\Sigma_1^2(n) - 1/n$。基于这些，可以定义

$$t(J) = \sqrt{\dfrac{\ell_a^{\max}}{\dfrac{\Sigma_2(J)}{\Sigma_1^2(J)} - \dfrac{1}{J}}}$$

和序列

$$\lambda_j(J) = \dfrac{\mu_j}{\Sigma_1(J)}t(J) + \dfrac{1}{J}\big[1 - t(J)\big]$$

对于 $j=0,\cdots,J-1$，该序列是具有均匀序列 $1/J$（取决于系数 $t(J)$）的 X 前 J 个特征值的归一化序列的仿射组合。如果

$$J = \max\{J \mid \lambda_{J-1}(J) \geqslant 0\}$$

那么，求解式(3.5)特征值 λ_j 的序列是

$$\lambda_j = \begin{cases} \lambda_j(J), & j=0,\cdots,J-1 \\ 0, & \text{其他} \end{cases} \tag{3.8}$$

在特定情况下 $J=n$，$t(n)$ 变为 $\sqrt{\ell_a^{\max}/\mathscr{L}_x}$，那么

$$\lambda_j = \dfrac{\mu_j}{\text{tr}(\mathscr{K})}\sqrt{\dfrac{\ell_a^{\max}}{\mathscr{L}_x}} + \dfrac{1}{n}\left(1 - \sqrt{\dfrac{\ell_a^{\max}}{\mathscr{L}_x}}\right) \tag{3.9}$$

其中 $\ell_a^{\max} \leqslant \mathscr{L}$ 任何时候都恒成立，换句话说，任何时候生成 A 行的过程比感知过程更局部化。

最后一个表达式清楚地显示了如何增加局部化来最大化靶度与局部化约束之间的相互作用,这使得白信号分量(均匀序列 $1/n$)混合后产生最优特征值序列。当局部化约束严格时,即 $\ell_a^{\max} \to 0$,白信号分量成为混合信号中唯一的成分,此时,可以用传统的 CS 恢复。

实际上,虽然式(3.9)并不完全通用,但它很简单。当允许忽略实现可能带来的额外约束时(这将在第 4 章中讨论),它是基于靶度设计的主要设计工具。在使用它时,原始自由度 $\ell_a^{\max}$ 可以用通用实数 $t > 0$ 代替,所以

$$\lambda_j = \frac{\mu_j}{\mathrm{tr}(\mathscr{X})}t + \frac{1}{n}(1-t), \quad j = 0, \cdots, n-1 \qquad (3.10)$$

同样

$$\mathscr{A} = \frac{\mathscr{X}}{\mathrm{tr}(\mathscr{X})}t + \frac{1}{n}I(1-t)$$

假设 $\lambda_{n-1} \geqslant 0$,即为

$$0 \leqslant t \leqslant \frac{\mathrm{tr}(\mathscr{X})}{\mathrm{tr}(\mathscr{X}) - n\mu_{n-1}} \qquad (3.11)$$

通常假定 $0 \leqslant t \leqslant 1$。

图 3.2 给出对 $n = 3$ 时式(3.5)的直观解释和式(3.8)、式(3.10)的解。在这种情况下,三维空间的每个点对应于特征值 λ_0、λ_1、λ_2 的赋值。约束条件 $\mathrm{tr}(\mathscr{A}) = 1$ 转换为代表解决方案的点位于 $\lambda_0 + \lambda_1 + \lambda_2 = 1$ 平面上。

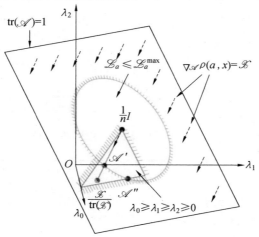

图 3.2　式(3.5)的低维实例及其解式(3.8)、式(3.10)

从式(3.3)可以得知式(3.5)的代价函数的梯度是 $\mathscr{X}$,一旦投影到约束平面上,就会产生一个方向(虚线箭头),朝向这个方向会增加靶度性。在同一平面上,局部约束 $\mathscr{L}_a \leqslant \ell_a^{\max}$ 相当于要求表示解的点不落在以(1/3,1/3,

1/3）为圆心，$\frac{1}{n}I$ 为半径的圆之外。此外，限制 $\lambda_2 \geq \lambda_1 \geq \lambda_1 \geq 0$，表明在相同的平面上，三角形必须包含解。

如果 $\mathscr{X}$ 的特征值被正确排序，则表示 $\mathscr{X}/\mathrm{tr}(\mathscr{X})$ 的点位于同一三角形内，但不一定位于对应局部约束的圆内。在这种情况下，由于代价函数的梯度始终由 $\mathscr{X}/\mathrm{tr}(\mathscr{X})$ 指向 $\frac{1}{n}I$，所以式（3.5）的解是在 $\frac{1}{n}I$、$\mathscr{X}/\mathrm{tr}(\mathscr{X})$ 和局部圆边界的交叉点处。式（3.8）的通解在 $J < n$ 时，可由图 3.2 中 $\mathscr{A}''$ 表示，通过将解的最后特征值设置为零（在这种情况下，$\lambda_2 = 0$）。

总之，上述所有过程都在图 3.3 所示的非常简单的四步设计流程中进行了具体总结。

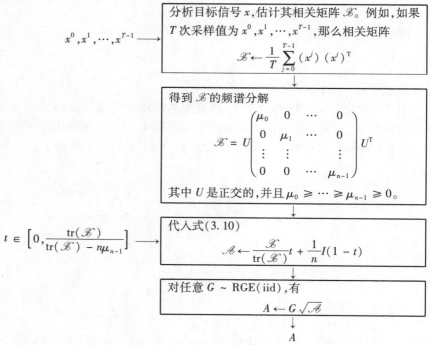

图 3.3　基于靶度的 CS 设计流程，从信号采集感知过程开始，选择参数 t

关于设计流程的最后注解，如果采用简化解式（3.10），再看式（3.5）可以发现相应的靶度值是

$$\rho^*(a,x) = \sum_{j=0}^{n-1} \lambda_j \mu_j = \sum_{j=0}^{n-1} t \frac{\mu_j^2}{\mathrm{tr}(\mathscr{X})} + (1-t)\frac{1}{n}\sum_{j=0}^{n-1}\mu_j =$$

$$t\frac{\mathrm{tr}(\mathscr{X}^2)}{\mathrm{tr}(\mathscr{X})} + (1-t)\frac{1}{n}\mathrm{tr}(\mathscr{X}) =$$

$$\mathrm{tr}(\mathscr{X})\left\{t\mathscr{L}_x + \frac{1}{n}\right\} \tag{3.12}$$

从表达式中可以发现一些结论：

（1）如果 t 是固定的，则 $\rho^*(a,x)$ 随着 $\mathscr{L}_x$ 增加，即信号越局部化，耙度的能量越大；

（2）如果 $\mathscr{L}_x$ 是固定的，则 $\rho^*(a,x)$ 随着 t 增加，即越放松对感知矩阵行的定位约束，耙度的能量越大；

（3）对于 $t=0$，a 是白色，那么从 x 耙度的能量是 $\mathrm{tr}(\mathscr{X})/n$，也就是，$x$ 的平均能量。

显然，设计流程取决于 t 的选择，其最佳值原则上取决于信号 x 和目标重构质量。在实践中，可以通过经验验证重构性能对 t 的敏感性非常小，可以对 t 中的设计空间进行粗采样，通过仿真评估性能以选择最佳值。这是用来产生图 3.4 ～ 3.6 结果的方法，对于 $t=0.1,0.3,0.5,0.7,0.9$，遵循图 3.3 中基于耙度的 CS 的设计流程，并且各项配置均考虑了性能最佳选择。

图 3.4 展示了低局部化信号的重构性能。基于耙度的 CS 方法性能不如最大能量 CS 方法。这是因为最大能量 CS 适应每个单一实例（以增加计算复杂性和通信开销为代价），而耙度的 CS 适用于信号的平均行为（不需要任何大量开销）。

无论哪种情况，对于高通和低通，与传统的 CS 相比，所有性能曲线都有明显的改善，尽管底层信号 x 完全不同，但结果基本一致。

例如，即使在最不利的情况下，如图 3.4（a）和（b）中处理稀疏度为 $k=24$ 的低局部高通信号时，为了确保 ARSNR 为 55 dB，传统 CS 需要 $m^*=95$ 次测量，而基于耙度的 CS 需要 $m^*=81$ 次测量，这也导致压缩比从 CR $\simeq 1.27$ 到 CR $\simeq 1.58$ 的变化。如果要求至少90% 以上满足 RSNR $\geqslant 55$ dB，那么采用基于耙度的 CS 方法能够将压缩比从 CR $\simeq 1.09$ 调整到 CR $\simeq 1.27$。

图 3.5 展示了中等局部化信号的重构性能。在这种情况下，尽管两种技术是不同的，并且具有不同的计算代价，看似受到稀疏度增加的影响较大（$k=24$，基于耙度的 CS 和最大能量 CS 之间的曲线差异有相关性），但基于耙度的 CS 与最大能量 CS 的性能联系更紧密。

图 3.6 展示基于耙度的 CS 和最大能量 CS 之间的匹配随着局部化的增加而增加。作为一个例子，在图 3.6（c）和（d）非常有利的情况下，处理稀疏度为 $k=6$ 的高局部低通信号，以确保 ARSNR $=55$ dB，传统 CS 需要 $m^*=38$ 次测量，而基于耙度和最大能量的 CS 需要 $m^*=23$，压缩比从 CR $\simeq 3.37$ 变到 CR $\simeq 5.57$。如果要求 RSNR $\geqslant 55$ dB 至少90% 时间内满足，那么基于耙度

的 CS 采用的压缩比将从 CR ≃ 2.78 变到 CR ≃ 4.57。

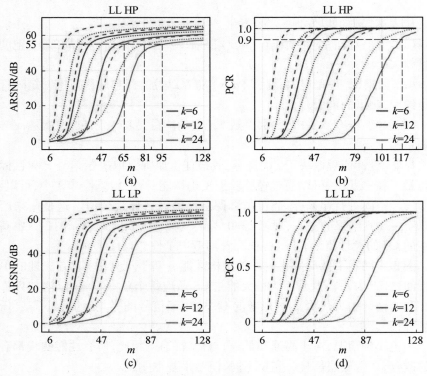

图 3.4　传统 CS（实线）、最大能量 CS（虚线）和基于靶度的 CS（点线）的求解（低局部化信号的性能之间的蒙特卡洛对比）（彩图见附录）

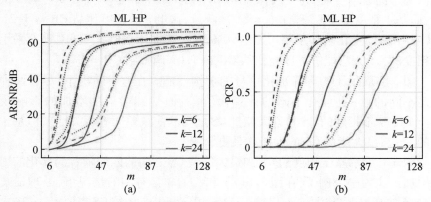

图 3.5　传统 CS（实线）、最大能量 CS（虚线）和基于靶度的 CS（点线）的求解（中等局部化信号的性能之间的蒙特卡洛对比）（彩图见附录）

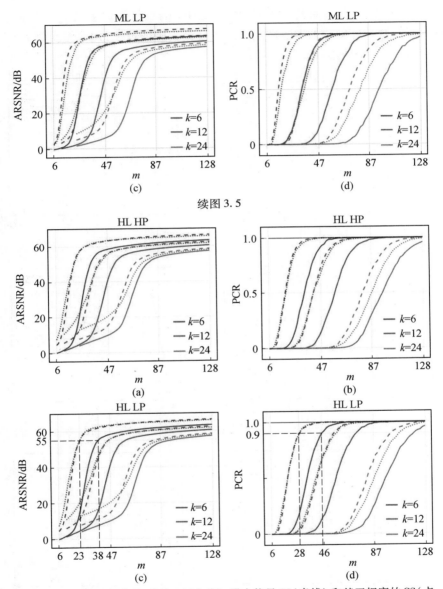

续图 3.5

图 3.6　针对高局部信号,传统 CS(实线)、最大能量 CS(虚线) 和基于靶度的 CS(点线) 的求解(高局部化信号的性能之间的蒙特卡洛对比)(彩图见附录)

为了讨论基于靶度的设计对于参数 t 的灵敏度,可以将选择各项配置最优 t 得到的性能曲线与 $t = 1/2$ 得到的性能曲线进行比较。图 3.7 中展示了关于 ARSNR 结果对比。虽然实线是 $t = 1/2$ 时的上限,但是两条曲线总是非常接近，最重要的是，具有几乎相同的相变，即相同数量的测量对应的性能达到最大值。这一现象在大多数情况下已经被经验验证过了，建议至少以 $t = 1/2$ 作为初始设计的起始点。

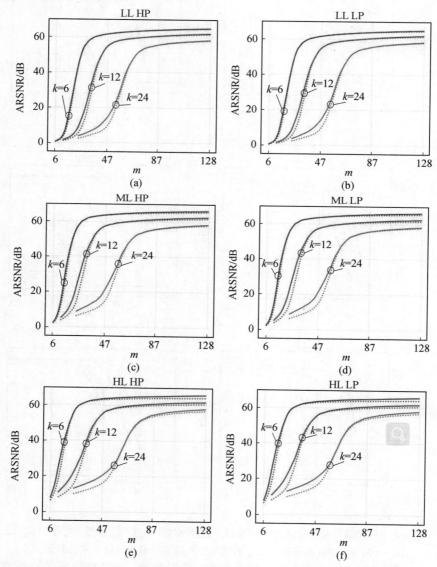

图 3.7　仅考虑 ARSNR 选择最优 t 基于靶度的 CS 性能（实线）与 $t = 1/2$ 基于靶度的 CS 的性能（虚线）的蒙特卡洛仿真比较

3.3 离线自适应的耙度和阴影边

已经看到对于满足局部化要求的信号,基于耙度的 CS 能够再现最大能量 CS 的性能表现,尽管后者的计算复杂度要高得多,它需要计算 $M \gg n \gg m$ 次测量而不是 m 次。

实际上,基于耙度的 CS 依赖于对要感知的信号类别的脱机自适应,包括在设计阶段进行的优化。显然,在感知过程的设计阶段只是近似正确的,在运行阶段可能会存在偏差,这是存在的问题。

例如,人们可能想要获得 ECG 信号,为此,分析从健康患者获取的数据库以提取基于耙度设计所需 $\mathscr{X}$ 的二阶信息。一旦开始工作,采集系统很可能会收到非健康患者的信号,例如心律失常,其频率与常规频率不同。还有一种情况是,人们可能无法获取 $\mathscr{X}$ 的样本的先验信息,只能基于对获取信号的合理但不准确的假设来进行设计,这会导致将近似的二阶特征输入设计流程中。

那么,自然会想到基于耙度的 CS 方法是否能以足够的精度获取这些信号。

该问题的某些特定情况将在以后的章节中讨论,主要包括实现方式和相应的应用情况。到目前为止,为了讨论更具通用性,针对特定问题进行如下说明。如果 $\mathscr{X}$ 是 x 真实的相关矩阵,则估计误差或者错误的先验知识会导致基于耙度的设计流程需要考虑相关矩阵 $\overline{\mathscr{X}} \neq \mathscr{X}$。

除非设计所依赖的整个框架存在严重缺陷,否则 $\overline{\mathscr{X}}$ 仍然会包含一些关于信号的扰动信息,导致一些特征被破坏掉。为了模拟这个问题,假设正确识别 x 的每个分量的能量(即 $\mathscr{X}$ 的每个对角元素),而某些不确定性会影响 $\overline{\mathscr{X}}$ 的互相关性。

从数学上表示,如果从上面的频谱分解 $\mathscr{X} = U\mathrm{diag}(\mu_0, \cdots, \mu_{n-1})U^{\mathrm{T}}$ 开始,设置 $Q = U\mathrm{diag}(\sqrt{\mu_0}, \cdots, \sqrt{\mu_{n-1}})U^{\mathrm{T}}$,那么 Q 就是一个半正定的对称矩阵 $QQ = QQ^{\mathrm{T}} = \mathscr{X}$。由此得到,如果 q_j 是 Q 的第 j 行,那么 $qq^{\mathrm{T}} = \|q\|_2^2 = \mathscr{X}_{j,j} = \mathrm{E}[x_j^2]$。

假设每行 q_j 在随机方向上旋转角度 ε 以产生新矩阵 $\overline{Q}$ 的第 j 行 $\overline{q}_j$。由于旋转不会改变向量长度,矩阵 $\overline{\mathscr{X}} = \overline{Q}\overline{Q}^{\mathrm{T}}$ 具有与 $\mathscr{X}$ 相同的对角元素,它是半正定的并且是对称的。因此,可以将其假设为 $\mathscr{X}$ 的扰动,以便当 $\varepsilon \to 0$ 时 $\overline{\mathscr{X}} \to \mathscr{X}$。

从相反的角度来看,人们认为 ε 量化了估计 $\mathscr{X}$ 时的误差,该误差是由 $\overline{\mathscr{X}}$ 来代替 $\mathscr{X}$ 产生的。为了直观地理解该误差如何调整传递给基于耙度的设计流程中,采用信号空间中能量分布的几何表示进行说明。对于任何给定的相关矩阵 $\mathscr{C}$,$\mathfrak{E}_{\mathscr{C}} = \{\xi \in \mathbf{R}^n \mid \xi^{\mathrm{T}}\mathscr{C}^{-1}\xi \leqslant 1\}$ 是一个椭圆体,其轴与 $\mathscr{C}$、$\mathscr{C}^{-1}$ 的特征向

量方向一致，其长度与相应的特征值 $\mathscr{C}$ 成正比。因此，$\mathscr{C}_{\mathscr{C}}$ 的方向和大小在几何上代表信号空间中能量分布的各向异性：如果信号与特定方向一致，$\mathscr{C}_{\mathscr{C}}$ 将沿着那个方向严重拉长。

应用到我们的情况，因为 $\mathscr{K}$、$\overline{\mathscr{K}}$ 相同对角线特征值的和是相同的，从几何角度来看，$\mathscr{C}_{\mathscr{K}}$ 轴的和与 $\mathscr{C}_{\overline{\mathscr{K}}}$ 轴的和是相同的。在该约束条件下，$\mathscr{C}_{\mathscr{K}}$ 的形状与 $\mathscr{C}_{\overline{\mathscr{K}}}$ 的形状之间的比较直观理解就是基于耙度设计所假设的信号能量的分布与真实能量分布的差异。

图 3.8 展示了 $n = 3$ 时，使得 $\mathscr{K}_{i,j} = 2^{-|i-j|}$，$\mathscr{K}$ 的这种比较结果，并且关注到对于不同 ε 值，$\overline{\mathscr{K}}$ 的典型实例。很明显，对于小的 ε（例如，$\varepsilon = \pi/50$），能量分布几乎相同；然而对于更大的值（例如 $\varepsilon = \pi/5$），设计流程所考虑的能量分布可能与要获取的信号的分布特征截然不同。

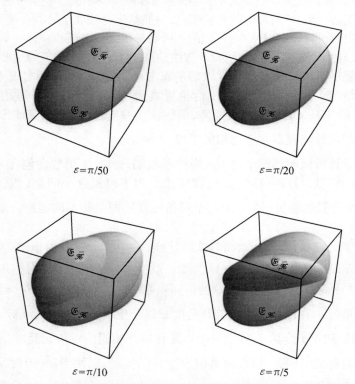

$\varepsilon = \pi/50$ $\varepsilon = \pi/20$

$\varepsilon = \pi/10$ $\varepsilon = \pi/5$

图 3.8   基于耙度设计（由 $\mathscr{C}_{\overline{\mathscr{K}}}$ 表示）所假设的信号能量分布的图形直
观上可能与真实的（由 $\mathscr{C}_{\mathscr{K}}$ 表示）不同

事实上，在设计流程中用 $\overline{\mathscr{K}}$ 代替 $\mathscr{K}$ 会误导处理过程，导致得到的相关矩阵 $\mathscr{A}$ 不是式（3.5）的解。根据这个 $\mathscr{A}$ 生成的 A 的行向量会有较低的耙度性并且具有较差的表现性能。受 ε 影响结果如图 3.9 所示,将传统 CS 的性能与基于耙度 CS 的性能进行比较,这个比较结果基于 $\varepsilon = 0, \pi/100, \pi/50, \pi/20,$ $\pi/10, \pi/5$ 参数生成的 $\overline{\mathscr{X}}$ 代替 $\mathscr{X}$,并假定式(3.10) 中 $t = \dfrac{1}{2}$。

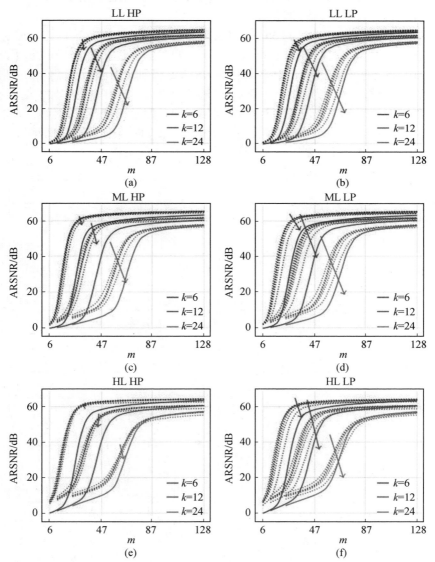

图 3.9　不同的 ε,传统 CS(实线) 和基于耙度 CS(虚线) 的性能之间的蒙特卡洛比较(仅显示 ARSNR)(彩图见附录)

在这些图中,箭头表示随着 ε 增加,性能曲线如何变化,对应的长度给出了对这种误差敏感性影响的粗略定量表示。尽管每种情况都有其自身的特点,但很明显,当误差很小时,影响几乎可以忽略不计,而较大的误差会导致性能不可忽视的降低。然而,即使在大误差的情况下,基于靶度 CS 的性能通常也不会比传统 CS 的性能差。

通过考虑 ARSNR 达到 55 dB 时所需的最小测量次数 m^*,即比信号进入采集系统的 ISNR 小 5 dB 时,可以获得更加定量的评价。图 3.10 展示了当 ε 增加时,m^* 的变化过程,并将其与传统 CS 达到相同性能水平所需的最小测量次数进行比较。性能下降反映了 m^* 的趋势随着 m^* 的增加而增加,并且趋向于减小传统 CS 和基于靶度 CS 之间的差距(即采用基于靶度设计代替传统 CS 获得的信息)。然而,对于有挑战性的参数配置,即当信号不那么稀疏($k = 24$)并且误差很大时($\varepsilon = \pi/5$),这样的差距无法完全消除。

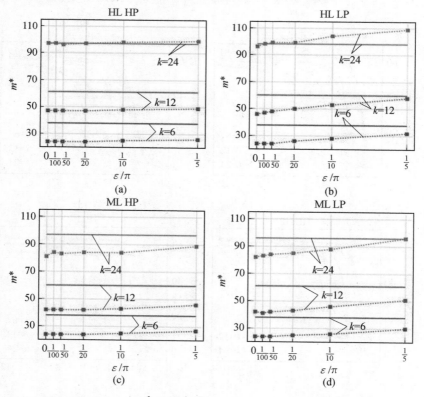

图 3.10　基于靶度 CS 在 $t = \dfrac{1}{2}$ 时需要的最小测量次数 m^*,以达到 ARSNR $\geqslant$ 55 dB 的要求(ARSNR 作为扰动角 ε(点线)的函数,与传统 CS(实线)的比较)

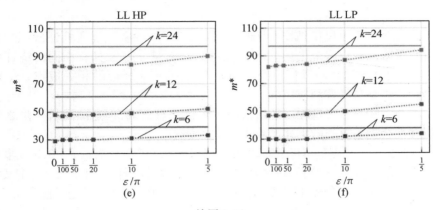

续图 3.10

总体来说，当要获取的信号的二阶模型没有严重错误时，基于耙度 CS 方法相比于传统 CS 进步明显。

3.4 耙度和测量分布

由于采集信号 x 和采集矩阵 A 都是随机的，因此测量向量 y 是随机向量，其分量 y_j 是随机变量。因为基于耙度设计旨在增加每个测量的平均能量，它肯定会改变 y_j 的分布，这是一个由于多种原因而令人感兴趣的分布。

第一个原因是测量以数字形式存储或传送，因此应该显式（如果它们以模拟形式计算）或隐式（它们是以数字形式计算，取决于之前转换的数据）进行量化。量化方案的设计取决于要量化的标量的分布情况。

在后面的章节中，还将看到 y_j 满足某种分布是使用 CS 的关键点，这不仅是为了节约采集代价，也是一种方式，为了给予有限但几乎为零代价的采集数据私密性。

为了在渐近过程中更好地推导出 y_j 的分布结果，即当 $n \to \infty$ 时，这需要对随机序列的行为做出一些假设，从而形成 A 的行和 x 的样本。

接下来，集中在单个测量 $y = a^T x$ 上，其中 a^T 是 A 中的一行，x^T 是输入信号。由于对 $n \to \infty$ 这个过程感兴趣，假定 a 和 x 是两个离散时间随机过程 a_j 和 x_j 的一部分，并且是相互独立的。

正式推导之前，需要对这两个过程进行一些假设，即

（1）a_j 和 x_j 是平稳的；

（2）a_j 和 x_j 充分混合；

（3）$\mathrm{E}[a_j] = 0$；

（4）$\mathrm{E}[a_j^{12}] < \infty$；

（5）$\mathrm{E}[x_j^{12}] < \infty$。

最后两个假设仅仅是技术性的，并且很容易被现实过程所验证，例如，将所有数量限制在有限范围内。平稳性意味着向量 a 和 x 具有相同的统计特征，与它们复制的基础过程的哪个部分无关，并产生相应的相关矩阵 $\mathscr{A}$、$\mathscr{X}$，这些相关矩阵是托普利茨矩阵。

混合意味着尽管过程可能由依赖的随机变量组成，但这些随机变量之间的依赖性会随着时间的推移而减小。

通过将实随机变量与每个索引 j 相关联得到 z_j，两个整数为 $p,q > 0$，定义事件 P 包含一组 q 个样本采样值，事情 Q 包含一组 p 个样本采样值，其与在 P 上定义的那些样本相距为 t。如图 3.11 所示，对于 $t \to \infty$，要求这两个事件趋于独立。

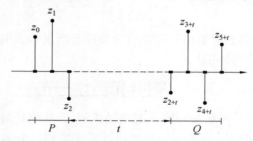

图 3.11　定义事件 P 和 Q 混合的两组样本的示例（为 $t \to \infty$ 时，为独立事件）

在公式中，以任意两个测量集 $P \subset \mathbf{R}^p$，$Q \subset \mathbf{R}^q$ 为例，有

$$\boldsymbol{\pi}_{P \times Q}(t) = \mathrm{Pr}\{(z_0, \cdots, z_{p-1}, z_{p-1+t}, \cdots, z_{p+q-2+t}) \in P \times Q\}$$

$$\boldsymbol{\pi}_P = \mathrm{Pr}\{(z_0, \cdots, z_{p-1}) \in P\}$$

$$\boldsymbol{\pi}_Q = \mathrm{Pr}\{(z_{p-1+t}, \cdots, z_{p+q-2+t}) \in Q\} = \mathrm{Pr}\{(z_0, \cdots, z_{q-1}) \in Q\}$$

如果满足下面条件，就说这个过程是充分混合的：

$$\mid \boldsymbol{\pi}_{P \times Q}(t) - \boldsymbol{\pi}_P \boldsymbol{\pi}_Q \mid = O(t^{-5})$$

通常，当出现 $\mid \boldsymbol{\pi}_{P \times Q}(t) - \boldsymbol{\pi}_P \boldsymbol{\pi}_Q \mid$ 的指数衰减，这种混合就是充分的，满足我们的目的。此外，如果 a 和 x 充分混合，则样本 $z_j = a_j x_j$ 也充分混合，并且

$$y = \sum_{j=0}^{n-1} z_j$$

是混合过程的 n 个样本的和。我们知道 $\mathrm{E}[z_j] = \mathrm{E}[a_j x_j] = \mathrm{E}[a_j]\mathrm{E}[x_j] = 0$ 和 $\mathrm{E}[z_j^{12}] = \mathrm{E}[a_j^{12} x_j^{12}] = \mathrm{E}[a_j^{12}]\mathrm{E}[x_j^{12}] < \infty$。

利用这些假设，能够定义当 $n \to \infty$ 时，$y/\sqrt{n}$ 的渐近过程。特别是，立刻得到了 $\mathrm{E}[y/\sqrt{n}] = 0$，在上述假设下，可以利用最常用的中心极限定理来处理依赖随机变量[1,定理27.4]，如果

$$\lim_{n \to \infty} \frac{\mathrm{E}[y^2]}{n} = \sigma^2 > 0$$

那么

$$\frac{y}{\sqrt{n}} \overset{n\to\infty}{\sim} N(0,\sigma^2)$$

意味着对于大 n，如果测量被归一化以保持其能量有限，那么它们倾向于分布为高斯分布。表征极限分布的参数 σ^2 与靶度值明显相关。事实上，根据定义 $\mathrm{E}[y^2] = \rho(a,x)$，有

$$\sigma^2 = \lim_{n\to\infty}\frac{1}{n}\rho(a,x) = \lim_{n\to\infty}\frac{1}{n}\sum_{j=0}^{n-1}\lambda_j\mu_j$$

如果根据式（3.5）的简化解（3.10）来绘制 a，那么式（3.12）可以用来预测测量的方差，该方差或者随着目标系统的局部化 $\mathscr{L}_x$ 增加而增加，或者随着感知矩阵行的局部化限制 t 的松弛而增加。

图 3.12 展示了当 n 有限时，第二条性质的实际作用。特别是，以中等局部化低通信号是 $k=24$ 的稀疏信号为例，展示蒙特卡洛仿真验证 $t=0.1,0.5,$

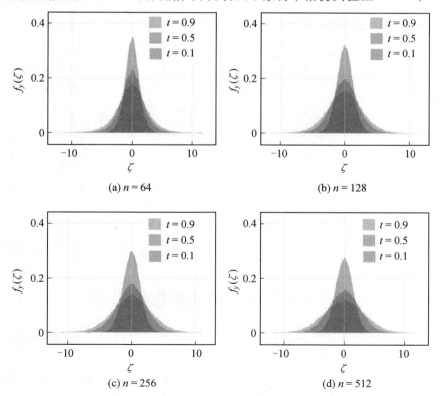

图 3.12　因为总体靶度增加，当 t 增加时，测量功率也随之增加（彩图见附录）

0.9 时典型测量的经验概率密度函数 f_y。随着 t 的增加,钟形概率密度函数的方差明显增加。

图 3.13 展示了测量值的经验概率密度函数的钟形轮廓如何趋向于高斯分布。实际上,实线是当 $t = 0.9$ 时渐近理论预期的高斯形式,当 n 从 64 增加到 512 时,代表经验概率密度函数的直方图明显符合这一预测。

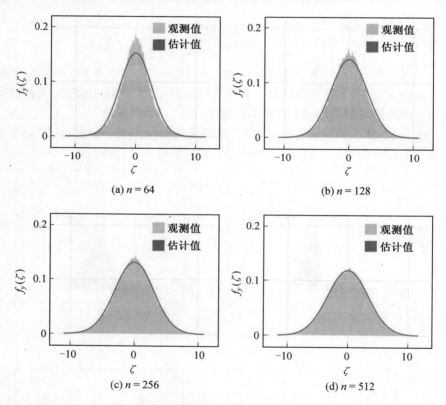

图 3.13　随着 n 的增加,渐近高斯趋向于测量真实行为的非常准确的预测

3.5　耙度与其他矩阵优化相比

基于耙度的设计并不是相关文献中出现的唯一工具,其目的是构建矩阵 A 以提高 CS 系统的性能。

同样,其他重要尝试如第 1 章所定义的相干性概念,它的思想是使矩阵 $B = AD$ 尽可能接近等角框架(见第 1.4 节)。

实际上,矩阵 B 的列可以看作是 m 维向量的集合,其相干性是其中任意两列之间的最大角度的余弦值。显然,如果这个集合具有等角框架的性质,那么所有角度都是相等的,并且对应的余弦值的最大值是所有情况下最小的。

这是有益的,因为存在许多定理,类似于在定理 1.4 和定理 1.5 说明的一样,对于 BP 或 BPDN 恢复原始信号,相干性越低越容易实现。

由于构造(可能是紧的)等角框架不是一件容易的事,所以所有方法都类似一种引导式的方法,通过可行的计算近似等角框架的性质。结果是确定性的 A,它与向量 D 的特征相关联,D 关于 x 是稀疏的。

作为一个例子,文献[4]和文献[7]正是遵循这种方式,将用文献[3]提出的框架简要展示,同时该文献也包含一些有限的技术改进。

根据式(1.10)中的定义,得到相干性与 B 列之间的标量乘积有关。假设列被归一化具有单位范数,要最小化的余弦被排列成为 $n \times n$ 的矩阵 $Z = B^{\mathrm{T}}B$。

那么,式(1.15)优化就变成了

$$\begin{cases} \underset{Z \in \mathbf{R}^{m \times n}}{\mathrm{argmin}} \| Z - I \|_{\infty} \\ \quad Z \geq 0 \\ \mathrm{s.t.} \quad Z^{\mathrm{T}} = Z \\ \quad Z_{j,j} = 1, 0 \leq j < n \\ \quad \mathrm{rank}(Z) = m \end{cases} \tag{3.13}$$

这里 I 是 $n \times n$ 的单位矩阵。

目标函数与限制项 $Z_{jj} = 1$ 结合,目的就是减少 Z 的非对角元素的大小,即余弦最小化。秩和正半定区约束确保矩阵 Z 可以获得 $Z = B^{\mathrm{T}}B$,其中 B 必须是 $m \times n$ 矩阵。

基于式(3.13)的解,推断 $A = Z_{j,j}D^{\dagger}$,其中 $\cdot^{\dagger}$ 代表 Moore - Penrose 伪逆。

Elad 等人[4] 的方法和 Xu 等人[7] 的方法是两种不同的解决方式,参见式(3.13)。与传统 CS 和基于靶度的设计相比,它们的性能如图 3.14 所示。从二者的比较,特别是对 PCR 而言,基于相干性的设计相比于传统 CS 有了一些改进。最值得注意的是,当 m 很大时,这两种方法(其差异可以忽略不计,确认它们可以被视为解决同一问题的两种方法)表现得非常好。这是因为当 m 接近 n 时,B 的每列中的 m 个自由度允许在 n 维空间和 $Z \simeq I$ 中非常有效地扩展相应的向量。从图 3.14(a)可以看出,$m \simeq n$ 时展现出明显的去噪效果,因为被测信号的 ISNR = 60 dB,这明显低于重构信号的 ARSNR。

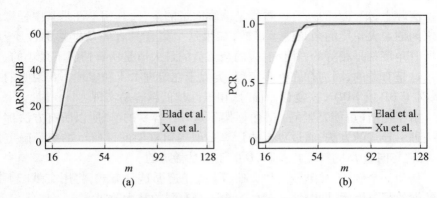

图 3.14　基于相干性优化的蒙特卡洛性能评估（在下侧区域中，性能比传统 CS 差，而在上侧区域中，性能优于最佳基于靶度 CS 方法）

同时，这些图还阐明了基于相干性设计稀疏性字典 D 的适应性优于基于靶度设计方法，该设计不仅考虑 D 而且考虑 x 的二阶统计量。

本章参考文献

[1] P. Billingsley, Probability and Measure(Wiley, New York, 2008).

[2] V. Cambarerietal, Arakeness-based design flow for analog-to-information conversion by compressive sensing, in 2013 IEEE International Symposium on Circuits and Systems(ISCAS2013), IEEE, May 2013, pp. 1360-1363.

[3] N. Cleju, Optimized projections for compressed sensing via rank-constrained nearest correlation matrix. Appl. Comput. Harmon. Anal. 36(3), 495-507 (2014).

[4] M. Elad, Optimized projections for compressed sensing. IEEE Trans. Signal Process. 55(12), 5695-5702(2007).

[5] R. A. Horn, C. R. Johnson, Matrix Analysis (Cambridge University Press, Cambridge, 2012).

[6] M. Mangia, R. Rovatti, G. Setti, Rakeness in the design of analog-to-information conversion of sparse and localized signals. IEEE Trans. Circuits Syst. I Regul. Pap. 59(5), 1001-1014(2012).

[7] J. Xu, Y. Pi, Z. Cao, Optimized projection matrix for compressive sensing. EURASIP J. Adv. Signal Process. 2010(1), 560349(2010).

第 4 章　　耙度问题的实现和复杂性约束

4.1　CS 的复杂度

虽然数学意义上的复杂度存在于抽象推论过程中,但本书将其归入通用术语的范畴内,类似于算法时间复杂度,是基于 CS 采集系统的操作成本的量化。

我们关注的重点是操作成本和设计成本,因为目的是建立一个自动管控操作成本/性能权衡的设计框架。这与在控制实现成本的前提下,设计每个采集系统的工作寿命的框架是一致的。在任何情况下,实现成本在设计中都是作为约束条件而出现,以确保整体设计本身是容易实现的。

本章将 CS 融入图 1.2 中,详细说明图 2.14 中编码器端的总体架构。特别关注传感节点的设计,因为它是未来无处不在的信息处理系统开发的关键组成部分之一,有望实现如物联网和网络物理系统等更宽泛的概念。

在现今的技术报告和论文中,常常出现应用非常广泛的场景,如图 4.1 所示,但并没有准确的或者详尽的技术说明。传感节点可以部署在不同的场景下:心电图、脑电图和用于监测人体健康、活动和行为的汗液化学组成;pH 值、温度,在开阔的野外环境中感知到的异常声音;交通压力、污染和风等影响城市的因素;供应能力、过程消耗和产生热量可能是生产中需要观察的关键因素。与场景无关,传感数据是通过网络传输(大多数情况下,可能是无线的,可能是网状的,并且不止一层结构)到一个信息整理的信息中心,并根据具体情况,对要使用的药物、交通灯的时间、生产车间的管道节流等做出决定。原则上,专用于某个应用程序的信息中心可以与其他信息中心通信,然后根据来自其他传感器网络的信息做出决策。

图 4.1 中的圆圈是 CS 可以发挥作用的传感节点。图 4.2 显示了其中一个节点的三个阶段(采样、压缩、发送)的详细过程。模拟前端(AFE)将外部信号输入到采样保持(S/H)阶段,该阶段完成从连续时间到离散时间的转换。将样本的离散时间性质应用到 A 的乘法、加法(MAC)环节中,最终计算出 $y = Ax$。

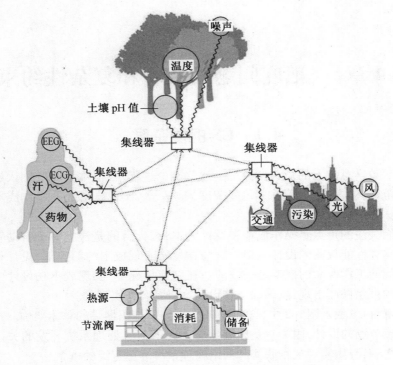

图 4.1 使用 CS 设计的传感节点的应用场景

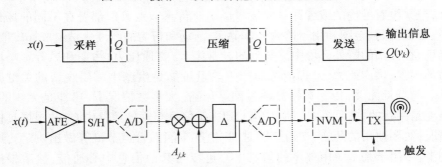

图 4.2 基于 CS 的信号链的传感节点扩展到其主要模块

就测量发送问题而言,至少有两种选择:一旦计算完毕或者将其存储到存储(NVM)单元中,就将 m 个标量值发送出去,直到传送给集线器为止。第二种方法是允许延迟传输,直到编码器接收到适当的触发信号,该信号也可能传输数据通信所需的能量。显然,如果复杂性与节点电池能承担的工作量相关联,那么两种选择也意味着完全不同的发送权重。

根据图 1.2 中量化的位置,模数(A/D)转换器可以放在 S/H 之后,也可以放在 CS 之后、信号发送之前。

通过这样的分解,如果用消耗的能量来确定计算压力,那么三个不同阶段的压力需求依赖于 $y = Ax$ 中矩阵 A 的特性。

无论何时向后续阶段提供样本,AFE 都处于激活状态。除非 A 中的整列由零组成,否则该状态一直保持。相反,如果知道对某个 $\bar{k}, A_{\bar{k}} \neq 0$,那么总和中没有使用第 $\bar{k}$ 个样本的值,因为该样本值总是与零相乘。假设 AFE 可以在不使用时关闭,那么其计算量与 A 中非零列数成正比。

$$y_j = \sum_{k=0}^{n-1} A_{j,k} x_k = \sum_{\substack{k=0 \\ k \neq \bar{k}}}^{n-1} A_{j,k} x_k$$

MAC 操作只针对 $A_{j,k} \neq 0$ 时实施,而且在这种情况下,单个 MAC 的复杂度取决于假定元数的取值范围。有两种情况特别重要:$A_{j,k} \in \{-1, 0, +1\}$(三元 CS)和 $A_{j,k} \in \{0, 1\}$(二元 CS)。如图 4.3(a)中数字实现过程的示意图所示,当 A 只包含三元项时,MAC 将简化为累加器的和、差或不变。当 A 只包含二元项时,结构可以进一步简化,如图 4.3(b)所示。MAC 的模拟实现(如果 A/D 过程延迟到存储之前)也明显得益于对 A 元素施加的三元或二元约束,有关架构的详细讨论见第 6 章。

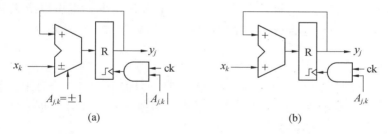

$$(a) \qquad\qquad (b)$$

图 4.3　A 只包含三元项(a)和二元项(b)时的简化的 MAC

测量值的计算量与 A 中非零项的数量成正比,与模拟或数字实现方式无关。此外,这些非零项的特定排列方式可能有用,例如,实现并行计算。

实际上,矩阵与向量的乘积 $y = Ax$ 可以按列或行展开,这取决于 x 或 y 中哪个向量单元存储在硬件设备中。一旦包含测量值的存储元素设为零,立即更新

$$y_j \leftarrow y_j + A_{j,k} x_k$$

更新的方式是对于每个固定 k 值,变化 $j = 0, \cdots, m-1$(按列展开),或者对于每个固定 j 值,变化 $k = 0, \cdots, n-1$(按行展开)。

在模拟实现中,通常使用按列展开并完成所有更新,因为可以并行地获

得新采样数据。这样，A 的每一列中的非零数是并行执行的更新数。

同样，采样逻辑也适用于数字实现方式，可以通过自定义逻辑，也可以通过新样本获取来触发软件代码实现。在这种情况下，A 的每一列中的非零元素数量与执行代码段所需的时间成正比。

当系统设计将 ADC 置于图 4.2 最左边时，样本以数字形式存在，并可进行缓存，整个向量 x 在处理过程中都是可获得的。这通常用于解耦采集和压缩阶段：提供两个缓存区，在解耦采集阶段，当新样本填充一个缓存区时，压缩阶段处理另一个缓存区上存储的之前采集的样本。在这种情况下，Ax 的乘积可以逐行展开。对于按列展开的形式可以通过转置获得 A 中每行的非零元素。

最后，测量向量的存储或传输的代价肯定与 y 元素的个数 m 成正比。

总体来说，对于包含 AFE、S/H 和可能存在的 A/D 的采样阶段，CS 的最差情况下的复杂度为 $O(n)$，计算测量值的压缩阶段是 $O(mn)$，存储和／或传输阶段是 $O(m)$。以这个最差的情况为参考，可以定义一些品质因数来衡量降低复杂度的能力。

第一个也是最明显的品质因数是压缩比（CR），定义为

$$CR = \frac{n}{m}$$

因此，压缩比越大，重建信号所需的测量次数越少。也可以定义其他品质因数，例如，至少包含一个非零项需要 A 的列数 $N \leqslant n$。定义

$$PR = \frac{n}{N}$$

为降低率，表明原始信号 x 弃掉无用的采样值，只保留 $n PR^{-1}$ 个有用的部分。降低率越大，实际参与测量值计算的采样数量越小[1]。图 4.4 展示了 CR 和 PR 与矩阵 A 的结构是相关的。

计算所有测量所需的计算量明显与 A 中非零项的总数 W 相关，并且可以用相关术语来量化，即矩阵的稀疏比，SR 越大，则计算压力越低。

$$SR = \frac{nm}{W}$$

此外，如果 M_j 是 A 的第 j 列中的非零项的数量，则该数量可以被视为最大输出限制。

$$MOT = \max_j \{M_j\}$$

事实上，计算 Ax 的复杂度等同于一个矩阵与 x 乘积的复杂度，该矩阵被限制以使其列的高度为 MOT。因此，在每次采样中，更新数量不超过 MOT 次测量。图 4.5 给出了输出限制的直观视图。

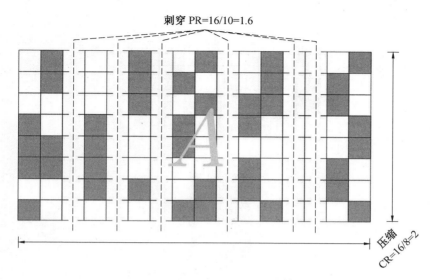

图 4.4　矩阵 A 结构对应的压缩比和降低率
（灰色框对应非零项）

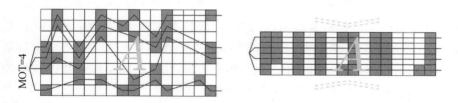

图 4.5　Ax 的逐列展开输出限制的说明
（计算复杂度与垂直限制矩阵含义相同。灰色框对应于非零项）

同样思路，如果 N_j 是 A 的第 j 行中非零项的数量，那么

$$\text{MIT} = \max_{j}\{N_j\}$$

可看作最大输入限制。事实上，计算 Ax 的复杂度等同于一个矩阵与 x 的乘积的复杂度，该矩阵被限制使其宽度至多为 MIT。因此，每个测量最多需要 n 个可用样本中的 MIT 个值。图 4.6 给出了输入限制的直观视图。

总体来说，定义的品质因数允许对图 4.2 中每个阶段的复杂性进行一般性估计，如下所示：

（1）AFE、S/H 和可能存在的 A/D 阶段的计算量是 $O(n\text{PR}^{-1})$；

（2）测量计算阶段的计算量是 $O(nm\text{SR}^{-1})$；

（3）存储和 / 或传输测量阶段的计算量是 $O(n\text{CR}^{-1})$。

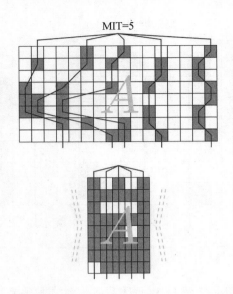

图 4.6　Ax 的逐列展开中输入限制的解释

（计算复杂度与水平限制矩阵含义相同。灰色框对应于非零项）

从上述估计可以清楚地看出，品质因数越大，CS 实现的复杂度越低，然而，每个阶段对总体复杂性／代价的影响取决于具体实现的细节。例如，如果复杂性与功耗有关，并且传输必须实时完成，不能延迟到不影响功率计算的时刻，则最后一个阶段，即 CR 将非常重要。

相反，如果正在解决一个模拟为主的实现，其中运算放大器用到最后转换处理过程，该部分主要用于结果的有效存储。那么第一阶段将是关键，可以通过 PR 保持在可控范围内。

作为第三种选择，软件实现主要针对转换样本，与其他同步任务微处理器时间共享竞争问题，矩阵向量乘积是关键因素，即关键参数是 SR。

在这种情况下，区分输入和输出限制可能很有用。实际上，利用简单双循环求解 $y = Ax$，可以用表 4.1 中列出的两种方式中的一种展开。这与传统的稀疏矩阵存储和处理技术相对应。特别地，按行展开取决于，在第 j 行中不存在多于 MIT 非零项的可能性，其位置可以存储为索引 $k_0(j), k_1(j), \cdots,$ $k_{MIT-1}(j)$。同样地，按列展开取决于，在第 k 列中不存在多于 MOT 非零项的可能性，其位置可以存储为索引 $j_0(k), j_1(k), \cdots, j_{MOT-1}(k)$。

如果 MIT $\ll n$ 或 MOT $\ll m$，则利用循环存储索引，内层循环的计算量显著降低。

表 4.1　利用 A 的稀疏性计算 $y = Ax$ 的两种展开方法

按行展开	按列展开
初始化: $y_j = 0, j = 0, \cdots, m - 1$	
要求: $A_{j,k} = 0, k \neq k_l(j), \forall l$	要求: $A_{j,k} = 0, j \neq j_l(k), \forall l$
for $j = 0, \cdots, m - 1$　do	for $k = 0, \cdots, n - 1$　do
for $l = 0, \cdots, \text{MIT} - 1$　do	for $l = 0, \cdots, \text{MOT} - 1$　do
$y_j \leftarrow y_j + A_{j,k_l(j)} x_k$	$y_j \leftarrow y_j + A_{j_l(j),k} x_k$
end for	end for
end for	end for

　　同样的考虑也适用于 CS 的全数字实现。在这种情况下,最直接的方法是考虑模数转换链输出的样本,如图 4.7 所示。如果 $\text{MOT} \ll m$,可能考虑只存储每列的非零系数,并将它们送给乘法器计算 $A_{j_l(k),k} x_k$。然后,多路复用逻辑负责将乘法的结果累加并送给寄存器 $y_{j_l(k)}$,其中 $l = 0, \cdots, \text{MOT} - 1$,使得每次测量仅在当前样本影响到它时才更新。处理完所有样本后,寄存器里存储整个向量 y。

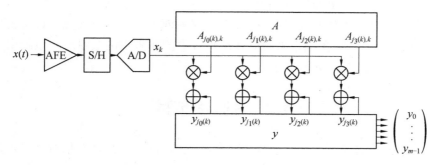

图 4.7　MOT = 4 的 CS 的专用全数字实现

　　使用这种架构,部署的乘法器和加法器的数量仅为 MOT 而不是 m。

　　作为双重选择,也可以考虑存储从转换链输出的样本,并使它们并行可用。

　　如果 A 的每一行的非零系数也被存储了,则可以逐个计算测量。对每个测量,检索出受影响的样本以及 A 中对应行的非零系数,输入给乘法器,然后求和得到最终值。

　　乘法器的数量减少到 $\text{MIT} \ll n$,而最终累加的总体复杂度肯定比完整的 MAC 单元(图 4.8)的 $\text{MIT} - 1$ 加法器的复杂度要少。

　　专用硬件实现的情况表明,在某些情况下,一旦限制固定,使用具有更少

非零项的矩阵 A 就没有意义了。比如基于行展开的实现利用 MOT $\ll m$ 部署硬件资源,它表示每列的最大非零项数量。即使出现更少的非零值,也不会给资源节约带来什么好处,反而会进一步限制信号参与测量值的计算,导致测量值包含信息内容的减少。

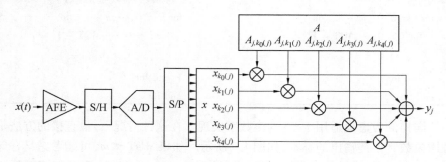

图 4.8   在 MIT = 5 时,CS 的专用全数字实现

这就是为什么考虑矩阵 A 可能是有意义的,其中 $M_0 = M_1 = \cdots = M_{n-1} =$ OT,通过设置输出限制,可以精确地设置每列中非零项的数量。一旦设置了 n 和 OT,就知道 A 有 nOT 个非零项。

如果考虑按列展开,利用 MIT $\ll n$,则考虑 $N_0 = N_1 = \cdots = N_{m-1} =$ IT 时的矩阵 A 是合理的,即设置输入限制恰好是每行中的非零项的数量。一旦设置了 m 和 IT,就知道 A 有 mIT 个非零项。

4.2   耙度和归零

理想的设计流程应该从一些与应用相关的信息开始,这些信息涉及不同阶段的相对权重,用来确定需要增加的关键参数(CR,PR,SR) 来降低运营成本。然后,选择最大化这种参数的传感矩阵 A,该参数允许重建原始信号以满足某种最低质量要求。

在上述参数和信号重建质量之间存在着明显的权衡。

CR 和 PR 的影响很明显(图 4.4):CR 越高,编码相同信号需要的标量数越少,而 PR 越高,用于生成最终测量值需要的样本数越少。

SR 的效果稍微微妙一些。 可以从列的角度观察到在 A 中包含 $W = nm\mathrm{SR}^{-1}$ 个非零项和 n 列,每列中包含平均 $m\,\mathrm{SR}^{-1}$ 个非零项。这意味着 x 中的每个样本平均仅影响 $m\,\mathrm{SR}^{-1}$ 个测量。从 $W = nm\mathrm{SR}^{-1}$ 和 m 行的测量结果来看,在 y 中每个样本平均仅影响 $n\mathrm{SR}^{-1}$ 个测量。

综上所述,关键参数越高,获取信号和提取信息的机会就越低。因此,可以预料到这些参数中任何一个的增加都对应重建质量的下降。

令人遗憾的是,很难通过一种简单的优化问题来解决这种权衡问题,即"最大限度地节省资源,以保持最低的重建质量"。原因有两个,首先,没有建立二者之间的联系,只能利用矩阵 A 的特征和重构质量之间的直观耙度准则。其次,基于耙度的设计流程本身是一个最大化方式用于解决权衡问题,也就是解决集中在更多能量方向上的优势与利用信号空间耙度所有信号特征必要性之间的问题。

为了解决这个问题,人们可能会转换观念,保留式(3.5)中的耙度局部权衡问题的结构,并将其作为进一步的约束限制。

第一个隐式约束是 $A_{j,k} \in \{-1, 0, +1\}$ 或 $A_{j,k} \in \{0, 1\}$。这显然会影响期望的相关矩阵 $\mathscr{A}$,也就是关于优化问题的可行性空间。

为了便于理解,分析 $n = 2$ 和 $A_{j,k} \in \{0, 1\}$ 的基本情况,其中 A 可能的行是由 $\{0, 1\}^2$ 这四个元素组成。如果 $a \in \{0, 1\}^2$ 和 p_a 是该行出现在 A 中的概率,那么

$$\mathscr{A} = \mathrm{E}[aa^{\mathrm{T}}] = \sum_{a \in \{0,1\}^2} p_a aa^{\mathrm{T}} \tag{4.1}$$

因为 $\sum\limits_{a \in \{0,1\}^2} p_a = 1$ 且 $p_a \geq 0$,$\mathscr{A}$ 属于矩阵的凸包,对应的 $aa^{\mathrm{T}}, a \in \{0, 1\}^2$,即四个二元矩阵。

$$\begin{pmatrix} 0 & 0 \\ 0 & 0 \end{pmatrix} \begin{pmatrix} 1 & 0 \\ 0 & 0 \end{pmatrix} \begin{pmatrix} 0 & 0 \\ 0 & 1 \end{pmatrix} \begin{pmatrix} 1 & 1 \\ 1 & 1 \end{pmatrix}$$

这一观点将在第 5 章加以发展和利用。现在,可以使用它来检查

$$\mathscr{A} = \begin{pmatrix} 1/2 & 1/2 \\ 1/2 & 1 \end{pmatrix} = \frac{1}{2}\begin{pmatrix} 1 & 1 \\ 1 & 1 \end{pmatrix} + \frac{1}{2}\begin{pmatrix} 0 & 0 \\ 0 & 1 \end{pmatrix}$$

是一个相关矩阵,该矩阵可以利用二元计算过程获得。这个过程以概率 1/2 满足 $a = (1,1)$,以概率 1/2 满足 $a = (0,1)$。相反,对于

$$\mathscr{A} = \begin{pmatrix} 1/2 & 1/4 \\ 1/4 & 1 \end{pmatrix} = \frac{1}{4}\begin{pmatrix} 1 & 1 \\ 1 & 1 \end{pmatrix} + \frac{1}{4}\begin{pmatrix} 1 & 0 \\ 0 & 0 \end{pmatrix} + \frac{3}{4}\begin{pmatrix} 0 & 0 \\ 0 & 1 \end{pmatrix}$$

是一个相关矩阵(因为它的特征值是 $\frac{1}{4}(3 \pm \sqrt{2}) > 0$,所以它是对称的,并且是正定的),但由于 $\frac{1}{4} + \frac{1}{4} + \frac{3}{4} > 1$,这三个系数不构成概率分布,所以不能由二元计算过程产生。

在这个小例子中,式(4.1)成立的条件可以通过求解下式得到:

$$\begin{cases} p_{(0,0)}\begin{pmatrix} 0 & 0 \\ 0 & 0 \end{pmatrix} + p_{(1,0)}\begin{pmatrix} 1 & 0 \\ 0 & 0 \end{pmatrix} + p_{(0,1)}\begin{pmatrix} 0 & 0 \\ 0 & 1 \end{pmatrix} + p_{(1,1)}\begin{pmatrix} 1 & 1 \\ 1 & 1 \end{pmatrix} = \mathscr{A} \\ p_{(0,0)} + p_{(1,0)} + p_{(0,1)} + p_{(1,1)} = 1 \end{cases} \quad (4.2)$$

解为

$$p_{(0,0)} = 1 - \mathscr{A}_{0,0} - \mathscr{A}_{1,1} + \mathscr{A}_{0,1}$$
$$p_{(0,1)} = \mathscr{A}_{1,1} - \mathscr{A}_{0,1}$$
$$p_{(1,0)} = \mathscr{A}_{0,0} - \mathscr{A}_{0,1}$$
$$p_{(1,1)} = \mathscr{A}_{0,1}$$

必须仅包含非负值。因此，为了使 $\mathscr{A}$ 成为二元随机向量构成 2×2 相关矩阵，$\mathscr{A}$ 的元素必须满足

$$\max\{0, 1 - \mathscr{A}_{0,0} - \mathscr{A}_{1,1}\} \leq \mathscr{A}_{1,0} \leq \min\{\mathscr{A}_{0,0}, \mathscr{A}_{1,1}\} \quad (4.3)$$

对于更高的维度，不能遵循这种简单的处理方式。实际上，一般来说 $\mathscr{A}_{0,0}$ 是对称的，并且具有 $n(n+1)/2$ 个自由度，因此式（4.2）是由 2^n 个未知数 p_a、$n(n+1)/2+1$ 个方程组成。因此，其解不是唯一的，并且应该确定至少一个解是由所有非负分量构成。这项任务的复杂性妨碍了 $\mathscr{A}$ 可以通过二元过程获得的约束限制。为了解决这一问题，只给出一个宽松的约束。

特别注意到，为了 $\mathscr{A}$ 成为二元过程的 $n \times n$ 相关矩阵，对于 $0 \leq j < k < n$，那么子矩阵 $\begin{pmatrix} \mathscr{A}_{j,j} & \mathscr{A}_{j,k} \\ \mathscr{A}_{k,j} & \mathscr{A}_{k,k} \end{pmatrix}$ 也必须是二维二元向量相关矩阵。因此会要求

$$(1 - \mathscr{A}_{j,j} - \mathscr{A}_{k,k})^+ \leq \mathscr{A}_{j,k} \leq \min\{\mathscr{A}_{j,j}, \mathscr{A}_{k,k}\}, \quad 0 \leq j < k < n (4.4)$$

其中 $(\cdot)^+ = \max\{0, \cdot\}$。

显然，这些约束是有必要的，但不足以保证 $\mathscr{A}$ 可以从二元过程中获得。这将在第 5 章中解决，可以通过设计尽可能接近给定相关性的二元和三元过程的生成器得到解决。最终会发现设计流程中的这种隐式估计并不会明显削弱最终的性能表现。

利用相同的思路，为 $\mathscr{A}$ 成为三元过程的相关矩阵提供必要条件，即当 $A_{j,k} \in \{-1, 0, +1\}^n$ 时。

在这种情况下，2×2 案例产生 3^2 个扩展，计算过程并不简单。然而，这个结果证明起来较容易。事实上，如果 a 是 A 的一行，并且 $\mathscr{A} = \mathrm{E}[aa^{\mathrm{T}}]$，那么

$$\mathscr{A}_{j,j} = \mathrm{E}[a_j^2] = \Pr\{a_j \neq 0\} \leq 1$$

此外

$$|\mathscr{A}_{j,k}| = |\mathrm{E}[a_j a_k]| \leq \min\{\Pr\{a_j \neq 0\}, \Pr\{a_k \neq 0\}\}$$

实际上，当两个三元随机变量具有相同（相反）符号的概率最大时，它们

有最大正(负)相关,此时,这个概率不会超过每个随机变量都是非零的概率,即非零概率的最小值。因此,有

$$| \mathscr{A}_{j,k} | \leqslant \min\{\mathscr{A}_{j,j}, \mathscr{A}_{k,k}\}, \quad 0 \leqslant j < k < n \tag{4.5}$$

二元和三元情况的共同点是 $\mathscr{A}_{j,j} = \mathrm{E}[a_j^2] = \Pr\{a_j \neq 0\}$,因此设置 $\mathscr{A}_{j,j} = \eta_j$,其中参数 η_j 控制 a 中位置 j 的非零元素的平均数量。如果定义 $\eta_j = 0$,那么 $a_j = 0$。在三元情况中,设置 $\eta_j = 1$,那么 a_j 不再是三元而是对映 $a_j \in \{-1, +1\}$。

对矩阵 A 中零元素的控制是利用上述指导方案节省运行代价的关键。要做到这一点,可以调整第 3 章中描述的基于靶度的设计流程,使其包含适当的附加约束。

特别是在三元情况下可以利用下式求解:

$$\begin{cases} \underset{\mathscr{A} \in \mathbf{R}^{n \times n}}{\operatorname{argmax}} \operatorname{tr}(\mathscr{A} \mathscr{X}) \\[2mm] \quad \mathscr{A} \geqslant 0 \\[1mm] \quad \mathscr{A} = \mathscr{A}^{\mathrm{T}} \\[1mm] \text{s.t.} \quad \mathscr{L}_a \leqslant \tau^2 \mathscr{L}_x \\[1mm] \quad \mathscr{A}_{j,j} = \eta_j, 0 \leqslant j < n \\[1mm] \quad | \mathscr{A}_{j,k} | \leqslant \eta_j, 0 \leqslant j \neq k < n \end{cases} \tag{4.6}$$

这里 τ^2 用于参数化关于输入信号的局部约束,最后两个约束保证 $\mathscr{A}$ 的对称性,即 $\mathscr{A}_{j,k} = \mathscr{A}_{k,j}$,确保式(4.5)成立。

在二元情况下,相同的问题可以利用下式求解:

$$\begin{cases} \underset{\mathscr{A} \in \mathbf{R}^{n \times n}}{\operatorname{argmax}} \operatorname{tr}(\mathscr{A} \mathscr{X}) \\[2mm] \quad \mathscr{A} \geqslant 0 \\[1mm] \quad \mathscr{A} = \mathscr{A}^{\mathrm{T}} \\[1mm] \text{s.t.} \quad \mathscr{L}_a \leqslant \tau^2 \mathscr{L}_x \\[1mm] \quad \mathscr{A}_{j,j} = \eta_j, 0 \leqslant j < n \\[1mm] \quad \mathscr{A}_{j,k} \leqslant \eta_j, 0 \leqslant j \neq k < n \\[1mm] \quad \mathscr{A}_{j,k} \geqslant (\eta_j + \eta_k - 1)^+, 0 \leqslant j \neq k < n \end{cases} \tag{4.7}$$

4.3　通过投影梯度和交替投影求解 TRLT 和 BRLT

式(4.6)和式(4.7)中的两个问题不能求得解析解,因为采用额外的约束限制去掉了与三元或二元向量的相关矩阵不相符的点。

实际上,这些约束限制使得到的可行性空间的形状复杂化。例如,设置 $\mathscr{A}_{j,j} = \eta_j, j = 0, 1, 2$。此时由于对称性,$3 \times 3$ 的相关矩阵 $\mathscr{A}$ 可用的自由度仅为 $\mathscr{A}_{0,1}$、$\mathscr{A}_{0,2}$、$\mathscr{A}_{1,2}$。

半正定约束可以通过西尔维斯特的标准转化为求解与自由度相关的不等式

$$\begin{cases} \mathscr{A}_{0,1}^2 \leq \eta_0 \eta_1 \\ \eta_2 \mathscr{A}_{0,1}^2 + \eta_1 \mathscr{A}_{0,2}^2 + \eta_0 \mathscr{A}_{1,2}^2 - 2\mathscr{A}_{0,1} \mathscr{A}_{0,2} \mathscr{A}_{1,2} \leq \eta_0 \eta_1 \eta_2 \end{cases} \tag{4.8}$$

在相同的自由度空间中,三元约束不等式表示为

$$\begin{cases} |\mathscr{A}_{0,1}| \leq \min\{\eta_0, \eta_1\} \\ |\mathscr{A}_{0,2}| \leq \min\{\eta_0, \eta_2\} \\ |\mathscr{A}_{1,2}| \leq \min\{\eta_1, \eta_2\} \end{cases} \tag{4.9}$$

而局部约束变为

$$\mathscr{A}_{0,1}^2 + \mathscr{A}_{0,2}^2 + \mathscr{A}_{1,2}^2 \leq \frac{1}{2}\left(\frac{1}{3} + \tau^2 \mathscr{L}_x\right)(\eta_0 + \eta_1 + \eta_2)^2 - \frac{\eta_0^2 + \eta_1^2 + \eta_2^2}{2} \tag{4.10}$$

图 4.9(c) 举例说明了为显示其所有特征而选择的参数值的可行性空间结构,即 $\eta_0 = \frac{7}{10}, \eta_1 = \frac{3}{5}, \eta_2 = \frac{3}{10}$ 和 $\tau^2 \mathscr{L}_x = \frac{21}{100}$。在该条件下,式(4.8) 中的不等式满足图 4.9(a) 所示的区域,式(4.9) 中的不等式满足图 4.9(b) 所示的区域,而式(4.10) 中的不等式满足图 4.9(c) 所示区域。总体来说,式(4.6) 的可行性空间是上述所有空间的交集,其形状如图 4.9(d) 所示。

在二元情况下式(4.9) 更严格的表达式为

$$\begin{cases} (\eta_0 + \eta_1 - 1)^+ \leq \mathscr{A}_{0,1} \leq \min\{\eta_0, \eta_1\} \\ (\eta_0 + \eta_2 - 1)^+ \leq \mathscr{A}_{0,2} \leq \min\{\eta_0, \eta_2\} \\ (\eta_1 + \eta_2 - 1)^+ \leq \mathscr{A}_{1,2} \leq \min\{\eta_1, \eta_2\} \end{cases} \tag{4.11}$$

采用与上述相同的参数,式(4.7) 的可行性空间缩小到图 4.10 所示的形状。

图 4.9(d) 和图 4.10 显示可行性空间的形状可能非常复杂。然而,不难接受的是,它与 n 无关,可容许解仍然是 $\mathbf{R}^{n(n-1)/2}$ 的凸子集。因为代价函数 $\mathrm{tr}(\mathscr{A}\mathscr{B})$ 是线性的,那么式(4.6) 和式(4.7) 都是凸优化问题。

为了以一种通用且易于扩展的方式求解该凸优化问题,允许 n 值在数百量级,可以采用投影梯度法,其理论背景通过以下定理进行归纳[3]。

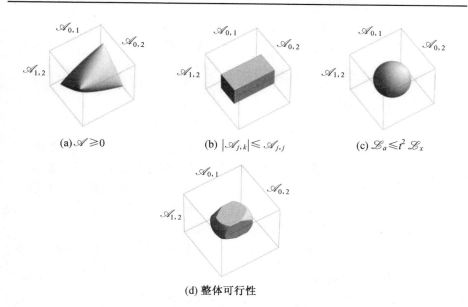

図 4.9　式(4.6) 的可行性空间是不同约束限制的交集(每个轴的范围是 $-\frac{7}{10}$ 到 $\frac{7}{10}$)(彩
　　　　图见附录)

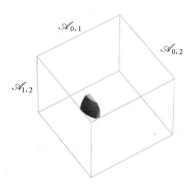

図 4.10　式(4.7) 的可行性空间(每个轴的范围是 $-\frac{7}{10}$ 到 $\frac{7}{10}$)

定理 4.1　对于维度 p,定义 $c:\mathbf{R}^p \mapsto \mathbf{R}$ 为一个凸代价函数,$C \subset \mathbf{R}^p$ 为一个凸可行性集,那么定义优化问题

$$\min_{\xi} c(\xi) \quad \text{s. t.} \quad \xi \in C$$

如果 $c(\xi^*)$ 属于某些 $\xi^* \in C$,其解可以通过以下方式求解。

将 C 上投影算子 π_C 定义为

$$\pi_C(\xi) = \text{argmin}_{\zeta} \parallel \zeta - \xi \parallel_2 \quad \text{s. t.} \quad \zeta \in C \qquad (4.12)$$

初始化 $\xi^{(0)} \in C$，定义

$$\xi^{(t+1)} = \pi_C(\xi^{(t)} - \alpha^{(t)} \nabla_\xi c(\xi^{(t)})) \tag{4.13}$$

对于系数 $\alpha^{(t)} > 0, t = 0, 1, \cdots$，其序列满足 $\sum_{t=0}^{\infty} \alpha^{(t)} = \infty$ 且 $\sum_{t=0}^{\infty} (\alpha^{(t)})^2 < \infty$。

如果 $\max\limits_{0 \leq t < T} \| \nabla_\xi c(\xi^{(t)}) \|_2 < \infty$，则

$$\lim_{T \to \infty} c(\xi^*) - \min_{0 \leq t < T} \{c(\xi^{(t)})\} = 0$$

一般来说，式(4.13)可以分两个阶段完成，从一个参数求解转移到另一个参数求解。第一阶段，沿着代价函数的梯度方向降低该值。第二阶段，由于这可能从可行性空间之外产生一个点，因此投影算子用于找到其最接近的近似值。如果步长不会下降太快并且梯度有限，则可以保证收敛。因为 $\nabla_{\mathscr{A}} \mathrm{tr}(\mathscr{A}\mathscr{B}) = \mathscr{B}$ 是常数，因此我们的情况满足收敛条件。

显然，这里的关键点是计算 π_C，其复杂性取决于 C 的结构。C 通常表示 q 个简单凸子集的交集，即 $C_0, C_1, \cdots, C_{q-1}$，i. e.，$C = \bigcap_{i=0}^{q-1} C_j$。从某种意义来说，对应的投影算子 π_{C_j} 已知且越易于计算，那么 C_j 越简单。

对于 $q = 2$，更好地解释了从 π_{C_j} 到 π_C 的过程。在这种情况下，假设 $\zeta^{(t,0)} \notin C, \zeta^{(t,0)} = \xi^{(t)} - \alpha^{(t)} \nabla_\xi c(\xi^{(t)})$ 表示沿着梯度方向在第 t 步计算的结果。因为 $C = C_0 \cap C_1$，可以设定

$$\zeta^{(t,2s+1)} = \pi_{C_0}(\zeta^{(t,2s)})$$
$$\zeta^{(t,2s+2)} = \pi_{C_1}(\zeta^{(t,2s+1)})$$

对于 $s = 0, 1, \cdots$，如果序列收敛，可以设置 $\xi^{(t+1)} = \zeta^{(t,\infty)} = \lim\limits_{s \to \infty} \zeta^{(t,s)}$，因为可以确定极限属于 C_0 和 C_1。这首先是针对 C_0 和 C_1 是子空间[5]的情况提出的，因为这不仅意味着 $\xi^{(t,\infty)} \in C_0 \cap C_1$，也意味着 $\xi^{(t,\infty)} = \pi_{C_0 \cap C_1}(\zeta^{(t,0)})$。

当处理更复杂的凸集 C_j 时，就不一定是这样了。图4.11(a)的例子说明了这一点。在该情况中，C_0 是圆盘，C_1 是半平面。初始化 $\xi^{(t,0)}$，前两次投影足以产生 $C_0 \cap C_1$ 中的点，该点通过进一步的投影保持不变，因此是序列的极限。然而，这个极限并不是真实的投影。

为了应对一般情况，必须修改文献[2]中描述的算法。从数学角度出发，可以使用两个辅助偏移序列 $\Delta\xi^{(s)}$ 和 $\Delta\zeta_1^{(s)}$，初始化 $\Delta\xi_0^{(s)} = \Delta\xi_1^{(s)} = 0$，那么

$$\zeta^{(t,2s+1)} = \pi_{C_0}(\zeta^{(t,2s)} - \Delta\xi_0^{(s)})$$
$$\Delta\zeta_0^{(s+1)} = \zeta^{(t,2s+1)} - \zeta^{(t,2s)} - \Delta\xi_0^{(s)}$$
$$\zeta^{(t,2s+2)} = \pi_{C_1}(\zeta^{(t,2s+1)} - \Delta\zeta_1^{(s)})$$
$$\Delta\zeta_1^{(s+1)} = \zeta^{(t,2s+2)} - \zeta^{(t,2s+1)} - \Delta\zeta_1^{(s)}$$

也就是在应用 π_{C_j} 之前,将相同投影所引起的偏移减掉,以"消除"序列集中到非投影 $C_0 \cap C_1$ 中的点。这种"消除"结果如图 4.11(b)所示。

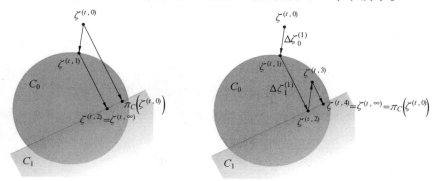

(a) 交替投影方法　　　　　　　　(b) 调整变量确保真实投影收敛

图 4.11　交替投影方法及调整变量确保真实投影收敛

上述公式可以容易地推广到 $q > 2$ 个凸集 C_j,使得

$$\lim_{s \to \infty} \zeta^{(t,s)} = \pi_{\cap_{j=0}^{q-1} C_j}(\xi^{(t)})$$

求解式(4.6)和式(4.7)中唯一缺少的内容是需要考虑针对特定情况的使用,即 C_j 的识别和相应 π_{C_j} 的显式表达式。

为此,回顾之前的内容(参见第 3 章),对于 $n \times n$ 的对称矩阵 P 和 Q,$\mathrm{tr}(PQ)$ 是一个标量积,表示 Frobenius 范数,可理解为矩阵中向量集合的 $\| \cdot \|_2$ 范数,同时也是矩阵特征值集合的 $\| \cdot \|_2$ 范数,即

$$\mathrm{tr}(P^2) = \| P \|_2^2 = \sum_{j=0}^{n-1} \sum_{k=0}^{n-1} P_{j,k}^2 = \sum_{j=0}^{n-1} \lambda_j^2$$

其中 λ_j 是矩阵 P 的第 j 个特征值。这意味着式(4.12)表示投影到矩阵空间。

首先,假设 C_0 是对应于对称半正定矩阵的点集,也就是,对于 $n = 3$,图 4.9(a)中表示的点。根据 Frobenius 范数的谱解释,可以得到对于任何对称矩阵 P,谱分解为 $P = U\Lambda U^{\mathrm{T}}$($U$ 是正交的),$\Lambda = \mathrm{diag}(\lambda_0, \cdots, \lambda_{n-1})$,有

$$\pi_{C_0}(P) = U\max\{0, \Lambda\} U^{\mathrm{T}}$$

假设 C_1' 是满足三元约束(图 4.9(b)中所表示的)的对称矩阵的集合,而 C_1'' 是满足二元约束的对称矩阵的集合。在三元情况下,可以定义两个矩阵

$$\underline{\mathscr{A}}_{j,k} = \begin{cases} \eta_j, & j = k \\ \min\{\eta_j, \eta_k\}, & j = k \end{cases} \quad \text{和} \quad \underline{\mathscr{A}}'_{j,k} = \begin{cases} \eta_j, & j = k \\ -\min\{\eta_j, \eta_k\}, & j = k \end{cases}$$

那么

$$\pi_{C'_1}(P) = \max\left\{ \underline{\mathscr{A}'}, \min\left\{ \overline{\mathscr{A}'}, P \right\} \right\}$$

在二元情况下，必须将下限重新定义为

$$\underline{A}''_{j,k} = \begin{cases} \eta_j, & j = k \\ \max\{0, \eta_j + \eta_k - 1\}, & j \neq k \end{cases}$$

才能获得

$$\pi_{C''_1}(P) = \max\left\{ \underline{\mathscr{A}'}, \min\left\{ \overline{\mathscr{A}''}, P \right\} \right\}$$

最后，假设 C_2 是服从局部约束 $\mathscr{L}_a \leqslant \tau^2 \mathscr{L}_x$ 的对称矩阵集合。根据局部化的定义，可以得到

$$\operatorname{tr}(\mathscr{A}^2) \leqslant \operatorname{tr}^2(\mathscr{A})\left(\frac{1}{n} + \tau^2 \mathscr{L}_x \right)$$

因此

$$\| \mathscr{A} \|_2^2 \leqslant \left(\sum_{j=0}^{n-1} \eta_j \right)^2 \left(\frac{1}{n} + \tau^2 \mathscr{L}_x \right) = R^2$$

其中 R^2 仍然是隐式定义的。因此，C_2 是半径为 R 的球体，相应的投影算子可以通过扩展获得

$$\pi_{C_2}(P) = P\min\left\{ 1, \frac{R}{\| P \|_2} \right\}$$

4.4　非结构化和结构化归零

当对 A 中的零元素位置不施加对应约束时，可以通过 SR 控制矩阵的稀疏性来减少（有符号）和的大小。可以通过式(4.6)和式(4.7)中的不同 j 设置 $\eta_j = \mathrm{SR}^{-1}$ 来获得。

这种非结构化设计不能利用特定的非零配置来节约和限制资源。显然，这种资源的节约是以牺牲重建质量为代价的。由此出现的二者之间的权衡问题可以通过仿真来分析。

下面考虑第2章中定义的框架，只关注 $k = 6$ 稀疏度的信号，具有适中的定位(ML)和低通频谱(LP)。对于三元情况，考虑式(4.6)的解 $\mathscr{A}(\mathrm{SR})$，$t = \frac{1}{2}$，$\mathrm{SR} = 1, 2, 4, 8, 16, 32$，其中 $\mathrm{SR} = 1$ 表示一个满阵，$\mathrm{SR} = 32$ 表示一个矩阵平均32个元素中只有1个非零值。然后用 $A \sim \mathrm{RTE}(\mathscr{A}(\mathrm{SR}))$ 模拟重建性能。作为参考案例，也考虑了 $A \sim \mathrm{RGE}(\mathrm{iid})$（最常规的 CS 选择）和 $A \sim \mathrm{RGE}(\mathscr{A})$ 的重建性能，其中 $\mathscr{A}$ 是式(3.5)的解。

图4.12展示了 ARSNR 和 PCR 的结果。观察 SR = 1 曲线，注意到对于基

于耙度的设计,在 A 中从高斯项传递到对映项不会导致任何性能下降。

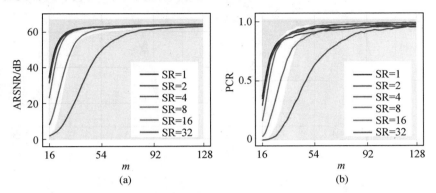

图 4.12　基于耙度的三元 CS 在不同稀疏比 SR 的性能之间的蒙特卡洛比较(在
　　　　浅红色区域,性能比传统 CS 差,而在浅蓝色区域,性能优于最佳的基
　　　　于耙度的 CS)(彩图见附录)

众所周知,无论何时寻找一个简单的实现,都应该避免高斯随机变量的多比特样本的生成和存储[4]。

此外,曲线实际上是不变的,直到 SR = 8,即当 A 中有 87.5% 的项是 0 时。当 SR = 16 时,含有 93.75% 项为零的三元 A 的性能与满足 $A \sim \mathrm{RGE}(\mathrm{iid})$ 的典型 CS 性能基本相当。显然,对于更大的稀疏比,性能下降最终会成为一个问题,如 SR = 32 曲线所表现的情况,对应 A 中 0 项占比 96.9%,表现出比传统性能更差的情况。在任何情况下,由于 SR 直接对应资源节约,很明显,基于耙度的对映感知矩阵在降低 CS 工作成本方面具有巨大潜力。

为了确认典型 CS 的性能改进是由基于耙度的 CS 引起的,图 4.13 分析了与图 4.12 相同的情况,即非零项被视为独立的,非零值为 ±1。

比较图 4.13 中两幅图,得到纯随机选择的非零值对 A 的稀疏化更具鲁棒性(曲线实际上难以区分,直到 SR = 32),因为对输入信号的适应性,它不会形成明显的优势。

这种性能差异源于基于耙度的情况和传统情况下矩阵 A 的深度差异。在图 4.14 中可以看到这种差异。尽管两个矩阵具有相同数量的非零值,但基于耙度的 A 适应信号的低通特性,以使其非零值在低通(恒定)时对齐,从而增加了传递到结果测量的能量。

基于耙度的二元情况略有不同,因为非零值为 1 且它们的位置分布可以完全确定整个矩阵。那么,在 SR = 1 的情况不会产生无用的常数 A。图 4.15 中展示了这些结果,其中性能与三元情况相同。

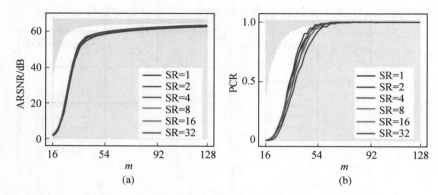

图4.13　随机三元 CS 在不同稀疏比 SR 下的性能之间的蒙特卡洛比较（在浅红
色区域，性能比传统 CS 差，而在浅蓝色区域，性能优于最佳的随机三
元 CS）（彩图见附录）

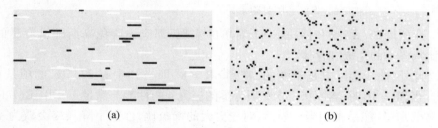

图4.14　两个典型的非结构化投影矩阵 A，其中 SR = 16 用于基于靶度的 CS(a)
和传统的 CS(b)（灰色区域对应于零，而黑色／白色点标记 – 1／ + 1 项）

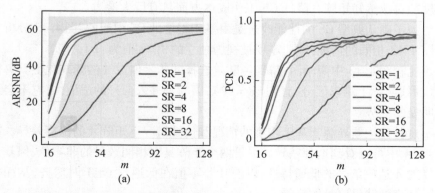

图4.15　基于靶度的二元 CS 性能在不同稀疏度 SR 下的蒙特卡洛比较（在浅红
色区域中，性能比传统 CS 差，而在浅蓝色中，性能优于基于靶度的
CS）（彩图见附录）

显而易见,尽管二元矩阵提供了最大可能的简化,但是相比于基于耙度的设计展示出的性能,它们的性能显著降低。对于 SR = 4,ARSNR 的结果同经典 CS 类似。然而,当以 PCR 的形式表示时,与传统的选择相比,二元总是一个较差的选择。

这样糟糕的性能表现,部分原因是没有对 A 内行的非零值数量进行检查,如果某些行的大部分数值为零,那么非零 SR^{-1} 的平均值会很小(此时,只能从非常少量的样本中收集信息),而其他样本几乎已满(如在二元情况下,由于所有非零系数都等于 1,因此在样本之间几乎没有区别)。

4.4.1　穿孔

穿孔是向 A 添加有用结构的最简单方法。设置 PR 后,可以随机选择不强制为空的 mPR^{-1} 列,并将其索引保存在索引集 $K \subseteq \{0,1,\cdots,n-1\}$ 中。然后,将信号相关矩阵限制到相应的时刻以获得 $\mathscr{X}_{|K}$,目的是优化 A 的相关矩阵,仅关注在每行中不被强制为零的项,即通过式(4.6)和式(4.7)的限制项计算最佳限制 $\mathscr{A}_{|K}$。

一般来说,对于 $\mathscr{A}$,求解式(4.6)和式(4.7)是不相同的,通过穿孔删除列为 0 的项。限制项为 $\mathscr{L}_a \leq t^2 \mathscr{L}_x$,由 $\mathscr{A}$ 计算 $\mathscr{L}_a$ 中的 $\mathscr{A}^2$ 项。如果 $\mathscr{X}$ 是托普利兹矩阵(即生成样本 x_k 的过程是平稳的),令 $\eta_j = SR^{-1}$ 独立于 j,且 n 足够大,列为 0 的数量有限,那么样本往往难以区分,通常解决该问题是通过对整个解 $\mathscr{A}$ 进行抽样来获得 $\mathscr{A}_{|K}$。

为了评估穿孔的影响,参考上面描述的实验设置,并将 A 中可变数量的列置 0 观察仿真性能,图 4.16 展示了相应的结果。

对于 $PR \simeq 1.5$,将 1/3 的列置零,因此忽略了 1/3 的样本,并且不需要采集和转换。在这种情况下,展现出的性能与没有约束的完整 A 所表现的没有什么区别。对传统 CS 的改进到目前为止最多到 $PR \simeq 2$,若 50% 的列被置零,则 50% 的样本被忽略掉。若采用 $PR \simeq 2.5$,即丢弃 60% 的样本,则与传统 CS 相比性能会有所下降。

在第 6 章中,会发现这种处理方式带来的鲁棒性是由于稀疏向量基(第 2 章中定义的正交离散余弦变换基)扩展到整个域,因此跳变采样不会丢失信息。有趣的是,当存在这种内在的稳健性时,基于耙度的设计可以有效地利用它来节省资源。

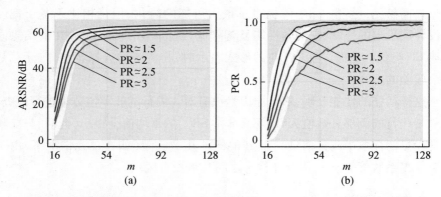

图 4.16　在不同的穿透率 PR 下,基于耙度的三元 CS 性能之间的蒙特卡洛比较
（在 1.5 以下灰色区域,性能比传统 CS 差;而在 1.5 以上灰色区域,性
能优于最佳的基于耙度的 CS）

4.4.2　输入节流

当考虑节流时,会变得稍微复杂一些,必须将输入节流与输出节流区分
开来。

如果按需求设定 IT,知道在 A 中的每行有 $n-\mathrm{IT}$ 项为 0。如果一次只考虑
一行,这相当于穿孔。因此,如果逐行生成,上述方法是一种实现方式,可以
随机选择非零项的索引,将索引用集合 K 表示,确定 $\mathscr{A}_{|K}$ 生成行向量。每行有
K 和 $\mathscr{A}_{|K}$。

作为替代方法,可以设置 $\eta_j = \dfrac{\mathrm{IT}}{n}$,如果使用 $\mathscr{A}$,则平均生成的向量只有 IT
项是非零的。可以生成多个候选行,直到其中一行包含 IT 个非零值。这种筛
选方法的优点是零的位置会受信号统计量影响,而不必通过第一种方法利用
先验信息确定 K。它的缺点是筛选过程可能比较耗时,并且仅在离线生成 A
时才可以选择。

这实际上是用来评估由基于耙度设计产生的输入节流矩阵所能达到的
性能的方法。展示在上述条件下的蒙特卡洛仿真结果,针对不同的 IT 值,设
定 A 每行的非零数。因为 $n=128$,IT 的每个值表示稀疏率 $\mathrm{SR}=\dfrac{128}{\mathrm{IT}}$。

图 4.17 和图 4.18 展示了当 A 采用这种结构时基于耙度的三元、二元 CS
的性能。

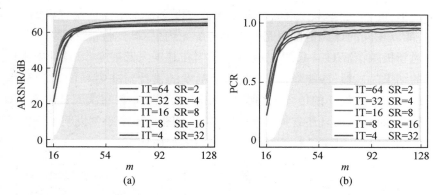

图 4.17 基于耙度的三元 CS 在不同输入限制 IT 和稀疏率 SR 之间的蒙特卡洛仿真
比较(在浅红色区域,性能比传统 CS 差;而在浅蓝色区域,性能优于最佳
的基于耙度的 CS)(彩图见附录)

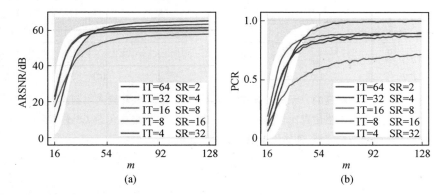

图 4.18 基于耙度的二元 CS 在不同输入限制 IT 和稀疏率 SR 之间的蒙特卡洛仿真
比较(在浅红色区域,性能比传统 CS 差,而在浅蓝色区域,性能优于最佳
的基于耙度的 CS)(彩图见附录)

通过与图 4.12 和图 4.15 比较,可知输入节流不仅简化了实现,还提高了
性能。当 SR 很大或者 IT 很小时尤其如此。

在这种情况下,通过 $\eta_j = SR^{-1}$ 限制非零值数量会导致行内非零项信息不
足(如果 SR = 32, η = 0.031 25,则一般行包含 0 或非零值 1),则这些行几乎是
无用的测量值。当 IT 固定每行非零数量时,基于耙度的设计能够利用它们以
捕获信号的最重要特征。当 IT 较小时,这种现象更加明显。

因此,基于三元耙度的 CS 能够获得与完整 A、无约束耙度 CS 相同的性
能,同时避免 96.9% 的 MACs,并且在例子中每次测量仅需执行 IT = 4 次有符

号数值求和。这种令人惊讶的结果在某种程度上被基于二进制耙度的 CS 所利用，能以相同的计算量再现完整 A 下传统无约束 CS 的性能。

对于极端情况 IT = 4，图 4.19 展示了当在基于三元耙度 CS 设计中添加穿孔时的结果。显然，性能降低了，但基于耙度的设计对非零项的适当操作允许提供与基于完整 A 的传统无约束 CS 相同的性能，不仅每次测量仅需计算 4 个有符号数值和，而且还省掉50% 的样本。在图 4.20 中举例说明了所得投影矩阵的结构特性，其中沿行的常数一般被归零列破坏。

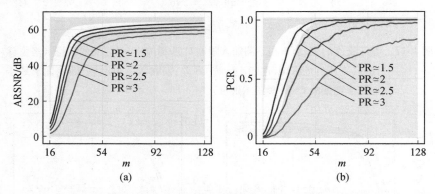

图 4.19　在基于耙度的三元 CS 的性能在不同的穿刺率 PR 和输入限制 IT = 4 之间的蒙特卡洛仿真比较（在 1.5 以下灰色区域，性能比传统 CS 差，而在 1.5 以上灰色区域，性能优于最佳的基于耙度的 CS）

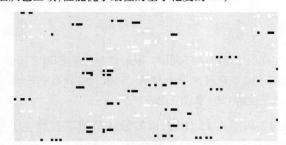

图 4.20　SR = 2 和 IT = 4 的典型投影矩阵（灰色区域对应零值，而黑色／白色点标记 – 1／ + 1 项）

4.4.3　输出节流

如果 OT 是根据实现要求设置的，则每列的非零数是已知的。这与基于耙度的设计假定 A 中的行是独立的并不匹配。

解决这个问题最直接的方法是预先定义整个矩阵的非零模式，然后逐行切片。因此，对于每列，决定 OT 非零元素的位置，并收集整个矩阵的信息。然后通过推断 K 逐行计算，获得 $\mathscr{A}_{\mid K}$ 并且产生合适的感知行向量 a。

对于三元情况，结果性能如图 4.21 所示。随着 OT 减小，性能会逐渐降低，并且即使对于 OT = 2，表现也不会比传统的 CS 差。

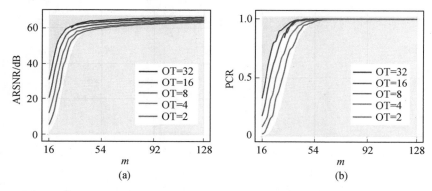

图 4.21 基于耙度的三元 CS 与不同输出节流 OT 的性能之间的蒙特卡洛比较（在浅红色区域，性能比传统 CS 差，而在浅蓝色区域，性能优于最佳的基于耙度的 CS）（彩图见附录）

本章参考文献

[1] D. Bellasi et al., A low-power architecture for punctured compressed sensing and estimation in wireless sensor-nodes. IEEE Trans. Circuits Syst. I Regul. Pap. 62(5), 1296-1305(2015).

[2] J. P. Boyle, R. L. Dykstra, A method for finding projections onto the intersection of convex sets in Hilbert spaces, in Advances in Order Restricted Statistical Inference, ed. by R. L. Dykstra, T. Robertson, F. T. Wright. Proceedings of the Symposium on Order Restricted Statistical Inference Held in Iowa City Iowa, September 11-13, 1985(Springer New York, New York, 1986), pp. 28-47.

[3] A. A. Goldstein, Convex programming in Hilbert space. Bull. Am. Math. Soc. 70, 709-710(1964).

[4] J. Haboba et al., A pragmatic look at some compressive sensing

architectures with saturation and quantization. IEEE J. Emerging Sel. Top. Circuits Syst. 2(3), 443-459(2012).

[5] J. Von Neumann, On rings of operators. Reduction theory. Ann. Math. 50(2), 401-485(1949).

第5章 生成耙度矩阵：
一个有趣的二阶问题

如前面章节中所讨论的,描述编码器的感知矩阵通常是具有适当二阶统计特性的随机序列的逐行组合。面向实际过程的实现强调矩阵的每个符号属于有限的一组值,其基数 L 可以被限制为 3 或 2。一种简单的方法是通过量化实数来获得这些符号,并对所施加的二阶统计量进行扰动。显然,引入的扰动与 L 密切相关,特别是对二元序列、对映序列或三元序列的边缘情况造成最大的失真。这种限制会大大降低所提出的传感矩阵设计方法对系统整体性能的影响。为了克服这种问题,在此列出了旨在生成具有指定的二阶统计特征的二元对映或三元符号序列的技术。采用这些技术可以尽可能地减少 L 对整个系统性能的影响。

5.1 信号的建模和定义

作为整个章节的一般准则,定义一个能够生成随机向量的随机过程 $v = (v_0, v_1, \cdots, v_{n-1})^{\mathrm{T}} \in \mathbf{R}$,这些向量是零均值的,即

$$E_v[v] = 0$$

而在更一般的情况下,二阶统计量通过相关矩阵 $\mathscr{V} = E_v[vv^{\mathrm{T}}] \in \mathbf{R}^{n \times n}$ 给出。

首先介绍一个简单的平稳随机过程,然后是一个更常见的非平稳情况。简要回顾一下,平稳随机过程生成的序列的统计特征与序列中的位置无关。相关矩阵的元素 $\mathscr{V}_{j,k}$ 仅取决于 $|j-k|$。

在平稳情况下,假设 v 由随机过程生成,其二阶统计量由相关矩阵描述

$$\mathscr{V}_{j,k} = \omega^{|j-k|}$$

其中 $\omega \in [-1, 1]$,此时,定义功率谱 ψ_v,由下式给出:

$$\psi_v(f) = \frac{1 - \omega^2}{1 + \omega^2 - 2\omega\cos(2\pi f)}$$

这个过程的形状取决于 ω 的符号,对于正值,该过程表现出低通曲线,而负值表现出高通曲线。当 $\omega = 0$(即 $\psi_v(f) = 1$)时,该过程表现为固定常数。

在非平稳情况下,考虑相关矩阵 $\mathscr{V}^{ns}$ 由下式给出:

$$\mathscr{V}_{j,k}^{ns} = \begin{cases} 1, & j = k \\ \omega^{|j-k| + \frac{|j+k-n|}{16}}, & j \neq k \end{cases}$$

ω 值的取值范围为 $[0,1]$，此时 $\mathscr{V}^{ns}$ 不再是一个托普利兹矩阵，但它仍然是对称半正定矩阵，即它的特征值是非负的。

5.2　量化的高斯序列

在此提出的第一个简单解决方案由实际感知矩阵的直接量化实现，即将每一个实值映射到一个离散的，由 L 个可能值组成的字典中。该解决方案可以在物理设备中有效地实现，并且已经在文献[2]中使用，如 7.4 节所述。

例如，集中解决平稳过程，生成序列 $v \sim \text{RGE}(\mathscr{V})$，其相关矩阵（按照第 3、4 章中的讨论进行评估）由 $\mathscr{V}$ 给出。然后，对其进行量化 $v' = Q(v, L)$，如图 5.1 所示。基于量化过程，期望 v' 的相关矩阵 $\mathscr{V}'_L = \text{E}[v'v'^\text{T}]$ 不同于 $\mathscr{V}$。此外，还期望这种差异对于大 L 来说是小的，而当 L 是较小时，就会产生不可忽略的扰动，它会在由 v 表示的理想情况下影响 v' 的统计特性。该方法可以分两个阶段进行描述，如图 5.2 所示。

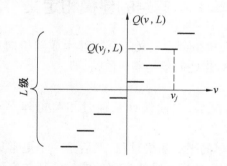

图 5.1　量化函数

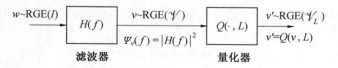

图 5.2　用于生成具有二阶统计特性的量化高斯序列的传统方式

第一阶段用于生成 v。从实际的角度来看，它可以等同于线性滤波器，形成了一个零均值、单位方差的序列，也就是由 w 表示的高斯过程，同时具有相关／协方差矩阵 $\mathscr{W} = \text{E}[ww^\text{T}] = I$，生成具有相关性为 $\mathscr{V}$ 的向量 v。在功率谱方

面,给定滤波器的传递函数 $H(f)$,$| H(f) |^2 = \Psi_v(f)$ 就足以获得所需的过程作为输出。

第二阶段,即量化函数,其中自由度是 L ,即可能的输出的数量级。该阶段将输入序列 v 量化以获得 v' 。换句话说,量化阶段产生的数字是 L 个可能值中的一个,并且可以用于实际信号的感知。

为了评估量化阶段对整个生成过程的影响,最简单的方法是估计具有不同 L 值的量化矢量 v' 的功率谱,包括 $L = 2$,即 $v' \in \{-1,1\}^n$ 的情况。

图 5.3 展示了对于 $n = 128, L = \{10,6,4,2\}$ 的量化矢量 v' 的功率谱的结果;分别为不同的 ω 对应的四种不同情况,包括两个低通曲线和两个高通曲线。在相同的图中,还展示了非量化矢量 v 的功率谱以突出 L 在该过程中的影响。

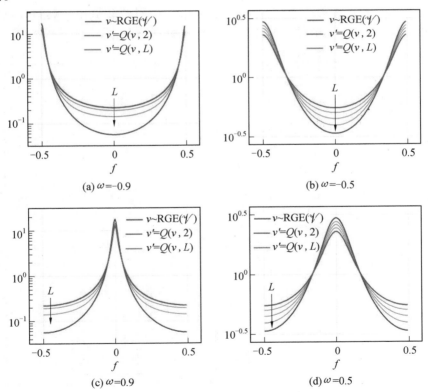

图5.3　$v \sim \mathrm{RGE}(V)$ 及其量化 $v' \sim Q(v,L)$ 对于不同的 L 量化级的功率谱(其中包括 $L = 2$,即两级量化的情况。(a)和(b)都指的是低通曲线,而(c)和(d)都是在高通情况下计算的)(彩图见附录)

特别地，图5.3中的红色线表示$L=2$的功率谱分布，其对应于对映序列的产生，并且引入的扰动是最大的。该情况已经在文献[3,8]中进行了研究，并且可以通过相关矩阵估计这个扰动，如下所示。

定理5.1 令$Q(\cdot,2):\mathbf{R}\rightarrow\{+1,-1\}$为一个限幅函数

$$Q(\zeta,2)=\begin{cases}+1,&\zeta\leqslant 0\\-1,&\zeta>0\end{cases}$$

使$\mathscr{V}\in\mathbf{R}^{n\times n}$是随机过程生成向量$v=(v_0,v_1,\cdots,v_{n-1})^{\mathrm{T}}$的相关矩阵，对于向量$v^c=(Q(v_0,2),Q(v_1,2),\cdots,Q(v_{n-1},2))^{\mathrm{T}}$对应的相关矩阵$\mathscr{V}^c$由下式表示：

$$\mathscr{V}^c=\frac{2}{\pi}\frac{\mathrm{tr}(\mathscr{V})}{n}\arcsin(\mathscr{V})\tag{5.1}$$

其中$\arcsin(\cdot)$对应矩阵中的所有元素。

针对仿真，相关矩阵$\mathscr{V}_{j,k}$元素之间的差异，对两级量化影响的直观表现如图5.4所示。其中考虑了两组ω，一个是低通情况，另一个是高通情况。

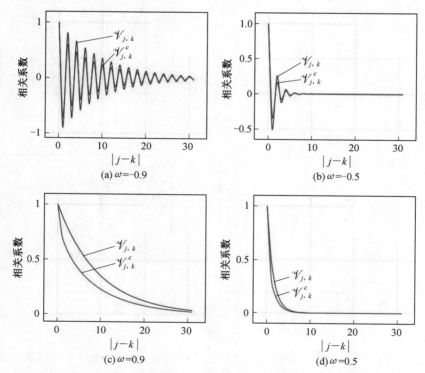

图5.4 两个$v\sim\mathrm{RGE}(\mathscr{V})$的前$n=4$个元素的相关曲线和它的限制结果（(a)和(b)都是低通曲线，而(c)和(d)都是高通曲线）

5.3   对映感知序列

用规定的二阶统计量生成量化向量，特别是对映向量，需要能够减少甚至可能消除上一节描述的内在限制。在这里描述了几种不同的策略来获得具有适当功率谱或相关矩阵的实例的对映向量生成器。首先以平稳随机过程为例，讨论生成对映向量的方法，然后再考虑非平稳情况。

5.3.1   平稳情况下对应矢量的生成

讨论具有指定频谱（或相关分布）的对映感知序列的产生时，简单起见，首先考虑平稳情况。

第一种方法利用定理 5.1，提出了一种抵消截取效果的方法。为了将等式（5.1）转为具有相关分布 $\mathscr{V}$ 的向量 $v \in \{+1, -1\}^n$，可以利用相关矩阵 $\mathscr{G}$ 来截取零均值高斯向量 g，如下式所示：

$$\mathscr{G} = \sin\left(\frac{\pi}{2} \frac{n}{\mathrm{tr}(\mathscr{V})} \mathscr{V}\right) \tag{5.2}$$

与在式（5.1）中相同，函数 $\sin(\cdot)$ 是按向量计算的。如果获得的 $\mathscr{G}$ 是非负定矩阵，则可以通过截取 $g = \mathrm{RGE}(\mathscr{G})$ 来获得向量 v，将这种方法称为高斯截取（Clipped Gaussian，CG）。

当 $\omega = 0.9$ 时，在图 5.5 中比较了施加的二阶特征（功率谱和相关性）与由 CG 产生的 10 000 个对映序列评估的测量分布。结果证实了该方法用二阶统计量生成对映向量的能力。

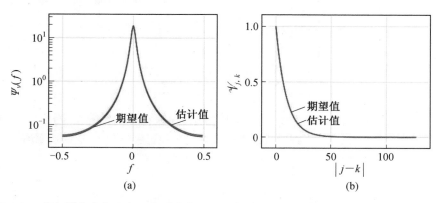

(a)   (b)

图 5.5   由高斯截取方法产生的对映序列的功率谱（a）和相关分布（b）（其中 $\omega = 0.9$）

作为平稳过程实例生成对映符号的一种有趣且可选择的方法是，采用所谓的线性概率反馈（LPF）过程[6,7]。该发生器的主要优点是简单，就像图 5.6 所强调的一样，改编自[6]。

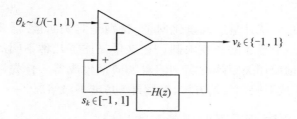

图 5.6　　线性概率反馈过程（其中 θ_k 是随机阈值，而 $H(z)$ 是因果时不变线性滤波器的传递函数）

LPF 机制依赖于具有有限脉冲响应 h_j 的因果时不变线性滤波器的设计，其具有 $j = \{1, 2, \cdots, Z\}$ 和传递函数：

$$H(z) = \sum_{j=1}^{Z} h_j z^{-j}$$

然后将滤波器 $-H(z)$ 产生的过程反馈入比较器并再次匹配 θ_k，θ_k 是在 $[-1, 1]$ 中均匀分布的独立随机阈值的实例。比较器产生对映值 v_k，它们是 LPF 输出并连续反馈到滤波器中。如[6,7]中所讨论的，确保正确符号生成的主要假设是滤波器输出 s_k 被限制在 $[-1, 1]$ 的范围内。在滤波器输入是对映值的假设下，此约束条件可以如下式表示：

$$\sum_{j=1}^{Z} |h_j| \leqslant 1 \tag{5.3}$$

总体来说，整个 LPF 机制可以通过以下一组语句进行总结：

$$v_k = \begin{cases} +1, & s_k > \theta_k \\ -1, & \text{其他} \end{cases}$$

$$s_k = \sum_{j=1}^{Z} h_j v_{k-j}, \quad s_k \in [-1, 1]$$

$$\theta_k \sim U(-1, 1)$$

该发生器的主要优点是可以表示所生成的对映符号的精确功率谱。如果滤波器传递函数 $H(z)$ 已知，则通过以下等式获得平稳过程产生的 v_k 的功率谱：

$$\psi_v(f) = \frac{|1 + H(e^{2\pi i f})|^{-2}}{\int_{-1/2}^{1/2} |1 + H(e^{2\pi i f})|^{-2} df}$$

尽管这种方法不能用来从 $\psi_v(f)$ 获得 $H(z)$，但它为许多近似的滤波器设计方法铺平了道路，这种方法保证了用指定的 $\psi_v(f)$ 生成对映符号。

尽管整个过程的完整描述超出了本章的范围,但也会在这里快速回顾一下[6]中提出的迭代合成过程。该方法基于简单的梯度下降算法,经过修改以产生满足式(5.3)的可行解,其中迭代评估的滤波器抽头 h_j 来减少误差函数 ε,其定义为

$$\varepsilon = \mathrm{E}\Big[\big(v_k + \sum_{j=1}^{Z} h_j v_{k-j}\big)^2\Big] = \mathscr{V}_{0,0} + 2\sum_{j=1}^{Z}\mathscr{V}_{j-1,0}h_j + \sum_{j=1}^{Z}\sum_{l=1}^{Z}\mathscr{V}_{j-1,l-1}h_j h_l$$

其中 $\mathscr{V} \in \mathbf{R}^{Z \times Z}$ 是托普利兹相关矩阵,取决于所需的功率谱。

$$\mathscr{V}_{j,k} = 2\int_0^{1/2}\psi_v(f)\cos(2\pi(j-k)f)\,\mathrm{d}f \tag{5.4}$$

该过程需要一组可行的滤波器抽头作为起点,然后,在通用的第 l 步,通过表 5.1 中描述的算法调整抽头,其中每次迭代基本上由两个步骤组成。在第一步中,根据观察到最大误差减小的方向评估一组可能的抽头。然后,重新调整抽头以确保满足式(5.3)。 当剩余误差小于给定公差时,程序结束。为了证明上述方法的有效性,它已被用于生成图 5.3 中考虑的两个光谱分布的序列,即用于 $\omega = \pm 0.9$ 且 $n = 128$ 。为此,首先用式(5.4)评估 $\mathscr{V}$,然后应用上述约束梯度技术得到一组 Z 抽头。

表 5.1 LPF 设计中滤波器抽头评估的代码示意图

要求: $h_j^{(0)}$ 与 $j = \{1,\cdots,Z\}$ 使其满足式(5.3)

要求: γ 参数控制收敛速度

假定: $\mu > 0$ 作为公差

$l = 0$

重复进行

  for $j = 1$ to Z do

    $h'_j \leftarrow h_j^{(l)} - \gamma \dfrac{\partial}{\partial h_j}\varepsilon^2$ 最小误差方向

  end for

  for $j = 1$ to Z do

$$h_j^{(l+1)} \leftarrow \begin{cases} h'_j, & \sum_{j=1}^{Z}|h'_j| \leqslant 1 \\[2mm] (1-\mu)\dfrac{h'_j}{\sum_{j=1}^{Z}|h'_j|}, & 其他 \end{cases} \qquad 迭代以满足式(5.3)$$

  end for

  $l = l + 1$

直到满足: $\varepsilon(h_1^{(l+1)},\cdots,h_Z^{(l+1)})^2 \leqslant \mu$

　　结果如图 5.7 所示，展示出了目标功率谱分布（实线）以及从 LPF 发生器获得的超过 100 000 个序列估计的谱形状。滤波器 $-H(z)$ 的顺序，即所考虑的抽头数 Z 分别为 2、3 和 10。需要注意的是，在所有考虑的情况下，包括 $Z = 2$ 中最简单的情况，观察到的轮廓与期望的轮廓紧密匹配。这些结果实际上部分归因于所需轮廓的平滑性。

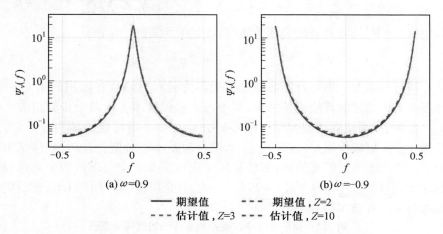

(a) $\omega = 0.9$ (b) $\omega = -0.9$

　　——— 期望值   - - - 期望值 , $Z = 2$
　　- - - 估计值 , $Z = 3$ - - - 估计值 , $Z = 10$

图 5.7　LPF 方法产生的对映序列的功率谱（彩图见附录）

　　在实际场景中，期望的功率谱可能需要更高的 Z 值，这取决于要匹配的频谱形状。通常，Z 的增加值需要考虑期望值和真实值之间的匹配，并且在 $Z \rightarrow \infty$ 极限情况下，可以与任何期望的功率谱轮廓完美匹配。

5.3.2　非平稳情况下的对映生成

　　在非平稳情况下，CG 方法仍然可以用于生成具有给定相关分布的序列。实际上，等式(5.2) 对 $\mathscr{V}$ 和 $\mathscr{G}$ 的平稳性没有任何限制。而 CG 方法的主要限制是它不是一种完全通用的方法。如前所述，CG 是基于式(5.1) 的直接反演，但获得的 $\mathscr{G}$ 可能不是正半定矩阵，并且不能用作相关矩阵。

　　在[1] 中提出了一种更通用的方法，它基于随机寻址的数字查找表（LUT）。该发生器的一般结构在图 5.8 中展示，并且它基于一种假设，即相关分布对应于所有 2^n 个可能序列的概率分配。简单的数字 LUT 用于存储生成的候选序列。每次需要实例时，LUT 根据概率分配随机寻址。

　　一般来说，该方法的目的是产生 $W \in [-1, 1]$ 的 n 维对映随机向量 $w \in W^n$，其相关矩阵 $\mathscr{W} = \mathrm{E}[ww^{\mathrm{T}}]$ 尽可能接近给定矩阵 $\mathscr{V}^{ns}$。注意，由于生成的序列是对映的，因此 $\mathscr{W}$ 的对角线均为 1，这意味着 $\mathscr{V}^{ns}$ 的对角线必须呈现相同的轮廓，或者通过缩放 $\mathscr{V}^{ns}$ 以满足这种限制。即，$\mathscr{V}^{ns}_{j,j}$ 对于 $j = 0, \cdots, n$ 是常数。在本节的剩余部分，通过施加 $\mathrm{tr}(\mathscr{V}^{ns}) = n$，来获得这类相关矩阵。

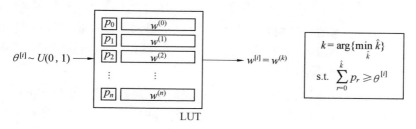

图 5.8　基于 LUT 的对映矢量发生器的框图（其中 $\{(p_0, w_0), \cdots, (p_n^-, w_n^-)\}$ 是具有相关概率的对映向量对，并且 $\theta^{(j)}$ 是在 $[0,1]$ 中均匀分布的随机阈值，用于随机选择与 $p_0, \cdots, p_n$ 相关的向量 w_k）

在第 i 个向量 $w^{[i]}$ 的生成中，根据适当的概率分配 $p(w)$ 随机地寻址 LUT，使得每个向量 w 以概率 $p(w)$ 出现在输出处。从理论角度来说，这意味着 LUT 需要完全定义（即，所有可能的 $2n$ 个向量 w，和一个合适的联合概率函数 $p: W^m \mapsto [0,1]$），以满足

$$\sum_{w \in W^n} p(w) = 1$$

从实际角度来说，概率不为零的序列的数量通常远小于 2^n。如果用 P 表示联合概率函数 p 的支撑集，即

$$P = \mathrm{supp}\, p = \{w \in W^n \mid p(w) > 0\}$$

在[1] 中已经表明它的基 $\bar{n} = |P|$ 实际受元素数量限制，规模为 $O(n^2)$。

从实现的角度来说，观测结果非常重要，通过观测可以估计存储 LUT 所需分配内存的大小。每一项都是一个 n 位字符串，因此 LUT 所需的总 bit 数是 $O(n^3)$，并且相关概率值需要额外的存储空间，这与完整的硬件实现是兼容的。

例如，2 Mbit 的内存量通常足以使 n 达到 128。假设有大量序列 $\bar{n} = n^2 \approx 16 \times 10^3$。同时假设较小概率与 w_0 相关，并且它的数量级是 $p_0 \approx 10^{-8} \approx 2^{-26}$。用简单但低效的定点来表示 p_0，28 位就足够了。即使用这种简单的方法，记忆 p_0 所需的存储相对于存储 $w^{(0)}$ 所需的存储实际上可以忽略不计。对任意的 p，使用与 p_0 相同的精度，需要总量约为 2.5 Mbit 的内存。

需要注意的是，这实际上是过高估计了实际的内存需求。参考前面的例子，概率低至 $p_0 \approx 10^{-8}$ 的向量对实际相关矩阵 $\mathscr{V}$ 的影响是可忽略的。这为许多可能的优化策略的实现铺平了道路。

例如，可以固定有限数量的比特来表示 p_j 的近似值。依赖于采用的量化和近似方法，存在最小概率 $p_{\min}$，使得每个 $p_j < p_{\min}$ 近似为 $p_j = 0$，因此，与非空概率相关联的序列的数量相对于理想情况要小得多。换句话说，序列长度 $\bar{n}$ 由表示 p_j 的比特数决定，并且不一定是 $O(n^2)$。获得的 $\mathscr{W}$ 只是所需 $\mathscr{V}^{ns}$ 的近似值，但是存储容量要求非常宽松。

根据上述内容，讨论如何获得具有相关概率值指定相关分布 $\bar{n}$ 的序列集合。考虑一组具有相关概率 $p = (p_0, p_1, \cdots, p_{\bar{n}-1})^{\mathrm{T}}, p_j \neq 0, \forall j$ 的对映序列 $(w^{(0)}, w^{(1)}, \cdots, w^{(\bar{n}-1)})$ 对应的相关矩阵由下式给出：

$$\mathscr{W} = \sum_{j=0}^{\bar{n}-1} p_j w^{(j)} w^{(j)\mathrm{T}} \tag{5.5}$$

我们的目标是获得 $\mathscr{W}$ 和指定相关性 $\mathscr{V}^{ns}$（独立于 $\bar{n}$，并且尽可能小，远离固定上界 2^n）之间的最佳匹配。

利用差分矩阵 Δ 的最小化可以求解该问题，差分矩阵定义为

$$\Delta = \mathscr{V}^{ns} - \mathscr{W} = \mathscr{V}^{ns} - \sum_{j=0}^{\bar{n}-1} p_j w^{(j)} w^{(j)\mathrm{T}}$$

其非对角线元素包含了指定的相关性的偏差。最小化该矩阵等价于求解以下优化问题：

$$\begin{aligned} &\min \| \Delta \| \\ &p_j > 0, \quad j = \{0, 1, \cdots, \bar{n}-1\} \\ &\text{s. t.} \quad \sum_{j=0}^{\bar{n}-1} p_j = 1 \end{aligned} \tag{5.6}$$

其中 $\| \Delta \|$ 可以通过利用两个相关矩阵是对称的来计算，即

$$\| \Delta \| = \sum_{0 \leqslant j < k < n} | \Delta_{j,k} |$$

式（5.6）的问题是包含一个非线性目标函数。这意味着它的解通常很难获得。然而，通过引入附加变量，该式可以借助线性规划问题（LP）求解。

详细来说，Δ 被分成两个 $n \times n$ 的辅助矩阵，一个包含其正部分 Δ^+，另一个包含其负部分，即 Δ^-

$$\Delta_{j,k}^+ = \max\{\Delta_{j,k}, 0\}, \quad j, k = 0, \cdots, n-1$$
$$\Delta_{j,k}^- = \max\{-\Delta_{j,k}, 0\}, \quad j, k = 0, \cdots, n-1$$

其中 $\Delta = \Delta^+ - \Delta^-$ 且 $\| \Delta \| = \sum_{0 \leqslant j < k < n} | \Delta_{j,k}^+ + \Delta_{j,k}^- |$。

通过这些附加变量的引入，允许在以下 LP 中重新定义优化问题（5.6）

$$
\begin{cases}
\min \sum_{0 \leqslant j < k < n} \Delta_{j,k}^+ + \Delta_{j,k}^- \\[2mm]
\qquad \Delta^+ - \Delta^- = \mathscr{V}^{ns} - \sum_{j=0}^{\bar{n}-1} p_j w^{(j)} w^{(j)T} \\[2mm]
\text{s.t.} \quad \sum_{j=0}^{\bar{n}-1} p_j = 1 \\[2mm]
\qquad \Delta^+ \geqslant 0, \quad 0 \leqslant j < k < n \\[2mm]
\qquad \Delta^- \geqslant 0, \quad 0 \leqslant j < k < n \\[2mm]
\qquad p_j > 0, \quad j = 0,1,\cdots,\bar{n}-1
\end{cases} \tag{5.7}
$$

其中矩阵等式和不等式都需满足条件,即式(5.7)等价于式(5.6)。注意 $\min \sum\limits_{0 \leqslant j < k < n} (\Delta_{j,k}^+ + \Delta_{j,k}^-)$ 的最小化确保了对每对参数 j、k,$\Delta_{j,k}^+$ 和 $\Delta_{j,k}^-$ 中至少一个为零,同时 Δ^+ 和 Δ^- 分别为 Δ 的正、负部分,这与前面定义一致。对于某一参数对 j、k,这意味着 $\Delta_{j,k}^+ + \Delta_{j,k}^- = | \Delta_{j,k} |$,使得

$$
\sum_{0 \leqslant j < k < n} | \Delta_{j,k}^+ + \Delta_{j,k}^- | = \sum_{0 \leqslant j < k < n} | \Delta_{j,k} |
$$

满足要求。

显然,当满足 $\Delta^+ - \Delta^- = 0$ 时,目标就实现了。这意味着施加的相关性就是指定的相关性,即

$$
\sum_{j=0}^{\bar{n}-1} p_j w^{(j)} w^{(j)\mathrm{T}} = \mathscr{V}^{ns}
$$

进一步,在这里考虑的是非平稳过程的实例生成,然而当 $\mathscr{V}^{ns}$ 是表征平稳过程的相关矩阵时,也可以使用该方法。

进一步求解式(5.7),可以观察到有 $V = \bar{n} + 2N$ 个自由度,其中 $N = \binom{N}{2}$:

(1) $\bar{n}$ 个自由度概率为 p;

(2)对于每个 $n \times n$ 对称矩阵 Δ^+ 和 Δ^-,有 $N = \binom{n}{2}$ 个自由度用于计数独立的非对角线实例;

此时等式约束的数量为 $N + 1$,其中:

(3) N 个等式约束是由 $\mathscr{V}^{ns}$ 和 $\mathscr{W}$ 之间的匹配给出的;

(4)一个等式约束来强制概率标准化。

如前所述,假设 $\bar{n} < 2^n$,特别是 $\bar{n} = O(n^2)$。因为式(5.7)是 LP 问题,首先,问题肯定是可行的,因为对于任何给定的 $\hat{w} \in W^n$,可以设置 $p(\bar{w}) = 1$,$p(w) = 0$,其中 $w \in W^n - \{\hat{w}\}$,并且计算 $\Delta = \mathscr{V}^{ns} - \hat{w}\hat{w}^{\mathrm{T}}$,这保证了可行性空间肯定是非空的。此外,对于 LP 问题,知道最小值肯定是在多边形的顶点出现

的,即它的可行性空间。要找到顶点,需要与自由度一样多的等式约束。因此,解决方案至少是这样的,它不仅满足 $N+1$ 个等式约束,而且 V 中必须至少包含 $V-(N+1)$ 个不等式约束是有效的。

如果 $V-(N+1)$ 不等式约束有效,则 $V-(N+1)$ 自由度被置为零。由于 Δ^+ 和 Δ^- 的实例最多有 $2N$ 个自由度,可以得到至少 $V-(N-1)-2N$ 个概率为空,因此不超过 $N+1=O(n^2)$ 个是非零的。

为了阐明所提出的方法,提出了 LP 问题的通用公式以及一个简单的例子,将式(5.7)写成标准形式:

$$\begin{cases} \min cq \\ \text{s. t.} \quad Cq=b \\ \qquad q \geqslant 0 \end{cases} \tag{5.8}$$

其中 q 是要确定的变量的向量,表示为

$$q=(\Delta_{0,1}^+,\cdots,\Delta_{n-2,n-1}^+,\Delta_{0,1}^-,\cdots,\Delta_{n-2,n-1}^-,p_0,\cdots,p_{n-1})^T$$

$c \in \mathbf{R}^{(\bar{n}+2N)}$ 是定义线性目标函数的向量,其组成如下:

$$c_j=\begin{cases} 1, & j=0,\cdots,2N-1 \\ 0, & j=2N,\cdots,2N+\bar{n}-1 \end{cases}$$

最后,维度为 $(N+1)\times(\bar{n}+2N)$ 的矩阵 C 和表征等式约束的 $b \in \mathbf{R}^{(N+1)}$ 向量是

$$C=\begin{pmatrix} 0,\cdots,0 & 0,\cdots,0 & 1 & ,\cdots, & 1 \\ I_N & -I_N & [[w^{(0)}w^{(0)T}]] & ,\cdots, & [[w^{(\bar{n}-1)}w^{(\bar{n}-1)T}]] \end{pmatrix}$$

和

$$b=(1,\mathscr{V}_{0,1}^{ns},\cdots,\mathscr{V}_{n-2,n-1}^{ns})$$

其中 $[[\cdot]]$ 表示针对对称矩阵的任意运算符,并在列向量中重新排列其右上部分(不包括对角线)的项。在这组约束中,C 的第一行和 b 的第一个元素满足所有概率值的总和等于 1,而所有剩余元素用于实际和期望的相关分布之间的匹配。该优化问题的解是具有与相关概率向量耦合的查找表,该表具有的项数为 $\bar{n} \leqslant N+1=\dfrac{n(n-1)}{2}+1$,例如,当 $n=3$ 时,对于指定的相关矩阵:

$$\mathscr{V}^{ns}=\begin{pmatrix} 1 & 0.9^2 & 0.9^{2.5} \\ 0.9^2 & 1 & 0.9^1 \\ 0.9^{2.5} & 0.9^1 & 1 \end{pmatrix}$$

设置 $\bar{n}=N-1=4$,可以得到

$$c=(1,1,1,1,1,1,0,0,0,0)$$

$$C=\begin{pmatrix} 0 & 0 & 0 & 0 & 0 & 0 & 1 & 1 & 1 & 1 \\ 1 & 0 & 0 & -1 & 0 & 0 & 1 & 1 & -1 & -1 \\ 0 & 1 & 0 & 0 & -1 & 0 & 1 & -1 & -1 & 1 \\ 0 & 0 & 1 & 0 & 0 & -1 & 1 & -1 & 1 & -1 \end{pmatrix}$$

$$b = (1, 0.9^2, 0.9^{2.5}, 0.9^1)^T$$
$$w^{(0)} = (1, 1, 1)$$
$$w^{(1)} = (1, 1, -1)$$
$$w^{(2)} = (1, -1, -1)$$
$$w^{(3)} = (1, -1, 1)$$

式(5.8)中的 LP 问题将设计随机向量生成器的任务映射到精确的数学过程并突出其主要属性(即查找表的基数为 $O(n^2)$),其确保所提出的方法的可行性。然而,在真实场景中直接实现这种方法是很困难的。

虽然该解决方案具有多个非空输入,即 $O(n^2)$,但由于非空 p 元素的位置未知,因此优化问题需要许多变量,这些变量在问题的大小上呈指数关系。实际上,虽然它超出了本书的范围,但可以证明包括所有 2^n 个可能的对映向量的求解式(5.8)是一个 NP-hard 问题。为了合理地解决它并获得有用的 n 值,应该依靠更先进的运算研究方法。事实上,C 的列数很大(它随着 n 呈指数增长),这促使我们研究列生成方法,特别是因为知道存在不超过 $2N+1$ 列的解:这对应于 $N+1$ 个概率和 N 个潜在的非零偏差。

由于式(5.8)所提出的方法是线性的,所以列生成方法可以通过在目标函数和矩阵 C 中采用任意候选列集,每次用新的列替换原来的列保证可以迭代地追踪最佳效果。这样目标函数值在每次迭代时逐步减少。

第一步是在可行性空间中定义一个点,为了简便,只选择一个概率等于 1 的对映矢量 $w^{(0)}$,使得式(5.8)可以在下面的优化问题中重新定义:

$$\begin{cases} \min \ \hat{c}\hat{q} \\ \text{s. t.} \quad \hat{C}\hat{q} = \hat{b} \\ \qquad\quad \hat{q} \geqslant 0 \end{cases} \tag{5.9}$$

其中

$$\hat{c} = (1, \cdots, 1 \mid 1, \cdots, 1 \mid 0)$$

$$\hat{C} = \begin{pmatrix} 0, \cdots, 0 & 0, \cdots, 0 & 1 \\ I_N & -I_N & [[w^{(0)} w^{(0)\mathrm{T}}]] \end{pmatrix}$$

第二步是识别可以添加到这个问题中的第二列,使得相应的解具有较低的目标函数,然后迭代地求解新的优化问题并耙度新列,直到满足适当的停止标准。以这种方式,解决 LP 问题的变量永远不会大于 $2N + \bar{n}$。

为了处理这个方面,需要一个函数来计算当前目标函数中没有解决的单个对映向量的影响,这样的函数是通过引入一个式(5.9)中的新的变量 $w^{(1)}$ 来量化目标函数增加的“减少的成本”。对于正在研究的优化问题,与 $w^{(1)}$、$f_C(w^{(1)})$ 相关的降低成本可以评估为

$$f_C(w_1) = -\hat{c}\,(\hat{C})^{-1}\binom{1}{[[w^{(1)}w^{(1)\mathrm{T}}]]}$$

目的是寻找具有最小负降低成本的新色谱柱，以使目标函数值降低至零，或者直到没有任何新色谱柱具有负降低成本。第一个停止标准意味着问题解决方案与期望的相关矩阵完全匹配，而没有其他具有负降低成本的列则意味着达到目标函数中的最小点，尽管相应的 LUT 生成的对映序列与所要求的条件不匹配。

因此，迭代机制需要将具有最小负降低成本的新列添加到优化问题中。设 $w^{(1)}$ 是获得的对映矢量，在优化问题中引入该矢量意味着矩阵 $\hat{C}$ 中的新列和矢量 $\hat{c}$ 中的新系数，使得

$$\hat{c} = (1,\cdots,1 \mid 1,\cdots,1 \mid 00)$$

$$\hat{C} = \begin{pmatrix} 0,\cdots,0 & 0,\cdots,0 & 1 & 1 \\ I_N & -I_N & [[w^{(0)}w^{(0)\mathrm{T}}]] & [[w^{(1)}w^{(1)\mathrm{T}}]] \end{pmatrix}$$

现在的问题是如何在不遍历所有可能的对映向量的情况下识别具有最小负降低代价的列。这是 n 个对映变量中的二元二次问题（BQP）的特殊情况，即向量 $w^{(i)}$ 的元素被添加到第 i 次迭代中。由于 BQP 是 NP – hard 问题，[1] 中的作者将以最小的降低代价找到 $w^{(i)}$ 的问题转换为二元线性规划问题（BLP），这个问题通过特殊方法得到了解决（他们选择了[4]中适合求解 BQP 问题的方法）。

需要注意的是，针对每个期望的相关矩阵，优化问题式(5.6)只离线求解一次，即根据第3、4章中所述的方法，对每一个类信号只采集一次。而序列在线生成，并且只需对 LUT 中的项以概率选取，这就是式(5.6)的离线解。正如已经预期的那样，评估结果 p 需要在有限范围内量化，以便于实际应用，从而造成不可避免的近似估计。

在最后一部分，希望关注这一方面，即下面的两种结果：

（1）式(5.6)的解是一组具有相关概率 $p = (p_0, p_1, \cdots, p_{\bar{n}-1})^{\mathrm{T}}, p_j \neq 0, \forall j$ 的对映序列 $(w^{(0)}, w^{(1)}, \cdots, w^{(\bar{n}-1)})$，两组均由 $\bar{n}$ 个元素组成。然而，在物理实现的查找表中，使用 b_p 位精度的量化概率矢量 $\tilde{p}$，即 $\tilde{p} \approx p$，则

$$\widetilde{\mathscr{W}} = \sum_{j=0}^{\bar{n}-1} \tilde{p}_j w^{(j)} w^{(j)\mathrm{T}}$$

这只是式(5.5)中计算的 $\mathscr{W}$ 的近似值，b 越高，则近似效果越好。

（2）由于近似，即使 p 的相应元素非零，$\tilde{p}$ 中的一些元素也可以为零。换句话说，对映序列集使用的输入是 $\tilde{n} < n$。

　　通过在单个情况下直接显示与期望的相关轮廓的偏差来解决这种限制的影响,当 $n = 32$ 时,期望 $\mathscr{V}^{ns}$ 如图5.9所示。在这种情况下,式(5.6)的解给出了 $\bar{n} = 497$,并用 $w^{(0)}$ 表示具有最小概率的向量,即 $p_0 = 1.14 \times 10^{-7}$。

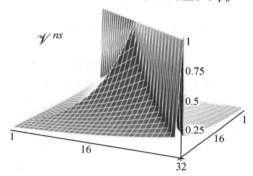

图5.9　在基于 LUT 的对映矢量发生器的示例中实现的期望 $\mathscr{V}^{ns}$

　　通过一个合适的量化函数用 $b_p \in \{4,6,8,10\}$ 编码 p,估计的概率矢量 p 的非零元素的数量范围从 $\tilde{n} = 43$, $b_p = 4$ 到 $\tilde{n} = 447$, $b_p = 10$。得到 $\tilde{W}$ 矩阵如图5.10 所示。请注意,使用 $b_p = 8$ 被认为足以获得满意的结果。

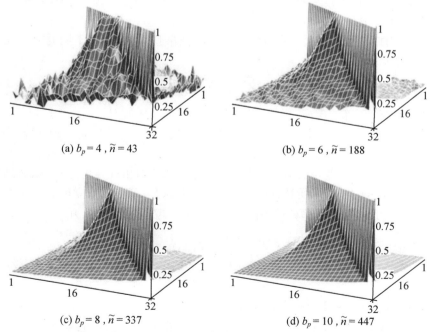

(a) $b_p = 4$, $\tilde{n} = 43$　　　　　　(b) $b_p = 6$, $\tilde{n} = 188$

(c) $b_p = 8$, $\tilde{n} = 337$　　　　　　(d) $b_p = 10$, $\tilde{n} = 447$

图5.10　通过使用不同数量的比特 b_p 量化概率向量 p 来实现近似相关矩阵 $\tilde{W}$

5.3.3　对映序列生成的可行性空间

如前所述，生成具有规定的 $n \times n$ 的相关矩阵的对映序列 $v = (v_0, \cdots, v_{n-1})^{\mathrm{T}}$ 可能是一项困难的任务，并且必须考虑前面讨论的生成器以克服这种僵局。然而，只确认序列仅由 1 和 −1 组成的约束是不够的，可以施加某些相关性限制。

在没有约束 $v \in \{-1,1\}^n$ 的情况下，作为相关矩阵的候选矩阵 $\mathscr{V}$ 的集合是 $n \times n$ 的非负定矩阵。首先观察到 $\mathscr{V}$ 必须是具有单位对角线项的 $n \times n$ 的非负定矩阵，因为 $v \in \{-1,1\}^n$，则有 $\mathscr{V}_{j,j} = \mathrm{E}[v_j v_j] = 1$。如果对角线值不为 1，但它们是相等的，那么可以简单地重新缩放矩阵。

首先指定具有单位对角线项的 $n \times n$ 的非负定矩阵的集合为 S_n^{NND}。对于 $n \times n$ 的矩阵 V，将 $V^{(l)}$ 定义为其 $l \times l$ 的左上子矩阵，使得除了对角线上项的要求之外，如果所有可能的子矩阵 $V^{(l)}$ 的行列式都是非负的，其中 $l = 1, \cdots, n$，则西尔威斯特标准（Sylvester）保证了 $V \in S_n^{\mathrm{NND}}$。

$$\det \mathscr{V}^{(l)} \geq 0, l = 1, \cdots, n \tag{5.10}$$

这些不等式在参数 $\mathscr{V}_{j,k}$ 且 $0 < j < k < n$ 的空间内定义，因为相关矩阵根据定义是对称的，例如，对于 $n = 2$，等式（5.10）是 $1 - \mathscr{V}_{0.1}^2 \geq 0$，其中暗示了 $|\mathscr{V}_{0.1}| < 1$。

当施加 $v \in \{-1,1\}^n$ 时，由于矢量 v 的离散性质，可以以不同的方式表达相关矩阵 $\mathscr{V}$。

$$\mathscr{V} = \mathrm{E}[vv^{\mathrm{T}}] = \sum_{v \in \{-1,+1\}^n} p(v)vv^{\mathrm{T}} = \sum_{v \in \{-1,+1\}^n} p(v)v^{\times} \tag{5.11}$$

其中 $n \times n$ 的矩阵 $v^{\times} = vv^{\mathrm{T}}$ 仍然是被隐式定义的。注意，从 $v \in \{-1,1\}^n$ 可以得到 $v^{\times} = (-1v)^{\times}$。因此，与 v 和 $-1v$ 相关的概率是相同的，即 $p(v)$ 隐含定义了 $p(-1v)$。

这样的符号强调了具有联合概率值 $p(v)$ 的所有可能矩阵 $v^{\times}$ 是如何满足 $\mathscr{V} \in S_n^{\mathrm{NND}}$ 的自由度，即所选择的 $v^{\times}$ 和 $p(v)$ 对式（5.10）是成立的。由于所有可能的 $p(v)$ 都是对映序列发生的概率，那么 $\sum_{v \in \{-1,+1\}^n} p(v) = 1$ 和 $p(v) \geq 0$ 成立。考虑到式（5.11），定义了 2^n 个点 $v^{\times}$ 的凸包，其中 $v \in \{-1,+1\}^n$，也就是 S_n^{Ant} 表示了一个多面体。这个多面体是满足对映性约束条件的相关矩阵 $\mathscr{V}$ 的集合。

例如，如果 $n = 2$ 只存在四个序列：

$$v_0 = \begin{pmatrix} -1 \\ -1 \end{pmatrix}, \quad v_1 = \begin{pmatrix} -1 \\ 1 \end{pmatrix}, \quad v_2 = \begin{pmatrix} 1 \\ -1 \end{pmatrix}, \quad v_3 = \begin{pmatrix} 1 \\ 1 \end{pmatrix}$$

并且相关的矩阵 $v^{\times}$ 是

$$v_0^{\times} = v_3^{\times} = \begin{pmatrix} 1 & 1 \\ 1 & 1 \end{pmatrix}, \quad v_1^{\times} = v_2^{\times} = \begin{pmatrix} 1 & -1 \\ 1 & -1 \end{pmatrix}$$

其中 $v^{\times} = (-1v)^{\times}$ 成立表示只有两个概率值足以获得式（5.11）。

$$\mathscr{V} = p_0 \begin{pmatrix} 1 & 1 \\ 1 & 1 \end{pmatrix} + p_1 \begin{pmatrix} 1 & -1 \\ -1 & 1 \end{pmatrix} = \begin{pmatrix} 1 & p_0 - p_1 \\ p_0 - p_1 & 1 \end{pmatrix} \quad (5.12)$$

其中 $p_0, p_1 \geqslant 0$ 和 $p_0 + p_1 = 1$，那么 $\mathscr{V}_{0,1} = p_0 - p_1$ 值处于 $[-1,1]$ 区间内。正如所期望，这些约束确保式（5.10），也就是 $1 - (p_0 - p_1)^2 > 0$。注意式（5.11）表示非负定矩阵的凸组合，根据定义，它也是非负定矩阵。

　　参考 5.3.1 节中讨论的 CG 方法，生成器通过限制式（5.2）评估的相关性矩阵 $\mathscr{G}$ 的多元零均值、单位方差高斯向量的实例来产生对映序列。针对对角线为 1 的指定轮廓 $\mathscr{V}$，有

$$\mathscr{G}_{j,k} = \sin\left(\frac{\pi}{2}\mathscr{V}_{j,k}\right) \quad (5.13)$$

只有当根据 $\mathscr{V}$ 建立的矩阵 $\mathscr{G}$ 是非负定时，这种方法才是成功的，即它满足西尔维斯特准则：

$$\det \mathscr{G}^{(l)} \geqslant 0, \quad l = 1, \cdots, n \quad (5.14)$$

用 S_n^{Gau} 表示发生这种情况的矩阵 $\mathscr{V}$ 集合，即可以用 CG 方法获得的相关分布集合。这个附加约束意味着如果想要使用 CG 生成器，可能的相关性限制如下：

$$S_n^{\mathrm{Gau}} \subseteq S_n^{\mathrm{Ant}} \subseteq S_n^{\mathrm{NND}} \quad (5.15)$$

对于第一个包含关系，因为 CG 是生成对映序列的方法，所以相关分布必须是 S_n^{Ant} 内的一个点。很容易预料到，对于 n 足够大时，上述包含关系是严格的。事实上，考虑到参数 $V_{j,k}$ 的集合，其中 $0 < j < k < n$：

（1）S_n^{NND} 由一组 n 维自由度多项不等式（5.10）定义；

（2）S_n^{Ant} 是由线性不等式（5.11）定义的 n 维多面体；

（3）S_n^{Gau} 由一组先验不等式（5.14）定义。

毫无意外，$S_1^{\mathrm{Gau}} \subseteq S_1^{\mathrm{Ant}} \subseteq S_1^{\mathrm{NND}}$，同时当 $n = 2$ 时，有：

（1）对于 S_n^{NND}，式（5.10）需要 $1 - \mathscr{V}_{0,1}^2 \geqslant 0$；

（2）对于 S_n^{Ant}，式（5.11）需要 $|\mathscr{V}_{0,1}| \leqslant 1$；

（3）对于 S_n^{Gau}，式（5.14）需要 $1 - \sin^2\left(\frac{\pi}{2}\mathscr{V}_{0,1}\right) \geqslant 0$。

　　其中前两个约束适用于 $\mathscr{V}_{0,1} \in [-1,1]$，而最后一个约束始终成立，因此 CG 方法的唯一要求是在 $\mathscr{V}$ 上，即 $1 - \mathscr{V}_{0,1}^2 \geqslant 0$。

对于较大的 n，多项式和线性不等式之间的差异起了作用。当 $n=3$ 时，有以下参数：

$$\mathscr{V} = \begin{pmatrix} 1 & a & b \\ a & 1 & c \\ b & c & 1 \end{pmatrix}$$

其中 $a = \mathscr{V}_{0,1} = \mathscr{V}_{1,0}$，$b = \mathscr{V}_{0,2} = \mathscr{V}_{2,0}$，$c = \mathscr{V}_{1,2} = \mathscr{V}_{2,1}$，所有这些参数都映射在 3 组矩阵中，如下所示。对于 $\mathscr{V} \in S_3^{\text{NND}}$，有

$$\begin{cases} 1 - a^2 \geqslant 0 \\ 1 + 2abc - a^2 - b^2 - c^2 \geqslant 0 \end{cases} \tag{5.16}$$

这种不等式定义了图 5.11(a) 中所示的集合 S_3^{NND}，而如果施加 $v \in \{-1,1\}^3$，则可行性空间受到限制，如图 5.11(b) 所示。最后的多面体是按照式(5.12) 所示的过程定义的。利用 $n=3$，产生对映序列的随机过程的相关分布由四个矩阵和联合概率定义，即

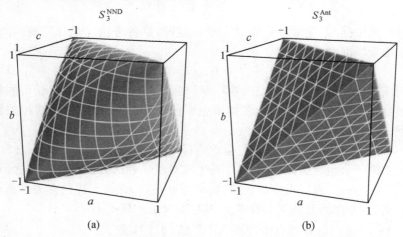

图 5.11　$n=3$ 时，三个参数构成相关矩阵的可行空间：(a) 是单位对角非负定矩阵 $\mathscr{V} \in S_3^{\text{NND}}$；(b) 是单位对角线非负定矩阵，并且联合对映序列 $\mathscr{V} \in S_3^{\text{Ant}}$ 的相关分布

$$\mathscr{V} = \begin{pmatrix} 1 & a & b \\ a & 1 & c \\ b & c & 1 \end{pmatrix} = p_0 \begin{pmatrix} 1 \\ 1 \\ 1 \end{pmatrix}^{\times} + p_1 \begin{pmatrix} 1 \\ 1 \\ -1 \end{pmatrix}^{\times} + p_2 \begin{pmatrix} 1 \\ -1 \\ 1 \end{pmatrix}^{\times} + p_3 \begin{pmatrix} 1 \\ -1 \\ -1 \end{pmatrix}^{\times}$$

其中相关矩阵每一项可以写作概率的函数，

$$a = -p_0 - p_1 + p_2 + p_3$$

$$b = -p_0 + p_1 - p_2 + p_3$$

$$c = p_0 - p_1 - p_2 + p_3$$

为了保证值 $p_0,\cdots,p_3$ 满足概率条件,设定 $p_0 p_1 p_2 p_3 \geq 0$ 和 $\sum\limits_{i=0}^{3} p_i = 1$。这种不等式验证了相关矩阵受图 5.11(b) 中所示的对映限制。

$$
\begin{cases}
0 \leq \dfrac{1}{4} \leq (1 - a - b + c) \leq 1 \\[2mm]
0 \leq \dfrac{1}{4} \leq (1 - a + b - c) \leq 1 \\[2mm]
0 \leq \dfrac{1}{4} \leq (1 + a - b - c) \leq 1 \\[2mm]
0 \leq \dfrac{1}{4} \leq (1 + a + b + c) \leq 1
\end{cases}
\tag{5.17}
$$

同样对于 $n = 3$,通过 CG 方法获得的相关分布的可行性空间与 S_3^{Ant} 一致。在这种情况下,图 5.11(b) 中所示的区域也对应由式(5.14)在 $n = 3$ 时获得的以下不等式:

$$
\begin{cases}
1 + 1 - a^2 \geq 0 \\
1 + 2ab - a^2 - b^2 - c^2 \geq 0 \\
1 + 2\sin\!\left(\dfrac{\pi}{2}a\right)\sin\!\left(\dfrac{\pi}{2}b\right)\sin\!\left(\dfrac{\pi}{2}c\right) + \\
\quad - \sin\!\left(\dfrac{\pi}{2}a\right)^2 - \sin\!\left(\dfrac{\pi}{2}b\right)^2 - \sin\!\left(\dfrac{\pi}{2}c\right)^2 \geq 0
\end{cases}
\tag{5.18}
$$

虽然对于 $n \leq 3$,$\mathscr{V} \in S_n^{\mathrm{Ant}}$,CG 方法都是正确的,但还没有关于它如何适用于更高 n 值的证明。对于 $n = 4$,假设

$$
\mathscr{V} =
\begin{pmatrix}
1 & 3/10 & 3/10 & 3/5 \\
3/10 & 1 & 3/10 & 3/5 \\
3/10 & 3/10 & 1 & 3/5 \\
3/5 & 3/5 & 3/5 & 1
\end{pmatrix}
$$

则

$$
\mathscr{V} = \frac{1}{80}\left[
\begin{pmatrix} +1 \\ -1 \\ -1 \\ +1 \end{pmatrix}^{\times}
+ \begin{pmatrix} +1 \\ -1 \\ +1 \\ -1 \end{pmatrix}^{\times}
+ \begin{pmatrix} +1 \\ +1 \\ -1 \\ -1 \end{pmatrix}^{\times}
+ \begin{pmatrix} +1 \\ +1 \\ +1 \\ -1 \end{pmatrix}^{\times}
\right] +
$$

$$
\frac{13}{80}\left[
\begin{pmatrix} +1 \\ -1 \\ -1 \\ -1 \end{pmatrix}^{\times}
+ \begin{pmatrix} +1 \\ +1 \\ -1 \\ -1 \end{pmatrix}^{\times}
+ \begin{pmatrix} +1 \\ -1 \\ +1 \\ +1 \end{pmatrix}^{\times}
\right]
+ \frac{37}{80}\begin{pmatrix} +1 \\ +1 \\ +1 \\ +1 \end{pmatrix}^{\times}
$$

要应用 CG 方法,应该使用式(5.13)。然而,得到的矩阵的最小特征值约

为 - 0.019，因此不是半正定的，尽管所考虑的相关矩阵在 S_4^{Ant} 中。

为了进一步确认该情况，讨论另一个例子，这里考虑所有 4×4 的相关矩阵，其对角线条目可以写成 $\frac{w}{10}$，其中 $w = -10, \cdots, 10$，并发现其中 75 480 个与对映性约束兼容，但却不能用 CG 方法获得。即当用式(5.13) 处理它们时存在至少一个负特征值处于 S_4^{Ant} 中，因此它们不属于 S_4^{Gau}。这表明，当 $n = 4$ 时，式(5.15) 的结论与期望的一样。

对于更高的 n 值，按如下方式进行。如果 $\mathscr{V}$ 是 $v = (v_0, \cdots, v_{n-1})^T \in \mathbf{R}^n$ 的相关矩阵，那么 $\mathscr{V}^{(n-1)}$ 是子向量 $v = (v_0, \cdots, v_{n-2})^T \in \mathbf{R}^{n-1}$ 的相关矩阵。因此，如果期望的相关矩阵在先前定义的集合之中，即，如果 $\mathscr{V} \in S_n^*$，其中 * 是"NND""Ant"或"Gua"中的任何一个，那么它也必须满足 $\mathscr{V}^{(n-1)} \in S_{n-1}^*$。反推可以得到，如果存在不属于 S_{n-1}^* 的 $(n-1) \times (n-1)$ 矩阵，则整个矩阵也不属于 S_n^*。

这意味着，如果包含关系 $S_n^{Gau} \subseteq S_n^{Ant} \subseteq S_n^{NND}$ 对某个 $\hat{n}$ 是严格的，那么对任何 $n \geq \hat{n}$ 也是严格的。

根据这个和上述例子，对于所有相关维度$(n \geq 4)$，这一约束限制了其合成二阶统计特性的能力，并且 CG 方法不是完全通用的。当它失败时，5.3.2 节中讨论的 LUT 方法仍然能够正确地匹配期望的相关性分布，使得对于与产生对映序列的过程相关联的任何可能的相关矩阵，至少存在一种能够再现这种分布的生成方法。

为了完成分析，在这里讨论生成对映序列的过程是固定序列的情况。这意味着正在寻找具有附加约束的托普利兹非负矩阵，以在主对角线上施加归一化。在本节的其余部分中，按照以下处理流程，总是定义如下的矩阵 $\mathscr{V}$：

$$
\mathscr{V} = \begin{pmatrix}
1 & a & b & c & \cdots & & & & & \\
a & 1 & a & b & c & \cdots & & & & \\
b & a & 1 & a & b & c & \cdots & & & \\
c & b & a & 1 & a & b & c & \cdots & & \\
 & & & & \ddots & & & & & \\
\cdots & & c & \ddots & \ddots & \ddots & \ddots & \ddots & \ddots & \\
\cdots & & & b & a & 1 & a & b & c \\
 & & & & c & b & a & 1 & a & b \\
 & & & \cdots & & c & b & a & 1 & a \\
 & & & & \cdots & & c & b & a & 1
\end{pmatrix}
$$

相对于之前讨论过的一般情况,这里设计的自由度仅限于每个矩阵对角线上的 $n-1$ 个值,即 $\mathscr{V}_{(0)},\cdots,\mathscr{V}_{(n-2)}$。

如前所述,首先定义具有单位对角线即式(5.10)的非正定矩阵集合,以便获得表示平稳过程的相关矩阵的 S_n^{NND}。之后考虑对映性约束即式(5.11)获得 S_n^{Ant} 的影响,最后看一下 S_n^{Gau},这是 CG 方法正确工作即式(5.14)的相关轮廓的集合。

基于上述讨论,可以得到:

(1)$R_1^{\mathrm{NND}}=R_1^{\mathrm{Ant}}=R_1^{\mathrm{Gau}}$;

(2)$R_2^{\mathrm{NND}}=R_2^{\mathrm{Ant}}=R_2^{\mathrm{Gau}}$;

(3)$R_3^{\mathrm{NND}}\subset R_3^{\mathrm{Ant}}$,$R_3^{\mathrm{Ant}}=R_3^{\mathrm{Gau}}$。

其中最后一个包含关系如图 5.12 所示。对于一般情况,在平稳情况下,当 $n=4$ 时只有 3 个参数,并且在图 5.13 中展示了完整的分析,表明

$$R_4^{\mathrm{NND}}\subset R_4^{\mathrm{Ant}}\subset R_4^{\mathrm{Gau}}$$

此外,对于每个 $n\geqslant4$,即对于所有相关维度,这种严格的包含都成立。这就是为什么 CG 方法也不是平稳过程情况的一般方法,而 5.3.1 节中讨论的 LPF 过程能够生成任何 $\mathscr{V}\in S_4^{\mathrm{Ant}}$。

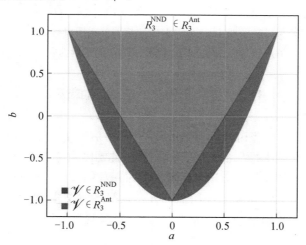

图 5.12　$n=3$ 时平稳随机过程的相关矩阵的两个参数的可行性空间(其中考虑两个不同的集合:单位对角非负定矩阵 $\mathscr{V}\in S_3^{\mathrm{NND}}$,以及与 $\mathscr{V}\in S_3^{\mathrm{Ant}}$ 对映序列相关的系数矩阵)

最后,就复杂性而言,CG 是一种非常复杂的方法。首先,它需要实现 $\sin(\cdot)$ 函数,这在最简单的体系结构中并不常见。然后,CG 提供的解决方案

仅根据相关矩阵来定义:需要能够生成具有规定的相关矩阵的序列的附加模块。注意,该模块必须比图 5.6 中所示的模块(存在简单的 $H(f)$ 滤波器和量化块) 更复杂。此外,图 5.6 的方案仅可以考虑平稳情况。由于这些原因,CG只是离线产生器的备选方法。相反,LPF 和 LUT 呈现非常简单的体系结构,在软件算法和硬件结构上可以轻松实现。在这两种方法中,可以根据期望的性能进一步降低复杂性,使得它们可以用于在线生成。

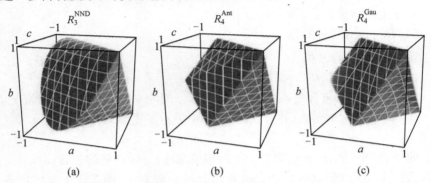

图 5.13　　三个参数的可行空间构成 $n = 4$ 的平稳过程的相关矩阵:(a) 用于单位对角线非负定的托普利兹矩阵 $\mathscr{V} \in S_4^{NND}$;(b) 用于单位对角线非负定的托普利兹矩阵,它是与对映序列 $\mathscr{V} \in R_4^{Ant}$ 有关的相关分布图;(c) 是 $\mathscr{V} \in R_4^{Gau}$ 下,采用 CG 发生器产生的对映序列有关的相关矩阵的可行性空间

5.4　　三元和二元传感序列

　　如在第 4 章中已经讨论的,感知矩阵 A 在评估测量矢量 y、确定代价(在能量传输方面或在基本操作的数量方面)中起重要作用。第 4 章中提出的用于降低这一代价的所有解决方案都考虑了 y 的基数的减少,即 y 的计算中使用的输入样本的数量或计算 $y = Ax$ 所需的算术运算的数量的减少。特别地,已经展示了如何通过采用感知矩阵来实现这种优化,这些矩阵的行是具有规定的二阶统计量的三元或二元的实例。

　　在 5.3 节中,讨论了如何在给定二阶统计量的情况下生成对映感知矢量,即 $v \in \{+1, -1\}^n$。在这里讨论能够处理三元问题的 CG 方法的扩展,即三元问题 $v \in \{+1, 0, -1\}^n$ 和二元问题 $v \in \{+1, 0\}^n$。

5.4.1　三元传感序列

规定的相关矩阵的三元矢量 $v \in \{+1, 0, -1\}^n$ 的产生可以通过扩展对映矢量提出的方法来实现(参见[1,3,6,7])。

特别是,重点讨论 5.3.1 节中描述的高斯随机向量方法的阈值。正如已经观察到的,虽然不完全通用,但这是一种非常简单的方法,并且允许对三元情况进行几乎同样简单的推广。通过引入零均值、单位方差和相关矩阵 $\mathscr{G}$ 生成的辅助随机高斯向量 $g = (g_0, \cdots, g_{n-1})^T$ 来实现具有规定的相关矩阵 $\mathscr{V}$ 的对映序列 $v = (v_0, \cdots, v_{n-1})^T$ 的生成。通过下式根据 g 来计算 v:

$$v_j = \begin{cases} -1, & g_j \leqslant 0 \\ +1, & g_j > 0 \end{cases} \tag{5.19}$$

我们知道如果式(5.2)成立,则 v 有期望的相关矩阵,即

$$\mathscr{G} = \sin\left(\frac{\pi}{2} \frac{n}{\mathrm{tr}(\mathscr{V})} \mathscr{V}\right) \tag{5.20}$$

为了生成三元向量 v,遵循[5]中提出的方法,类似对映情况,再次引入辅助随机高斯向量 g。然后由式(5.19),v 必须由三级量化函数 $v_j = \tau_{\theta_j}^t(g_j)$ 代替,即

$$\tau_{\theta_j}^t(g_j) = \begin{cases} -1, & g_j \leqslant -\theta_j \\ 0, & -\theta_j < g_j \leqslant \theta_j \\ +1, & g_j > \theta_j \end{cases} \tag{5.21}$$

其中 θ_j 代表其对称阈值。注意,为了最大的灵活性,对整个向量设定单一阈值可能是敏感的,可以根据不同的阈值 θ_j 计算每个 v_j。

由于已经改变了失真函数,进而从对映情况 g 获得 v,因此也有必要寻找不同的失真函数以从 $\mathscr{V}$ 中获得 $\mathscr{G}$。换句话说,需要替换等式(5.20)。在[5]中已经提出了在给定三元情况的期望阈值 $\theta_0, \cdots, \theta_{n-1}$ 的情况下从期望的 $\mathscr{V}$ 转换到 $\mathscr{G}$ 的计算。

首先,每个 g_j 是单位方差高斯变量。概率为 $\Pr\{|g_j| \geqslant \theta_j\} = \mathrm{erfc}(\theta_j/\sqrt{2})$,从式(5.21)可以得到 $\Pr\{|g_j| \geqslant \theta_j\} = \Pr\{v_j^2 = 1\} = \mathscr{V}_{j,j}$。因此必须设定

$$\theta_j = \sqrt{2}\,\mathrm{erfc}^{-1}(\mathscr{V}_{j,j}) \tag{5.22}$$

即阈值 $\theta_0, \cdots, \theta_{n-1}$ 不是系统的自由度,而是由所需相关矩阵 $\mathscr{V}$ 的主对角线单一地确定。

然后,知道元素 $\mathscr{V}_{j,k}$ 是元素 v_j 和 v_k 之间的相关性,它被定义为

$$v_{j,k} = \mathrm{E}[v_j v_k] = \mathrm{E}[\tau_{\theta_j}^t(g_j)\tau_{\theta_k}^t(g_k)] \tag{5.23}$$

其中 g_j 和 g_k，顾名思义，是零均值单位方差联合高斯随机变量，其相关性由 $\mathcal{G}_{j,k}$ 给出。在更一般的形式中，考虑如果两个单位方差联合高斯随机变量 α 和 β 是已知的，那么它们的联合概率密度是

$$f(\alpha,\beta,\gamma) = \frac{1}{2\pi\sqrt{1-\gamma^2}}e^{-\frac{\alpha^2+\beta^2-2\gamma\alpha\beta}{2(1-\gamma^2)}}$$

所以 $\tau_{\theta'}^{\mathrm{T}}(\alpha)$ 和 $\tau_{\theta''}^{\mathrm{T}}(\beta)$ 之间的相关性是

$$\mathrm{E}\big[\tau_{\theta'}^{t}(\alpha)\tau_{\theta''}^{t}(\beta)\big] =$$

$$2\int_{\theta'}^{\infty}\int_{\theta''}^{\infty}f(\alpha,\beta,\gamma)\mathrm{d}\alpha\mathrm{d}\beta - 2\int_{\theta'}^{\infty}\int_{-\infty}^{-\theta''}f(\alpha,\beta,\gamma)\mathrm{d}\alpha\mathrm{d}\beta =$$

$$\frac{1}{\sqrt{2}}\int_{\theta''}^{\infty}e^{-\frac{\beta^2}{2}}\mathrm{erfc}\Big(\frac{\theta'-\gamma\beta}{\sqrt{2(1-\gamma^2)}}\Big)\mathrm{d}\beta -$$

$$\frac{1}{\sqrt{2}}\int_{-\infty}^{-\theta''}e^{-\frac{\beta^2}{2}}\mathrm{erfc}\Big(\frac{\theta'-\gamma\beta}{\sqrt{2(1-\gamma^2)}}\Big)\mathrm{d}\beta \qquad (5.24)$$

其中利用了性质 $f(-\alpha,-\beta,\gamma)=f(\alpha,\beta,\gamma)$。

对照式(5.24)和式(5.23)，以及对应式(5.22)的阈值，可以获得一个函数 $T_{\eta',\eta''}$，使得

$$\mathcal{V}_{j,k} = T_{\mathcal{V}_{j,j},\mathcal{V}_{k,k}}(\mathcal{G}_{j,k})$$

注意，该函数不仅取决于元素 g_j 和 g_k 之间的相关项 $\mathcal{G}_{j,k}$，还取决于两个阈值 θ_j 和 θ_k，它们可以更方便地表示为 $\mathcal{V}_{j,j}$ 和 $\mathcal{V}_{k,k}$ 的函数。

遗憾的是，这样的功能不能给出完全解析的表达，但具有一些可识别的属性。特别地，$T_{\eta',\eta''}(\gamma)=T_{\eta'',\eta'}(\gamma)=-T_{\eta',\eta''}(-\gamma)$ 在 γ 中是连续且单调递增的，并且可以通过域 $[-1,1]$ 与 $T_{\eta',\eta''}(\pm1)=\pm\min\{\eta',\eta''\}$ 的连续性来扩展。而且，与[8]一致，有 $T_{1,1}(\gamma)=\frac{2}{\pi}\arcsin(\gamma)$。

$T_{\eta',\eta''}$ 的范围与两个三元变量之间的相关性兼容。因此，任何期望的矩阵 $\mathcal{V}$ 可以通过被定义为 $T_{\mathcal{V}_{j,j},\mathcal{V}_{k,k}}$ 的倒数 $T_{\mathcal{V}_{j,j},\mathcal{V}_{k,k}}^{-1}$ 变换为对应的 $\mathcal{G}$。那么式(5.20)可由下式给出：

$$\mathcal{G}_{j,k} = T_{\mathcal{V}_{j,j},\mathcal{V}_{k,k}}^{-1}(\mathcal{V}_{j,k})$$

5.4.2　二元传感序列

具有规定的相关矩阵 $\mathcal{V}$ 的二元随机矢量 $v=(v_0,\cdots,v_{n-1})^{\mathrm{T}}$ 可以按照用与三元情况相同的方法生成。给定零均值、单位方差和相关矩阵 $\mathcal{G}$ 生成辅助随机高斯向量 $g=(g_0,\cdots,g_{n-1})^{\mathrm{T}}$，现在需要一个两级量化函数 $v_j=\tau_{\theta_j}^{b}(g_j)$，即

$$\tau_{\theta_j}^b(g_j) = \begin{cases} 0, & g_j < \theta_j \\ 1, & g_j \geq \theta_j \end{cases}$$

从正确选择的阈值水平 $\theta_0,\cdots,\theta_{n-1}$ 开始定义。

与前一种情况一样，阈值 θ_j 与 $\mathscr{V}_{j,j}$ 相关，即

$$\theta_j = \sqrt{2}\,\mathrm{erfc}^{-1}(2\mathscr{V}_{j,j})$$

其中 $\mathscr{V}_{j,k}$ 定义为

$$\mathscr{V}_{j,k} = \mathrm{E}[v_j,v_k] = \mathrm{E}[\tau_{\theta_j}^t(g_j)\tau_{\theta_k}^t(g_k)]$$

通过观察，如果两个联合高斯零均值、单位方差随机变量 α 和 β 具有相关性，则

$$\mathrm{E}[\tau_{\theta}^{b\prime}(\alpha)\tau_{\theta}^{b\prime\prime}(\beta)] = \int_{\theta'}^{\infty}\int_{\theta''}^{\infty}f(\alpha,\beta,\gamma)\,\mathrm{d}\alpha\mathrm{d}\beta =$$

$$\frac{1}{2\sqrt{2\pi}}\int_{\theta''}^{\infty}\mathrm{e}^{-\frac{\beta^2}{2}}\mathrm{erfc}\left(\frac{\theta'-\gamma\beta}{\sqrt{2(1-\gamma^2)}}\right)\mathrm{d}\beta$$

按照用与三元向量的相同方法，得到一个函数 $B_{\eta',\eta''}$，它在相应的二元随机变量与指定平均值 η' 和 η'' 的相关性中转换联合高斯随机变量的相关性，使得

$$\mathscr{V}_{j,k} = B_{\mathscr{V}_{j,j},\mathscr{V}_{k,k}}(\mathscr{G}_{j,k})$$

该函数具有与三元情况函数 $T_{\eta',\eta''}$ 相同的有利特性。特别地，$B_{\eta',\eta''}(\gamma) = B_{\eta'',\eta'}(\gamma)$ 在 γ 中是连续且单调增加的，并且可以通过 $B_{\eta',\eta''}(-1) = \max\{0,\eta'+\eta''-1\}$ 和 $B_{\eta',\eta''}(1) = \min\{\eta',\eta''\}$ 在连续域 $[-1,1]$ 上扩展。

因此，通过定义 $B_{\eta',\eta''}^{-1}(\cdot)$ 是 $B_{\eta',\eta''}(\cdot)$ 的倒数，可以将任何期望的矩阵 $\mathscr{V}$ 变换为对应的 G，即

$$\mathscr{G}_{j,k} = B_{\mathscr{V}_{j,j},\mathscr{V}_{k,k}}^{-1}(\mathscr{V}_{j,k})$$

本章参考文献

[1] A. Caprara et al., Generation of antipodal random vectors with prescribed non-stationary 2-nd order statistics. IEEE Trans. Signal Process. 62(6), 1603-1612(2014).

[2] D. Gangopadhyay et al., Compressed sensing analog front-end for biosensor applications. IEEE J. Solid State Circuits 49(2), 426-438 (2014).

[3] G. Jacovitti, A. Neri, G. Scarano, Texture synthesis-by-analysis with

hard- limited Gaussian processes. IEEE Trans. Image Process. 7(11),
1615- 1621 (1998).

[4] A. Lodi, K. Allemand, T. M. Liebling, An evolutionary heuristic for
quadratic 0-1 programming. Eur. J. Oper. Res. 119(3), 662-
670 (1999).

[5] M. Mangia et al., Rakeness-based design of low-complexity compressed
sensing. IEEE Trans. Circuits Syst. I Regul. Pap. 64(5)(2017).

[6] R. Rovatti, G. Mazzini, G. Setti, Memory-m antipodal processes：
spectral analysis and synthesis. IEEE Trans. Circuits Syst. I Regul. Pap.
56(1), 156-167(2009).

[7] R. Rovatti et al., Linear probability feedback processes, in 2008 IEEE
International Symposium on Circuits and Systems, IEEE, May 2008,
pp. 548-551.

[8] J. H. Van Vleck, D. Middleton, The spectrum of clipped noise. Proc.
IEEE54(1), 2-19(1966).

第6章 压缩感知的体系结构

本章的目的是向基于压缩感知(CS)的模拟信息转换器(AIC)的硬件实现迈出第一步,提供不同架构的高级概述和所引入的不同解决方案。对于每个架构,将从架构的角度和从性能的角度分析优缺点。第7、8章介绍了一个更加详细的分析,重点关注实际电路并包括特定的电路解决方案。

6.1 介绍和定义

为了介绍这个概述,有必要简要回顾一下第 1 章的信号采集系统的介绍。在图 6.1(a) 所示的传统方法中,以足够高的采样率 $r_x = 1/T$ 从输入信号 $x(t)$ 中采样,从而产生序列 $x_k : \mathbf{Z} \mapsto \mathbf{R}$ 使得 $x_k = x(kT)$。然后将每个样本量化为二进制 $Q(x_k)$。

在基于 CS 的信号采集链中可以确定两个主要差异。第一个不同之处可以在图 6.1(b) 中观察到,与标准采样方法不同,在 CS 中可以执行一些早期的附加处理。可以在链中的不同点处添加附加信号处理块,因此,信号处理数学模型和测量的欠采样序列位置可能有所改变。

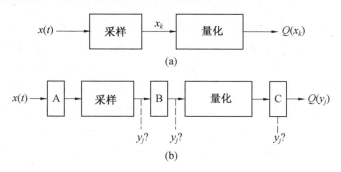

图 6.1 采样过程的两个基本阶段及根据 CS 框架修改的信号处理流程

第二个不同之处如图 6.2 所示。在传统方法中,给定实域上 $x(t) : \mathbf{R} \mapsto \mathbf{R}$ 的随机过程和采样率 r_x(或采样时间间隔 $T = 1/r_x$)在数学上表示的信号,可以生成与 $x_k : \mathbf{Z} \mapsto \mathbf{R}$ 相关联的实数 $x(t)$ 的序列,其中定义 $x_k = x(kT)$。对于 $\forall t \in \mathbf{R}$,定义 $x(t)$,那么对 $\forall k \in \mathbf{Z}$,可以定义 x_k,即 x_k 的序列是无限长的。

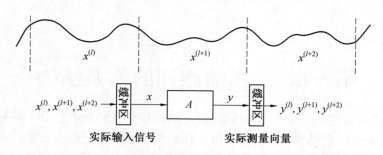

图 6.2　CS 范例中使用的时间窗切片方法

在 CS 中,为了避免处理无限维优化问题,必须在有限维空间中定义信号。在实际情况中,更常见的方法是假设 $x(t)$ 仅在宽度为 T_w 的时间窗口上定义,即仅针对 $0 \leqslant t < T_w$ 定义。给定 $n \in \mathbf{N}$ 且 $T_w = nT$,奈奎斯特采样过程将 $x(t)$ 映射到 $x_k = x(kT)$ 的有限长度序列 $x_0, x_1, \cdots, x_{n-1}$ 中,或更方便地映射到样本向量 $x \in \mathbf{R}^n$,其中在下文中将使用符号 x_k 来表示第 k 个 x 元素。在这种假设下,所有发展的 CS 理论都可以应用于 x,即通过线性运算 $y = Ax$ 相应于一个 $m \times n$ 的传感矩阵 A 产生 m 个测量值,其中 $y = (y_0, y_1, \cdots, y_{m-1})^{\mathrm{T}} \in \mathbf{R}^m$ 是由 m 个压缩测量值组成的矢量。每个测量也可以单独表示为 $y_j = \sum_{k=0}^{n-1} A_{j,k} x_k$(其中 $A_{j,k}$ 是位于第 j 行第 k 列的 A 的元素)或 $y_j = A_{j,.} x$(其中 $A_{j,.}$ 是由第 j 行的 A 给出的感测向量)。

当然,不可避免地会为 $t \in \mathbf{R}$ 定义现实世界的信号。为了应用 CS,有必要对宽度为 T_w 的相邻窗口中的任何实信号 $x(t)$ 进行切片,使得 $x^{(l)}(t) = x(lT_w + t)$,其中 $0 \leqslant t < T_w, l \in \mathbf{Z}$。以速率 $r_x = 1/T$ 从每个切片 $x^{(l)}(t)$ 中获得在矢量 $x^{(l)} \in \mathbf{R}^n$ 中的 n 个样本,可以通过感知矩阵①A 产生测量矢量 $y^{(l)}$。该方法在图 6.2 中示出。

接下来,为了使数学符号尽可能简单,只关注单个信号切片,并且假设信号切片过程是先验的。也就是说,在本章中,信号 $x(t)$ 是仅在 $0 \leqslant t < T_w$ 内定义的连续时间随机过程,其采样速率 $r_x = 1/T$ 且按 $T_w = nT$ 进行采样,从而产生采样向量 $x = (x(0), x(T), \cdots, x(nT - T))^{\mathrm{T}}$, 或者, 也可表示为 $x = (x_0, x_1, \cdots, x_{n-1})^{\mathrm{T}}$。

_____

①　原则上,可以用不同的感知矩阵 $A^{(l)}$ 处理每个 $x^{(l)}$ 向量。为了简单起见,这里不考虑这种情况,采用一个感知矩阵 A 即 $\forall l \in \mathbf{Z}$。

6.2　CS 信号采集链

从形式上看,图6.1(b)的方案根据附加线性计算块添加的位置确定了三类处理链,如图 6.3 所示。下面将详细介绍这三类,即情况 A、情况 B 和情况 C。

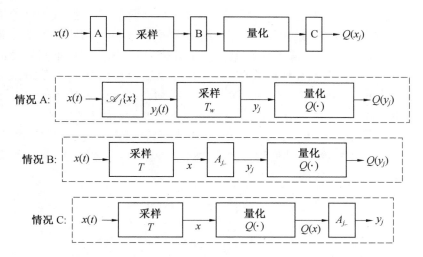

图 6.3　与标准采集过程相比,CS 采用了三种处理链(在情况 A 中,线性计算块加在采样之前。在情况 B 中,线性计算块加在采样和量化之间。在情况 C 中,线性计算块加在量化阶段之后)

特别地,本节的目的是提供一个数学背景,考虑在一般框架内处理这三种情况,其中测量由矩阵关系 $y = Ax$ 给出,$x \in \mathbf{R}^n$ 是输入信号的奈奎斯特采样向量,$y \in \mathbf{R}^m$ 是压缩测量向量,$A \in \mathbf{R}^{m \times n}$ 是感知矩阵。由于 m 个测量值通常是使用不同的感知向量 $A_{j,.}$ 复制一个相同的结构 m 次来获得的,因此实际上将重点关注单次测量 $y_j = A_{j,.}x$ 的计算。

(1)情况 A。

通过在开始处增加线性计算块来修改传统处理链,将 $x(t)$ 作为输入。由于 $x(t)$ 在数学上是模拟连续时间过程,因此附加计算块需要是连续模拟量。该计算块表示为线性感知功能操作符 $\mathscr{A}\{\cdot\}$,以连续时间函数 $x(t)$ 作为输入,并产生连续时间函数 $y_j(t)$ 作为输出

$$y_j(t) = \mathscr{A}_j\{x\}(t)$$

那么,接下来的采样阶段以时间 T_w 采样 $y_j(t)$ 函数来产生压缩测量 y_j

$$y_j = y_j(T_w) = \mathscr{A}_j\{x\}(T_w)$$

假设 m 是并行使用的运算符的数量，则在时间 T_w 同时收集 m 个测量值 $y_j = \mathscr{A}_j\{x\}(T_w)(j=0,1,\cdots,m-1)$ 以生成测量矢量 y。测量率实际上是 $r_y = m/T_w$。利用标准方法，输入信号采用奈奎斯特采样率 $r_x = 1/T$ 和 $T_w = nT$ 进行采样，可以立即获得关系 $r_x/r_y = n/m$。

显然，这种数学方法非常通用并且允许很多自由度，但是迄今为止所考虑的一般 CS 框架处理它也是很困难的。接下来从两个方面建议，为这种情况引入一种更简单实用的建模方法。① 通用运算符 $\mathscr{A}_j\{\cdot\}$ 的硬件实现可能很复杂，特别是 $\mathscr{A}_j\{\cdot\}$ 运算符实际上应该是可编程的，作为获得不同测量值 y_j 的必要条件，应该考虑这种运算符，即这种可以通过存储到数字存储器中的（可能很小的）系数容易识别的运算符。② 必须在 $\mathscr{A}_j\{\cdot\}$ 和传感矢量 A_j 之间建立清晰简单的关系，以便可以应用迄今为止发展起来的所有理论。

基于上述观察结果，可以考虑用脉冲幅度调制（PAM）感知信号 $a_j(t)$ 与信号混合（即模拟乘法）然后积分的方式组成 $\mathscr{A}_j\{\cdot\}$。在数学上，可以用卷积或者乘法 – 积分运算的形式来表达

$$y_j(t) = \frac{1}{T}\int_0^{T_w} a_j(t-\tau)x(\tau)\mathrm{d}\tau \tag{6.1}$$

$$y_j(t) = \frac{1}{T}\int_0^t a_j(\tau)x(\tau)\mathrm{d}\tau \tag{6.2}$$

其中常数 $1/T$ 仅用于维数目的（$\mathrm{d}\tau$ 具有时间的物理维度），并且在这两种情况下，对应之前提到的切片方法，积分区间被缩短，令 $x(t)$ 仅定义在 $0 \leqslant t < T_w$ 区间上。

感知函数 $a_j(t)$ 是具有符号周期 $T = T_w/n$ 的 PAM 信号，并且脉冲幅度存储在感知向量 $A_{j,\cdot}$ 中

$$a_j(t) = \sum_{k=0}^{n-1} A_{j,k}\, g\left(\frac{t}{T} - k\right) \tag{6.3}$$

其中 $g(t)$ 为归一化脉冲。这种建模方法清晰地解决了上述两个问题。

在由式（6.1）表示的卷积形式和由式（6.2）表示的乘法 – 积分形式中，后者在 CS 理论中应用的比较多。出于这个原因，尽管这两个符号几乎完全相同并且很容易集成在一个框架中，但也选择采用第二种表示形式。对于实际情况，情况 A 可以用图 6.4 表示。

现在，将式（6.2）与式（6.3）相结合，很容易得到

$$y_j = y_j(T_w) = \frac{1}{T}\int_0^{T_w}\sum_{k=0}^{n-1} A_{j,k}\, g\left(\frac{\tau}{T} - k\right)x(\tau)\mathrm{d}\tau =$$

$$\sum_{k=0}^{n-1} A_{j,k} \int_0^{T_w} \frac{1}{T} g\left(\frac{\tau}{T} - k\right) x(\tau) \mathrm{d}\tau \tag{6.4}$$

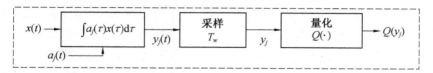

图 6.4　本章考虑的实际的情况 A

定义

$$\tilde{x}_k = \frac{1}{T} \int_0^{T_w} g\left(\frac{\tau}{T} - k\right) x(\tau) \mathrm{d}\tau \tag{6.5}$$

作为输入信号的广义奈奎斯特速率样本[①]，然后式（6.4）按需要的形式重写为

$$y_j = \sum_{k=0}^{n-1} A_{j,k} \tilde{x}_k = A_{j,.} \tilde{x}_k$$

其中广义奈奎斯特速率采样向量 $\tilde{x} = (\tilde{x}_0, \tilde{x}_1, \cdots, \tilde{x}_{n-1})^{\mathrm{T}} \in \mathbf{R}^n$ 起到标准奈奎斯特采样向量 x 的作用。最后将测量值转为数值，以便由接下来的（数字）处理阶段处理。

　　总之，通过用式（6.5）给出的广义采样向量 $\tilde{x}$ 代替采样向量 x，情况 A 就可以包括在通用 CS 框架中。

　　然而，必须强调以下两点。

　　首先，即使有可能通过某些假设和特定的数学背景将情况 A 包含在通用 CS 框架中，也可以认为，通过在任意 CS 重构算法中输入 A 和 y，会得到 $\tilde{x}$ 而不是 x。因此，在这种考虑下，不可能重构实际的 $x(t)$ 信号。

　　其次，可以讨论许多实际情况，$\tilde{x}$ 与 x 区别不大。当 $g(t) = T\delta(t)$ 由标准 Dirac delta 算子给出时，式（6.5）表示的 $x(t)$ 就是真实的奈奎斯特采样，即 $x = \tilde{x}$。在实际的情况下，$\delta(t)$ 只是一个数学上的抽象概念，实际实现可能性非常小。通常认为归一化脉冲 $g(t)$ 等于理想矩形脉冲，即 $0 \leqslant t < 1$ 时，$\chi(t) = 1$，其他情况等于 0。

　　在这种情况下，很容易从式（6.5）中发现，广义系数向量可以作为奈奎斯

---

①　采用这个名称，因为如下所述，当 $g(\cdot)$ 是 Dirac delta 算子时，可以生成实际奈奎斯特样本 x_k 作为式（6.5）的特定情况。

特采样向量的良好近似，即如果 $x(t)$ 是准平稳随机过程的实现，则有 $\tilde{x} \approx x$。

从硬件的角度来看，这种情况引起了人们对高频应用领域的兴趣，例如射频（RF）接收器[3,4]或雷达接收器[16,17]。主要原因是，以非常高的速率准确采集一个信号相比于与另一个信号准确混合实现起来更困难，即使以非常高的频率（PAM信号 $x(t)$ 的更新时间 T 必须等于 $x(t)$ 的奈奎斯特频率）[17]。在第 7 章，将描述实现该情况的几种集成电路。

（2）情况 B。

在采样和量化级之间加入线性计算块，在 $0 < t < nT$ 内以奈奎斯特速率 $r_x = 1/T$ 将包含 $x(t)$ 的样本的采样矢量 $x \in \mathbf{R}^n$ 作为输入，并产生压缩测量 y_j。该附加阶段是离散时间模拟处理模块。

作为线性计算，该块执行 x 中所有样本的加权和。通过假设系数是存储在第 j 个感知向量 $A_{j,.}$ 中的实数，可以在数学上将该算子描述为

$$y_j = \sum_{k=0}^{n-1} A_{j,k} x_k = A_{j,.} x$$

这就是想要的关系式。

注意，再次假设 m 个运算符，这与之前描述的并行应用类似，则每 nT 个时间传递 m 个测量值。测量速率可以表示为 $r_y = m/n/T$，压缩比等于 $r_x/r_y = n/m$。与前一种情况一样，测量最终被量化用以数字化处理。

还要注意，这种情况与前一种情况相反，代表了迄今为止开发出的标准 CS 框架的直接实现，无须任何近似。不需要再做其他假设，也不需要特定的数学框架，可以从给定 A 和 y 的任何 CS 重建算法中获得 x。

从硬件的角度来看，这种情况能在 $x(t)$ 是低频时找到应用价值，并且可以用特别容易且不昂贵的代价准确地获取采样值。通常，这种情况是通过利用开关电容器架构的内在采样能力来实现的[6,12,14]。通过开关电容器实现这种情况的一些集成电路将在第 7 章中详述。

（3）情况 C。

在原始处理阶段结束时加入（线性）计算块，取输入信号样本矢量 x 的量化值 $Q(x)$，其中用于 x 的量化函数 $Q(\cdot)$ 必须是逐个元素考虑的。

这种情况与之前考虑的情况非常相似。可以假设在加权和中使用的系数存储在第 j 个传感矢量 $A_{j,.}$ 中，并且形成以下关系式：

$$y_j = \sum_{k=0}^{n-1} A_{j,k} Q(x_k) = A_{j,.} Q(x) \tag{6.6}$$

此外，假设 m 个运算符并行工作，测量速率可以表示为 $r_y = m/n/T$，且

$r_x/r_y = n/m$。

当 $A_{j,k}$ 值也属于量化集合时,这种情况特别令人感兴趣,因此该附加计算块采用数字后处理阶段的形式,即数字算法。换句话说,关系式(6.6)不需要任何特定的硬件,并且可以在配备有适当的算术和逻辑单元(ALU)的任何机器上实现。接下来,总是在考虑这种情况时隐含地做出这种假设。

还要注意,在这种情况下,y 已经由数字量组成,数字量可以按原样传递给下面的数字重建算法。然而,为了降低传输测量所需的比特率,通常的做法是采用额外的重新量化函数(例如图 6.5 中的 $Q'(\cdot)$)。图 6.5[2] 的处理链更充分地描述了图 6.3 的情况 C。

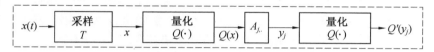

图 6.5 　 本章考虑的实际情况 C

前两种情况被称为模拟 CS,即由模拟量构成 x(或 $\tilde{x}$),并将在第 7 章中详述。特别地,情况 A 识别连续时间模拟 CS 系统,而情况 B 识别离散时间 CS 系统。相反,将第三种情况称为数字 CS,将在第 8 章中详述。

在本章的其余部分,将考虑可应用于模拟 CS 架构和数字 CS 架构的一些总体考虑因素。目的包含两个方面。一方面,根据感知矩阵 A 的拓扑属性清楚地确定几种 CS 不同的硬件组成。事实上,A 的结构直接映射了计算 y 所需的硬件复杂度。

作为例子,为了降低模拟和数字情况下的硬件复杂性,可以通过使用非常有限数量的比特数将 $A_{j,k}$ 表示为数字量来减少与 $A_{j,k}$ 系数的乘法。这降低了用于模拟情况[6] 中的生成 $A_{j,k}$ 的数模转换器(DAC)的复杂性以及数字情况下所需 ALU 的复杂性。极端情况,也可以要求 $A_{j,k}$ 是 1 bit 量化,即 $A_{j,k} \in \{-1,1\}$ 或 $A_{j,k} \in \{0,1\}$。这里,不再需要完整的乘法器模块(无论是模拟的还是数字的),并且可以分别由符号反转模块[3,12] 或启用 / 禁用模块[14] 替换。

另一方面,CS 性能非常依赖于 A。通常,矩阵 A 表示一种结构,该结构可以通过较简单的硬件结构实现,不够将该结构映射到 CS 系统上,会导致该系统无论是在信号重构性能还是在灵活性方面表现都不佳。这就需要定义一种 CS 采集系统的属性,从而能够满足与许多不同的输入信号类别协调工作。

因此,A 的选择代表硬件复杂性和 CS 性能之间的折中。

6.3   架构和实施指南

在最近的 CS 文献中主要有三种体系结构，即随机采样（RS）、随机解调（RD）和随机调制预整合（RMPI）。在本节中，不仅概述了这三种需要不同实现方式的结构，而且还获得了不同的性能表现。

特别地，我们对两个方面感兴趣：

（1）如何将所描述的架构中的差异转换到感知矩阵 A 中；

（2）CS 性能如何根据所考虑的体系结构而变化。

为了估计系统性能，使用了自第 2 章以来考虑的相同设置。运行几个蒙特卡洛仿真，其中假设 x 是具有 $n = 128$ 的 n 维平稳随机过程的实例，相对于标准正交基 D，稀疏度 $k = 6$，并且（为了简化）没有定位，即 $L_x = 0$。

关于 D，考虑了三种情况。第一种，D 是正交离散余弦变换（DCT）[1]，常用于压缩数字图像；第二种，基于小波基的稀疏性，更详细地，D 采用 4 阶 Daubechies 函数[5]（Daub），这是几乎所有生物信号处理系统中的常见选择；最后一种，考虑 $n \times n$ 的标准基 $D = I_n$。

如在第 1 章中观察到的，许多 CS 性质是基于 A 和 D 之间的非相干假设。由于不同的 D，因此期望不同的性能表现，这取决于稀疏基和所用体系结构的联合效果。

在本节的最后，还将介绍一种混合 RD - RMPI 架构，该架构在许多实际情况中常用于降低与 RMPI 方法相关的硬件复杂性，其性能与 RMPI 类似，并且相比于 RD 要高得多。

6.3.1   随机采样

在标准采集系统中，信号样本在给定速率（通常不小于奈奎斯特速率）的时间轴上定期抽样。AICs 依赖于 RS，避免了这种规律性，产生出 m 个随机间隔的测量值，平均而言，比奈奎斯特采样产生的测量结果要少。同时由于稀疏性和其他先验信息，仍满足重建整个信号。实际上，这种方法和找大数集合的统计特性一直使用的方法相同。

更一般地说，m 个采样时刻 $\tau_j (j = 0, 1, \cdots, m - 1)$ 可以在时间轴的任何地方定义，因此第 j 次测量由下式给出：

$$y_j = \int_0^{T_w} \delta(t - \tau_j) x(t) \, \mathrm{d}t$$

然而，任何一种简单的实现都需在规定间隔的时间点中选择 τ_j，从而允许通过数字量选择它们。在这种情况下,随机采样方法可以被认为是在原始信号的 n 个样本中只取一个大小为 m 的随机子集。

从硬件的角度来看,这是可以用于 CS 的最简单的架构,足以正确调制标准模数转换器(ADC)的时钟以实现所描述的操作,如图 6.6 所示。感知矩阵可以通过简单地考虑稀疏的 A 来实现,其中存在等于 1 的元素,每行一个,在所有列中对应于采样发生的位置。A 的一个例子如图 6.7 所示。这样的矩阵具有以下属性:

$$\begin{cases} A_{j,k} \in \{0,1\}, & \forall j, \forall k \\ \| A_{j,\cdot} \|_0 = 1, & \forall j \\ \| A_{\cdot,k} \|_0 \leq 1, & \forall k \end{cases}$$

即每行中有一个非空元素,每列中至多有一个非空元素。采样事件发生在与 A 的非空列相关联的每个时刻,如图 6.6 所示。

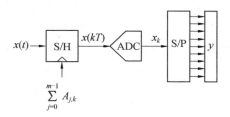

图 6.6　　随机采样架构的模块方案

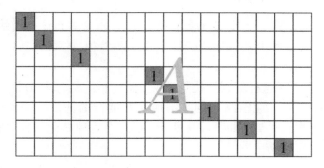

图 6.7　　与 RS 架构的实现相对应的 8×16 感知矩阵 A 的示例(白色块对应于零元素)

注意,根据此定义,随机抽样同时属于 6.2 节中定义的所有三种情况。

然而,这种硬件简单性在信号质量重建方面的低性能得到抵消。当寻找 D 和 A 之间的不相干,并给出如图 6.7 中的 A 的结构时,可以合理地假设仅在 DCT 情况下实现良好性能,因为所有 DCT 基元素都具有非常大的支撑集。相反，在小波情况和单位矩阵情况下，A 和 D 之间的相干性更高，并且重建性能预期非常差。结果显示在图 6.8 中，证实了我们的推论。

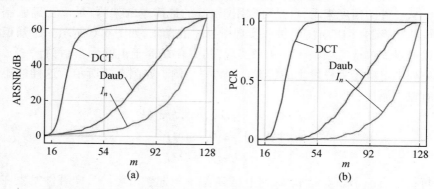

(a)   (b)

图 6.8   对 RS 系统在 $n = 128$，$k = 6$ 信号重构质量方面的蒙特卡洛比较：(a) 是正确重建的概率，(b) 是测量数量 m 的函数。考虑的稀疏性基是离散余弦变换（DCT）、Daubechies – 4 小波基（Daub），单位矩阵（I_n）

总之，RS 是一种非常简单的方法，只能确保特定信号的良好质量，主要是针对那些在傅立叶（或类似）基上稀疏的信号。在实际方法中，RS 仅适用于非常高频的正弦信号的采样[15]。由于缺乏一般性，本书其余部分将不再考虑。

6.3.2   随机解调器

在 $y = Ax$ 的计算中，假设 A 不具有特定结构，m 个并行硬件模块是必需的，每个硬件模块通过积分器或加法器计算每个测量值，这取决于 6.2 节所定义的情况。

RD 结构避免了这种复制。换句话说，单个加法器（或积分器）通过设计 A 来计算所有测量值，使得第 j 行的基与所有其他行的基没有交叉。假设模拟离散时间实现的这种架构如图 6.9 所示，而允许这种简化结构的感知矩阵 A 的例子如图 6.10 所示。

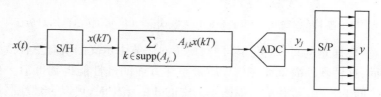

图 6.9   模拟离散时间情况下随机解调器结构的块方案

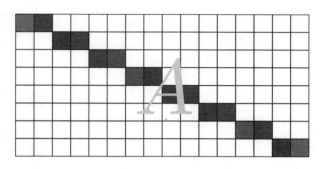

图 6.10　对应于 RD 架构实现的 8×16 感知矩阵 A 的示
例（白色块对应于零元素）

　　粗略地说，当 $A_{j,k} \in \mathbf{R}$，考虑一般情况，每列只有一个非零元素，而允许单行中有多个非零元素。第 j 行的非零元素的数量已在第 4 章中定义为 N_j，因此在这里也使用 $N_j = \parallel A_{j,.} \parallel_0$。特别有趣的是系统是对称的情况，即所有行具有相同数量的非零元素 $N_j = N$，$\forall j$。在这种情况下，显然是 $mN = n$。否则，就是 $\sum\limits_{j=0}^{m-1} N_j = n$。

　　需注意，为了准确起见，应考虑到目前为止识别 A 的非零项 $A_{j,k}$ 实际上是相应于给定参考分布绘制的随机变量。如果零是该分布的可接受值，那么预期的非零 $A_{j,k}$ 的概率可能实际上就等于零。为了解决这个问题，重新定义了 N_j 常量和 $\parallel \cdot \parallel_0$ 运算符，考虑到 $A_{j,k}$ 属于 A 的基（通过计算 $\parallel \cdot \parallel_0$ 得到），如果给定所有可能的 A 实例，至少在某些情况下满足 $A_{j,k} \neq 0$。有了这个，可以正式为感知矩阵 A 补充限定条件，以便在 RD 系统上实现，即

$$\begin{cases} \sum\limits_{j=0}^{m-1} \parallel A_{j,.} \parallel_0 = n, & \forall j \\ \parallel A_{\cdot,k} \parallel_0 = 1, & \forall k \end{cases}$$

　　然而，由于缺乏任何并行结构，其性能与 RS 的性能非常相似。在图 6.11 中绘制了 m 次测量，其他参数与之前相同（即 $n = 128, k = 6$）的模拟结果。只要可能，RD 系统被认为是对称的，即若 n 是 m 的整数倍，则 $N = n/m$。否则，当 $j = 1, \cdots, m-2$ 时，N_j 是大于 n/m 的最小整数，即 $N_j = \lceil n/m \rceil$，其中 N_{m-1} 小于 N_j 并且被计算以满足约束 $\sum\limits_{j=0}^{m-1} N_j = n$。

　　只有在 DCT 情况下才可实现可接受的性能，而在 Daub 和单位矩阵情况下，性能非常差。还要注意，为了具有足够数量的测量值 m,N 必须小。当绘

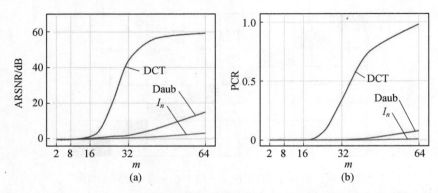

图 6.11 在 $n = 128, k = 6$ 时对 RD 系统在信号重构质量方面的蒙特卡洛性能的比较：
(a) 是正确重建的概率,(b) 是测量数 m 的函数。考虑的稀疏性基础是离散
余弦变换(DCT)、Daubechies – 4 小波(Daub) 和 $n \times n$ 单位矩阵(I_n)

制与 N 的函数相同的性能曲线时,这一点更为明显,如图 6.12 所示。仅对于
诸如 $N = 2$ 或 $N = 3$ 的非常小的值,可以有效地重建输入信号。注意,在该图
中,如果 n 是 m 的整数倍,则 N 必须满足 $N = n/m$,否则 $N = \lceil n/m \rceil$。

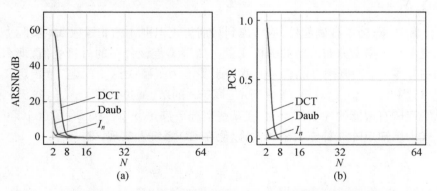

图 6.12 在 $n = 128, k = 6$ 时在信号重构质量方面对 RD 系统的性能的蒙特卡洛
比较:(a) 是正确重建的概率,(b) 是 N 的函数。考虑的稀疏基是离散余
弦变换(DCT)、Daubechies – 4 小波(Daub) 和 $n \times n$ 单位矩阵(I_n)

6.3.3 随机调制器预整合

假设对 A 没有任何限制,即

$$\begin{cases} \| A_{j,\cdot} \|_0 = n, & \forall j \\ \| A_{\cdot,k} \|_0 = m, & \forall k \end{cases}$$

其中 $\| \cdot \|_0$ 范数需以上节采用的扩展方式计算。能够实现该矩阵的硬件架

构是 RMPI,由 m 个并行支路组成,每个支路有计算单个测量 y_j 的积分器(或加法器)。RMPI 架构可以用多种不同方式实现。模拟离散时间情况的一个例子如图 6.13 所示,重点展示了 m 个相同的并行支路。当然,真正实现的结构可能略有不同。例如,可以复用和共享如采样／保持或 ADC 之类的模块[12]。

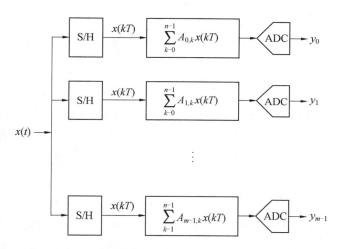

图 6.13　随机调制器预整合架构的模块方案(重点展示 m 个并行支路结构)

显然,由于该结构允许任何可能的感知矩阵 A(其示例在图 6.14 中示出),因此其具有最佳性能,但是该方法的并行处理以增加 m 的硬件复杂性(例如,占用面积和功耗)为代价。

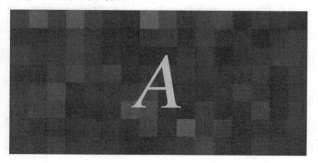

图 6.14　与随机调制器预整合架构的实现相对应的 8 ×
16 感知矩阵 A 的示例

RMPI 在信号重建质量和正确重建概率方面的性能曲线可以在图 6.15 中找到。结果显然与稀疏基 D 无关,并且从小的 m 值开始表现就是令人满意

的。文献中提出的几乎所有 AIC 原型都基于 RMPI 架构[6,12]。

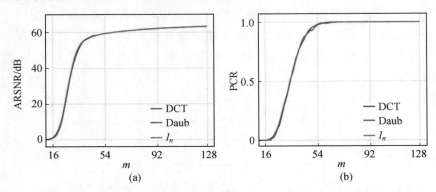

$$(a) \qquad\qquad\qquad (b)$$

图6.15　在 $n = 128, k = 6$ 时，在信号重构质量方面对 RMPI 系统性能的蒙特卡洛比较：
（a）是正确重建的概率；（b）是测量数 m 的函数。考虑的稀疏基是离散余弦变
换（DCT）、Daubechies − 4 小波（Daub）和 $n \times n$ 单位矩阵（I_n）（彩图见附录）

6.3.4　混合 RD/RMPI 架构

就输入信号的灵活性而言，RMPI 架构已被证明是最可靠的架构。此外，
在考虑生物医学信号时，由于已知它们相对于小波[5] 或 Gabor[13] 是稀疏的，
因此这种方法是唯一允许正确重建的方法。

然而，当处理硬件实现的系统时，嵌入大量并行通道可能是一个问题，例
如，在占用面积或功耗方面[14]，或者高速电路中的时钟分配问题[16]。因此，
特别是对于模拟实现，可以实现的并行支路的数量（可以在同一时间被计算
的测量次数）是有限的。

通过使用 RD 和 RMPI 之间混合的方法可以解决该问题。假设可以同时
计算少量 M 个测量值，并且通过使用实际时间窗口的前 N 个样本来计算这些
测量值。如果是这种情况，通过采用其他 N 个不同的样本（例如，紧接那些已
经考虑过的样本），可以利用计算第一组测量的 M 个支路来生成 M 个附加测
量。通过重复该过程 q 次，就可以使用 $n = qN$ 个不同输入样本计算 $m = qM$ 个
测量值。这种方法如图 6.16 所示。

这种方法可以通过高度结构化的 A 来描述，其示例在图 6.17 中描述。该
感知矩阵是块对角线，由 q 个块组成。每个块是 $M \times N$ 维，展示了 N 个样本块
如何产生 M 个测量块。一般来说，每个块表示 $M \times N$ 的 RMPI 系统，应用于数

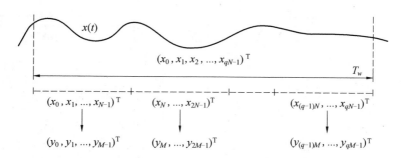

图 6.16　混合 RD/RMPI 架构中使用的时序方法

据信号的不同切片上,这与 RD 方法中使用的方式非常相似。通过从所有块收集测量值,可以获得足够数量的测量值来重建整个信号。另一种观点认为,可以将这种方法视为 M 个 RD 系统以并行方式工作,作为完整的 RMPI 系统。注意,A 中的每个感知模块可以彼此不同,但它们也可以是相同的,允许更简单的硬件实现。

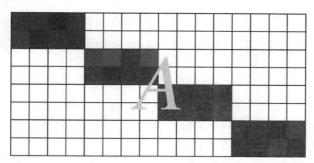

图 6.17　对应 $q = 4$ 的混合 RD/RMPI 架构实现的 8×16
感知矩阵 A 的示例(白色块对应于零元素)

在信号重建质量和正确重建概率方面,混合 RD/RMPI 系统的性能可以在图 6.18 中找到。所考虑的系统与其他情况相同,即 $n = 128$,$k = 6$。测量次数固定为 $m = 64$,并且将结果绘制为块数 q 的函数,其中 $N = n/q$ 且 $M = m/q$。实现方式介于 RD 和 RMPI 之间。对于较小的 q 值,可以在 A 中找到几个大块(即 N 和 M 很大)并且性能类似于 RMPI:独立于稀疏基 D,实现高质量和高正确重建率。随着 q 增加,块越小(M 和 N 减小),并且 A 的结构类似于 RD 方法的架构。这里与 RD 情况完全相同,仅在 DCT 稀疏基上获得了良好的结果,但是系统不再能正确地重建在 Daub 或单位阵上稀疏的信号。

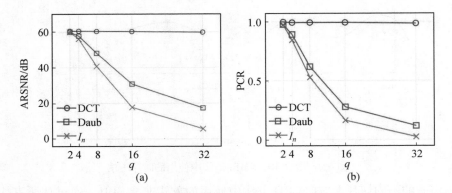

图 6.18　在 $n = 128, k = 6$ 时，在信号重构质量方面对混合 RD/RMPI 系统性能的蒙特
卡洛比较：(a) 是正确重建的概率，(b) 是块数 q 的函数。考虑的稀疏基是离
散余弦变换(DCT)、Daubechies – 4 小波(Daub) 和 $n \times n$ 单位矩阵(I_n)

6.4　饱和问题

独立于 6.2 节中采用的架构，通常第 j 次测量的计算可以写成

$$y_j = \sum_{k=0}^{n-1} A_{j,k} x_k \tag{6.7}$$

然后，在传输或存储到存储器之前，将结果 y_j 量化为 $Q(y_j)$。

$A_{j,k}, k = 0, \cdots, n - 1$ 中的一个或多个是非零值，并且对总和有贡献，将此数量表示为 $\| A_{j,.} \|_0 = N_j$。

如在第 3 章中已经看到的，中心极限定理可以应用于式(6.7)。详细地，假设 N_j 足够大(在实际情况中，从大约 $N_j = 10$ 开始)，则可以假设 y_j 具有高斯分布。这取决于以下假设：

(1) 在式(6.7) 中忽略 $A_{j,k} = 0$ 的所有项，即用 K 表示 $A_{j,k} \neq 0$ 索引子集，当且仅当 $k \in K$。这样就有

$$y_j = \sum_{k=0}^{n-1} A_{j,k} x_k = \sum_{k \in K} A_{j,k} x_k$$

或者，也可以假设 $A_{j,k} \neq 0, \forall k$，其中 $N_j = n$。

(2) 假设 $A_{j,k} x_k (k \in K)$ 表示随机变量 N_j 彼此是独立的。只有当 $A_{j,k}$ 彼此独立或 x_k 彼此独立时，这种情况成立。

(3) N_j 个随机变量 $A_{j,k} x_k (k \in K)$ 是满足同分布的，当均值 $E[A_{j,k} x_k] = 0$ 时，方差 $E[A_{j,k}^2 x_k^2]$ 是有界的，且与 k 无关。

　　然后,考虑到彼此独立的随机变量 $\xi_{j,k} = A_{j,k}x_k / \sqrt{\mathrm{E}[A_{j,k}^2 x_k^2]}$,具有零均值和单位方差,可以应用中心极限定理。对于比较大的 N_j 和式 $\sum_{k \in K} \xi_{j,k} / \sqrt{N_j}$,可以用标准正态随机变量近似。观察下式:

$$y_j = \sqrt{N_j \mathrm{E}[A_{j,k}^2 x_k^2]} \sum_{k \in K} \frac{1}{\sqrt{N_j}} \xi_{j,k}$$

如果 $\sigma_y = \sqrt{N_j \mathrm{E}[A_{j,k}^2 x_k^2]}$ 为有限值,则 y_j 可以被视为具有方差 σ_y^2 的零均值高斯变量。那么 N_j 越大,这种近似效果越好。

　　高斯极限意味着潜在的严重设计问题,假设纯高斯近似,那么 y_j 可以在整个实集中取值。在实际情况下,可以说 y_j 可能假设是非常大的值,但是大多数观察到的情况都位于平均值 $\mathrm{E}[y_j] = 0$ 附近。当与均匀的量化函数 $Q(\cdot)$ 配对时,这是一个重要的问题,即所有量化步长具有相同的大小,并且具有有限的转换范围,即它呈现两个阈值(一大一小)用于识别实现转换的区间,同时发生外部饱和。所有真实世界的量化器(所有实 ADC)都是均匀的,具有有限的转换范围。

　　假设为了简单起见 σ_y 是已知的,用 $\gamma_Q \sigma_y$ 和 $-\gamma_Q \sigma_y$ 表示 $Q(\cdot)$ 的上限和下限饱和阈值。这隐含地定义了量化步长 $\Delta = 2\gamma_Q \sigma_y / l$,其中 l 是量化器的级数。然而,由于高斯近似,y_j 值可能落在量化间隔 $[-\gamma_Q \sigma_y, \gamma_Q \sigma_y]$ 之外。换句话说,存在某一概率 p_{sat} 使 $Q(\cdot)$ 饱和,对于高斯近似,表示为

$$p_{\mathrm{sat}} = \Pr(|y_j| > \gamma_Q \sigma_y) = \mathrm{erfc}\left(\frac{\gamma_Q}{\sqrt{2}}\right)$$

并由此给出非饱和概率:

$$p_{-\mathrm{sat}} = 1 - p_{\mathrm{sat}} = 1 - \mathrm{erfc}\left(\frac{\gamma_Q}{\sqrt{2}}\right)$$

其中 $\mathrm{erfc}(\cdot)$ 是互补误差函数。称之为静态饱和度。

　　然而,存在第二个更微妙的问题。把式(6.7)写为

$$\begin{cases} y_j^{(i)} = \sum_{k=0}^{i} A_{j,k}x_k \\ y_j = y_j^{(n-1)} \end{cases} \tag{6.8}$$

换言之,A 是在步骤中在硬件计算式(6.7)上累积的 y_j 的中间值。此模块也具有上限和下限,例如,由于在数字硬件上计算情况式(6.8)时的有限位数,或者在模拟实现中使用的加法器(或积分器)的饱和,分别用 $\gamma_\Sigma \sigma_y$ 和 $-\gamma_\Sigma \sigma_y$ 表示它们。如果在任何时候步骤发生 $|y_j^{(i)}| > \gamma_\Sigma \sigma_y$,就要处理动态饱和问题。

请注意,静态饱和度是一个易于检测的事件,因为转换范围之外的测量值会自动转换为 $Q(\cdot)$ 的最大或最小数值。相反,当在时间 $\hat{l} < n - 1$ 发生动态饱和时,最终值 y_j 不可挽回地受到破坏。注意,根据 $k = \hat{l}, \cdots, n - 1$ 时 $A_{j,k}x_k$ 的值,计算出的 y_j 实际上可能落在 $Q(\cdot)$ 转换范围内,如图6.19的例子所示。因此,简单地检查 y_j 对于检测这些事件没有起到作用。

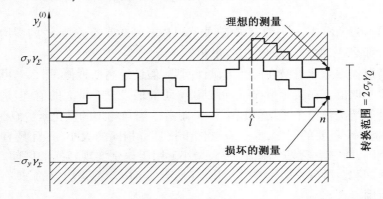

图6.19　通过中间值 $y_j^{(i)}$ 计算第 j 次测量变化的示例(如果在时间 $\hat{l}$ 发生动态饱和,则变化以不正确的、损坏的值结束。注意,在时间 n 处最终损坏的测量值可能仍然落在 $Q(\cdot)$ 转换范围内)

动态饱和概率的计算不是一件容易的事,因为 $y_k^{(i)}$ 所遵循的路径必须被建模为随机的。通过用 $\hat{p}_{-\text{sat}}$ 计算式(6.7)时既不发生静态饱和也不发生动态饱和的概率是 $\hat{p}_{-\text{sat}} \leqslant p_{-\text{sat}}$。

此时,人们可能想知道如何在现实世界的 AIC 中处理上述静态和动态饱和。关于静态饱和效应的一些理论考虑可以在[10]中找到,而在这里采用的更现实的模型中的静态和动态饱和度的讨论已经在[11]中首次提出。

这里有两点值得一提。第一个是关于选择 γ_Q 和 γ_Σ 的正确方法。这实际上是一种权衡,特别是 γ_Q,可以说:

(1) 在设计系统时,它应该是 $\gamma_\Sigma \geqslant \gamma_Q$。

(2) 当 γ_Q 具有低值时,则量化步长 Δ 很小,这是每次测量中的量化误差。即使将测量量化误差与重建误差联系起来也是不容忽视的(详见第8章),测量量化误差越大,重建误差越大是合理的。从这个观点来看,低 γ_Q 是优选的。然而,由于 $p_{-\text{sat}}$,因此 $\tilde{p}_{-\text{sat}}$ 随 γ_Q 减小,必须处理许多饱和或损坏的测量。

(3) 当 γ_Q 值很高时,$\tilde{p}_{-\text{sat}}$ 可能很低。然而,Δ 很大,因此产生不可忽略的量化误差,或者不可避免地反映在较差的重建性能中,或者必须通过使用大量量化等级来补偿。

第二个是关于在重建算法中考虑饱和测量的方式。处理静态饱和的第一种直接方法是利用该组测量的所谓"平等条件"[10]，即在某些条件下，可以假设每次测量的信息内容是相同的。如果确实是这样，简单地丢弃饱和测量将产生较小的性能降级，因为采集系统表现出与非饱和测量数量相等的测量数。此外，只需采取进一步测量，直到达到原始测量数量，就可以恢复未降级性能。在[7]中，将这种方法命名为 SPD，因为它体现了饱和投影下降性。

这方面在第 2.5 节已做深入讨论。完美"平等条件"只存在于样本完美线性组合的测量。饱和度就像选择器，丢弃那些较大的值，同时保留较小的值。从信噪比的角度来看，这显然不是"平等条件"，且导致非饱和测量不如那些必须丢弃的测量有用，并且不能通过简单地尝试更多测量来完全替换。实际上，正如 2.5 节中所讨论的，丢弃的测量是具有较高能量的测量，即包含最大数量信息的测量。

在[11]中已经详细讨论了处理饱和测量的问题，并且除了使用大的 γ_Q 值和更大的 γ_Σ 之外没有简单的解决方案，因此不可避免地增加了测量量化误差。根据[11]中提出的模拟结果，在解码器利用不等式 $\sum_{k=0}^{n-1} > \gamma_Q \sigma_y$ 或 $\sum_{k=0}^{n-1} < -\gamma_Q \sigma_y$（分别为正和负静态饱和度）替换相应的等式 $\sum_{k=0}^{n-1} = y_j$ 来使第 j 个信道饱和的信息不会增加重建性能，这与简单地丢弃饱和测量一样。

但是，[11]提出了一种可能的解决方法。我们知道整个 CS 框架的基本原理是用最少的信息量恢复信号，此时测量 m 的数量通常与其较低的理论界限相差不远，因此即使单次测量丢弃也可能导致不能正确重建信号。换句话说，为了确保重建，应该尝试通过用我们拥有的最终的可靠数据来测量甚至从损坏的测量中恢复一些信息量。正如俗语所说，"除了呼噜声，都是有用的"，我们应该将与测量结果相一致的任何类型的信息都融入重构算法中。

[11]中提出的解决方法会引入的硬件开销几乎可以忽略不计，可以在任何时间检查阶段 i 是否发生饱和。这允许在动态饱和发生时准确地检测到时刻 l。

给定 l，如果出现正饱和，可以合理地假设 $y_j^{(l)} \approx \gamma_\Sigma \sigma_y$，如果出现负饱和，则可以合理地假设 $y_j^{(l)} \approx -\gamma_\Sigma \sigma_y$，也可表示为

$$\sum_{j=0}^{l} A_{j,k} x_k = \begin{cases} \gamma_\Sigma \sigma_y, & \text{正饱和} \\ -\gamma_\Sigma \sigma_y, & \text{负饱和} \end{cases} \tag{6.9}$$

将与第 j 个损坏的测量值相关的方程替换为所述解码算法中的式(6.9)，

使得有效地利用信号上的所有已知信息成为可能。可以通过用调整后的 A' 替换感知矩阵 A,其中第 j 行 $A_{j,.}$ 元素对应于发生饱和之后的所有时刻被归零。数学上表示为

$$A'_{j,k} = \begin{cases} A_{j,k}, & k = 0, \cdots, \hat{l} - 1 \\ 0, & k = \hat{l}, \cdots, n - 1 \end{cases} \quad (6.10)$$

同样地

$$y'_j = \begin{cases} y_j, & \text{未饱和} \\ \gamma_\Sigma \sigma_y, & \text{正饱和} \\ -\gamma_\Sigma \sigma_y, & \text{负饱和} \end{cases} \quad (6.11)$$

可以用下式重新计算测量方程(6.7):

$$y'_j = \sum_{k=0}^{n-1} A'_{j,k} x_k$$

它独立于观察到的任何动态饱和事件。当然,如果针对相同的第 j 次测量,检测到多个饱和事件,则可以仅使用第一次饱和事件。在[7]之后,将这种方法表示为 SPW,它代表饱和投影窗。

注意,该解决方案使得用于重建的矩阵 A' 成为导致饱和的信号样本 x_k 的函数。因此,传递给解码器的测量矢量还必须包含从信号独立 A 切换到 A' 所需的信息。另请注意,饱和度可能在不同时间步长的多行中发生。这种情况在图 6.20 的例子中说明。

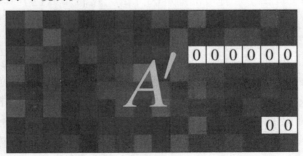

图6.20   相应于式(6.10)校正的 RMPI 感知阵 A' 的示
例以便应对饱和测量(SPW 方法)

在[11]中还提出了 SPD 和 SPW 方法的性能比较。在这里回顾一下正确重建概率的一些结果,这些已经在[11]中定义过,详见 2.3 节。但是在 $n = 256, m = 64, k = 6, A \in \{-1, +1\}^{m \times n}$ 的系统中却具有不同的 ISNR 水平和不

同的目标 RSNR $[dB]_{min}$,为了简单起见,有 $D = I_n$。

在图 6.21 中绘制了 PCR 和两个参数 γ_Q、γ_Σ/γ_Q(较暗颜色对应于较低 PCR 值)之间的关系等高线图,这两个参数通过 SPD 方法的蒙特卡洛仿真获得,也就是,丢弃所有饱和测量值。即使对非常大的 γ_Σ/γ_Q 值,在求和阶段未检测到的损坏概率消失了,其性能的降低也会很大:一个 99% PCR 的系统,保持两个饱和阈值尽可能接近,应该保证 $\gamma_Q > 3$ 用于量化阶段,同时保证 $\gamma_\Sigma > 1.5 \times \gamma_Q = 4.5$ 用于求和阶段。

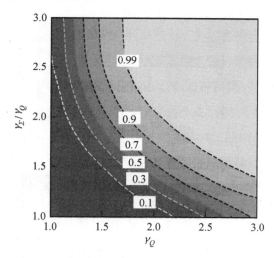

图 6.21　采用 SPD 方法的蒙特卡洛仿真(其中 PCR 作为 γ_Q 和 γ_Σ/γ_Q 的函数,改编自 [11])

图 6.21 应与图 6.22 进行比较,显示了在相同仿真设置下 SPW 的性能。当正确处理了损坏位置时,$\gamma_\Sigma/\gamma_Q \simeq 1$ 且 γ_Q 的值非常小,可以容易地达到 99% 的 PCR,从而允许非常有效的实施。这种方法只在 γ_Σ 大、γ_Q 小时存在小缺陷。原因很清楚:在这个区域,静态饱和度的概率很高,而动态饱和度的概率很低。换句话说,正在处理大量必须被丢弃的饱和测量,由于缺乏动态饱和而无法从式(6.9)中检索信息。与 SPD 情况一样,对于所有饱和测量,使用 $y_j < \gamma_\Sigma \sigma_y$ 或 $-\gamma_\Sigma \sigma_y < y_j < -\gamma_Q \sigma_y$ 不会改善重建性能。根据这一观察,SPW 的最佳选择是设置 $\gamma_\Sigma = \gamma_Q$。

前面提到的 SPW 方法已经在 [12] 中描述的 RMPI 原型中实现,并且具有非常好的结果。这个真实案例的简短概括可以在 7.6 节中找到。

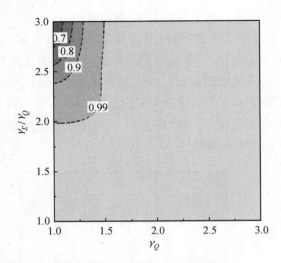

图 6.22 采用 SPW 方法的蒙特卡洛仿真（PCR 作为 γ_Q 和 γ_Σ / γ_Q 的函数，改
编自[11]）

6.5 从时间域到混合时空域

在 6.2 节中定义的 CS 系统的一般模型中，通过感知矩阵 $A \in \mathbf{R}^{m \times n}$ 从 n 个
大小的输入信号矢量 $x \in \mathbf{R}^n$ 实现 m 维测量矢量 y 的计算，其中已知 x 在合适
的基 D 下是稀疏的。可以通过最小化问题实现重建

$$\underset{\xi \in \mathbf{R}^n}{\mathrm{argmin}} \ \| \xi \|_1$$
$$\mathrm{s.t.} \quad \| y - B\xi \|_2 < \varepsilon$$

其中 $x = D\xi$, $B = AD (B \in \mathbf{R}^{m \times n})$, 且 ε 是一个正常数。

在本章中，输入信号已被建模为一维时域信号 $x(t)$，其在单个时间窗 $0 \leqslant t < T_w$ 期间被采样，产生输入信号矢量 $x = (x_0, x_1, \cdots, x_{n-1})^\mathrm{T}$，例如通过以奈奎斯特速率采样 $x(t)$，即 $x_k = x(kT)$。

当然，存在许多不同的信号模型。在本节中，要处理输入信号是 n_S 维度的情况，如多回路心电图（ECG）或脑电图（EEG）信号[14]。在这种情况下，必须将输入信号建模为 n_S 时域函数 $x(t) = (x^{(0)}(t), x^{(1)}(t), \cdots, x^{(n_S-1)}(t))$ 的数组。假设在时间窗 $0 \leqslant t < T_w$ 和 $T_w = dT$ 中观察到该信号，处理的输入矩阵 $X \in \mathbf{R}^{d \times n_S}$ 定义为

$$
X = \begin{pmatrix}
x^{(0)}(0) & x^{(1)}(0) & \cdots & x^{(n_S-1)}(0) \\
x^{(0)}(T) & x^{(1)}(T) & \cdots & x^{(n_S-1)}(T) \\
\vdots & \vdots & & \vdots \\
x^{(0)}((d-1)T) & x^{(1)}((d-1)T) & \cdots & x^{(n_S-1)}((d-1)T)
\end{pmatrix} \Big\} d \text{ 行}
$$
$$
\underbrace{\phantom{x^{(0)}(0) \quad x^{(1)}(0) \quad \cdots \quad x^{(n_S-1)}(0)}}_{n_S \text{列}}
$$

$$(6.12)$$

其中 $X_{j,k} = x^{(k)}(jT)$。仍然可以定义 $n = dn_S$，以保持到目前为止考虑的标准 CS 问题相同的复杂性（就维度而言）。

对于 $n_S = 1$，该模型等同于之前论述的公式。还有另外一种情形，即 $d = 1$ 考虑了一维空域系统。从数学的角度来看，与标准方法的唯一区别在于有输入行向量而不是输入列向量。当然，在目前制定的框架下处理这个系统并不困难。

更有趣的是当 $n_S > 1$，$d > 1$ 时，从物理角度来看，正在处理混合时空系统，可以在这两个域中利用稀疏性特点。举几个例子，众所周知，在立体声录音中，右声道和左声道是强相关的。该信息总是用在编码算法中，最常用的方法是以高质量编码共模信息（即左声道和右声道之和），并以低质量编码差分信息[8]。在多回路 EEG 系统中存在类似的情况，因为来自相邻信道的信号是强相关的[14]。

然而，在本节中，对这种方法的数学方面更感兴趣。因此，忽略了系统物理方面，并假设输入信号由于某种原因采用 $d \times n_S$ 的矩阵形式，如式(6.12)所示。在这种情况下，如果假设 A 是三维 $m \times d \times n_S$ 对象，并且定义适当的乘积 $\mathbf{R}^{m \times d \times n_S} \circ \mathbf{R}^{d \times n_S} \to \mathbf{R}^m$，则标准 CS 方法中使用的关系 $y = Ax$ 在该种情况下通常成立，即 $y = AX$，其中 y 仍然是 m 维的测量向量。以相同的方式，只有当该乘积不再被认为是矩阵／矢量乘积，而是涉及更高维度对象定义的乘积时，必须将关系 $x = D\xi$ 写作 $X = D\Xi$ 才成立。尽管可以这么表示，但这种方法仍然存在几个问题，特别对 A 和 D 的定义。

一种更实用的方法是定义一个整形算子 $\mathscr{P}: \mathbf{R}^{d \times n_S} \to \mathbf{R}^{dn_S}$，将样本矩阵 X 作为输入并将其行或列连接起来，从而生成一个样本向量 $x \in \mathbf{R}^{dn_S}$。定义 $n = dn_S$，该系统可以包含在通用 CS 框架中，将 $x = \mathscr{P}(X)$ 作为采样向量。换句话说，可以通过矩阵／向量乘法获得测量结果

$$
y = A\mathscr{P}(X)
$$

其中 $A \in \mathbf{R}^{m \times dn_S}$ 是标准的二维采样矩阵。

这种方法已在[14]中被采用。特别是,作者使用了两种不同的整形算子:一种是采集 X 元素,通过它们的采样时刻来简化测量值计算;另一种是采集 X 元素,通过通道编号来开发脑电信号的时间稀疏性。

更详细地,[14]中的测量取决于时间优先整形算子 $\mathscr{P}(\cdot)$,其定义为

$$\mathscr{P}(X) = (x^{(0)}(0), x^{(1)}(0), \cdots, x^{(n_S-1)}(0), x^{(0)}((d-1)T), \cdots,$$
$$x^{(n_S-1)}((d-1)T))^{\mathrm{T}}$$

其中 X 定义与式(6.12)相同。换句话说,A 的第一个 n_S 元素是第一个采样时刻的 n_S EEG 信道的采样。相应地对 $y = A\mathscr{P}(X)$ 进行测量,其中

$$A = \begin{pmatrix} A^{(0)} & 0 & \cdots & 0 \\ 0 & A^{(1)} & \cdots & 0 \\ \vdots & \vdots & & \vdots \\ 0 & 0 & \cdots & A^{(d-1)} \end{pmatrix} \left.\right\} dm_S = m \text{ 行}$$

$$\underbrace{}_{dn_S = n \text{列}}$$

其中 $A^{(j)} \in \mathbf{R}^{m_S \times n_S}$ 是采样子矩阵。以这种方式,在时间段 $0, A^{(0)}$ 从 n_S 个样本生成 m_S 个测量值,每个信道一个;在时间段 $l, A^{(1)}$ 从样本中生成 m_S 个测量值,以此类推。从硬件实现的角度来看,测量的生成被简化,因为在每个时间段生成 n_S 个样本并用于计算 m_S 个测量值。之后丢弃样本,并使用新样本计算其他 m_S 个测量值。测量的总量是 $m, m = dm_S$。注意,根据这个定义,仍然有 $A \in \mathbf{R}^{m \times n}$。

为了避免整个空 - 时域中的复杂定义,[14]中的稀疏性仅在时域中被考虑。更详细地,作者利用了众所周知的脑电信号在 Gabor 域中的稀疏特性[13]。为此,引入了第二个空间优先整形算子

$$\mathscr{S}(X) = (x^{(0)}(0), x^{(1)}(T), \cdots, x^{(0)}((d-1)T), x^{(1)}(0), \cdots,$$
$$x^{(n_S-1)}((d-1)T))^{\mathrm{T}}$$

其中 $x = \mathscr{S}(X)$ 的前 d 个元素是第一个 EEG 信道的 d 个奈奎斯特样本。通过在数学上引入 $\varXi \in \mathbf{R}^{d \times n_S}$ 作为 $X \in \mathbf{R}^{d \times n_S}$ 的稀疏系数矩阵

$$\mathscr{S}(X) = D\mathscr{S}(\varXi)$$

稀疏矩阵 D 定义为

$$D = \begin{pmatrix} D^{(0)} & 0 & \cdots & 0 \\ 0 & D^{(1)} & \cdots & 0 \\ \vdots & \vdots & & \vdots \\ 0 & 0 & \cdots & D^{(n_S-1)} \end{pmatrix} \left.\right\} dn_S = n \text{ 行}$$

$$\underbrace{}_{dn_S = n \text{列}}$$

其中 $D^{(0)} = D^{(1)} = \cdots = D^{(n_S-1)} \in \mathbf{R}^{d \times d}$ 都彼此相等,是 d 个样本构成的单通道 EEG 的标准 $n \times n$ 的稀疏矩阵。

换言之,由于 D 的特定结构,由第 k 列 X 给出的第 k 个 EEG 信道的稀疏性仅由稀疏系数矩阵 $\varXi$ 的第 $k-1$ 列 $\varXi_{\cdot,k-1}$ 确定

$$
\begin{pmatrix} x^{(k-1)}(0) \\ x^{(k-1)}(T) \\ \vdots \\ x^{(k-1)}((d-1)T) \end{pmatrix} = D^{(k-1)} \begin{pmatrix} \varXi_{0,k-1} \\ \varXi_{1,k-1} \\ \vdots \\ \varXi_{d-1,k-1} \end{pmatrix}
$$

这种方法可以很容易地将单通道关于稀疏性的知识转移到多通道上。可以通过要求第 k 个 EEG 信道是稀疏的,其对应的 $D^{(k-1)}$ 是稀疏矩阵,来实现信号的重建。数学上表示为

$$
\begin{cases} \underset{\varXi \in \mathbf{R}^{d \times n_S}}{\text{argmin}} & \| \mathscr{S}(\varXi) \|_1 \\ \text{s.t.} & \| y - B\mathscr{S}(\varXi) \|_2 \leqslant \varepsilon \end{cases} \tag{6.13}
$$

其中 $B = AD$。

然而,即使这使得重建方法与一般 CS 理论一致,也很容易看出,由于 D 的块对角性质,式(6.13) 在不考虑神经信号通道间相关性的情况下引入了系数稀疏性。神经恢复模型应利用 EEG 信号的互相关性来提高重建质量。为了解决这个问题,还引入了适用于多通道神经信号的更复杂的模型。

[14] 的作者使用混合 $l_{1,2}$ 范数模拟神经信号的依赖性[9]。$\varXi$ 的混合 $l_{1,2}$ 范数定义为

$$
\| \varXi \|_{1,2} = \sum_{j=0}^{d-1} \sqrt{\sum_{k=0}^{n_S-1} \varXi_{j,k}^2}
$$

即计算 $\varXi$ 的每一行的 l_2 范数,并且所得 l_1 范数都给出期望的结果。使用混合 $l_{1,2}$ 范数进行多通道神经恢复的求解方案是通过将重建问题中的 l_1 范数替换为混合范数来计算

$$
\begin{cases} \underset{\varXi \in \mathbf{R}^{d \times n_S}}{\text{argmin}} & \| \mathscr{S}(\varXi) \|_{1,2} \\ \text{s.t.} & \| y - B\mathscr{S}(\varXi) \|_2 \leqslant \varepsilon \end{cases} \tag{6.14}
$$

根据[14],$l_{1,2}$ 范数遵循神经信号的群结构,并对系数群限定稀疏性而不是每个独立的系数。结果表明,使用式(6.14) 比使用式(6.13) 多通道 EEG 信号的重建性能改善约为 5 dB。

本章参考文献

［1］N. Ahmed, T. Natarajan, K. R. Rao, Discrete cosine transform. IEEE Trans. Comput. C – 23(1),90-93(1974).

［2］V. Cambareri et al., A case study in low-complexity ECG signal encoding: how compressing is compressed sensing? IEEE Signal Process. Lett. 22(10), 1743-1747(2015).

［3］X. Chen et al., A sub-Nyquist rate compressive sensing data acquisition front-end. IEEE J. Emerging Sel. Top. Circuits Syst. 2(3), 542-551 (2012).

［4］X. Chen et al.,A sub-Nyquist rate sampling receiver exploiting compressive sensing. IEEE Trans. Circuits Syst. I Regul. Pap. 58(3), 507-520(2011).

［5］I. Daubechies, Orthonormal bases of compactly supported un. Pure Appl. Math. 41(7), 909-996(1988).

［6］D. Gangopadhyay et al., Compressed sensing analog front-end for bio-sensor applications. IEEE J. Solid State Circuits 49(2), 426-438 (2014).

［7］J. Haboba et al., A pragmatic look at some compressive sensing architectures with saturation and quantization. IEEE J. Emerging Sel. Top. Circuits Syst. 2(3), 443-459(2012).

［8］M. Hans, R. W. Schafer, Lossless compression of digital audio. IEEE Signal Process. Mag. 18(4), 21-32(2001).

［9］M. Kowalski, B. Torrésani, Sparsity and persistence: mixed norms provide simple signal models with dependent coefficients. Signal Image Video Process. 3(3), 251-264(2009).

［10］J. N. Laska et al., Democracy in action: Quantization, saturation, and compressive sensing. Appl. Comput. Harmon. Anal. 31(3), 429-443 (2011).

［11］M. Mangia et al., Coping with saturating projection stages in RMPI-based Compressive Sensing, in 2012 IEEE International Symposium on Circuits and Systems, May 2012, pp. 2805-2808.

[12] F. Pareschi et al. , Hardware-algorithms co-design and implementation of an analog-to-information converter for biosignals based on compressed sensing. IEEE Trans. Biomed. Circuits Syst. 10(1), 149-162(2016).

[13] S. Qian, D. Chen, Discrete Gabor transform. IEEE Trans. Signal Process. 41(7), 2429-2438(1993).

[14] M. Shoaran et al. , Compact low-power cortical recording architecture for compressive multichannel data acquisition. IEEE Trans. Biomed. Circuits Syst. 8(6), 857-870(2014).

[15] M. Wakin et al. , A nonuniform sampler for wideband spectrally-sparse environments. IEEE J. Emerging Sel. Top. Circuits Syst. 2(3), 516-529 (2012).

[16] J. Yoo et al. , A 100 MHz − 2 GHz 12.5x sub-Nyquist rate receiver in 90 nm CMOS, in 2012 IEEE Radio Frequency Integrated Circuits Symposium, June 2012, pp. 31-34.

[17] J. Yoo et al. , Design and implementation of a fully integrated compressed-sensing signal acquisition system, in 2012 IEEE International Conference on Acoustics, Speech and Signal Processing (ICASSP), Mar. 2012, pp. 5325-5328.

第7章　模拟信息转换

到目前为止,还没基于压缩感知(CS)的完整实现的采集系统被开发为商业产品。然而,一些原型机已经出现在发表的文献中。在本章中,将介绍最近在最重要的微电子会议和期刊上提出的一些硬件架构,它们可以用作基于 CS 的模拟信息转换器(AIC)。

这里考虑的所有结构都使用一个共同的方法。事实上,尽管彼此有很大不同,但前端实现方式始终是模拟的,也就是说,它们都属于模拟压缩感知系统,采用随机调制预整合(RMPI)架构。这些结构采用的顺序与文献中提出的顺序是相同的。

相反,这里没有考虑利用随机采样(RS)的体系结构,即使到目前为止已经提出的一些基于这种方法的 AIC 实现[26]。主要原因是,基于 RS 的 AIC 基本上是一种标准的模数转换器(ADC),其中随机化被添加到控制逻辑中。然而,核心架构通常与标准 ADC 完全相同,性能(带宽、精度等)与 AIC 中嵌入的 ADC 相似,而 RMPI 解决方案需要完全定制设计。此外,根据第 6 章的论述,RS 架构不是通用架构,只能在有限的输入信号类别上实现良好的性能。

7.1　引言和注释

据作者所知,Yoo 等人在 2012 年 IEEE 射频集成电路研讨会[27]上介绍了文献中出现的第一个 RMPI 原型,而在文献[28]发表之前的几个月出现了几种设计方案。该电路是一款采用 90 nm 技术设计的雷达脉冲信号亚奈奎斯特速率接收机,信号频率高达 2GHz,在第 7.2 节介绍了该电路。

在第 7.3 节回顾了 Chen 等人的工作。他们的工作最初出现在文献[9]中,然后在文献[8]中于 2012 年底相继得到充分描述。该电路采用 90 nm CMOS 工艺制造,在假设多音调输入信号的情况下,实现了射频(RF)通信系统的数据采集前端。

在第 7.4 节介绍了另一种用于生物医学信号的模拟信息转换器。详细地说,Gangopadhyay 等人在文献[12]中介绍了该电路,该电路采用 180 nm

CMOS 工艺设计,是心电图(ECG) 信号的模拟前端。这种结构的特点是在积分器电路中嵌入一个 6 位乘法数模转换器(DAC),作为乘法模块。

在第 7.5 节对 Shoaran 等人在 2014 年提出的文献 [25] 进行简要回顾。介绍了一个低功耗的亚奈奎斯特采样器,用于皮层颅内脑电图(EEG) 信号的多通道采集。该结构采用 180 nm CMOS 工艺制造,其特点是利用空域而非时域的稀疏性。Pareschi 等人在文献 [21] 中介绍了最终的架构。该电路采用 180 nm CMOS 工艺设计,是一种通用生物医学信号的模拟 – 信息转换器。作者提出了 ECG 信号和肌电信号的测量方法。该转换器的特点是引入了一种智能饱和检查机制,利用该机制,即使许多测量值出现饱和,也可以重建采集的信号,并利用 rakeness 方法 [17] 来最小化实现信号重建所需的测量数量。

在本章概述中,将不关注电路性能(即使对每个原型机都会提供对应作者的设计细节),而是关注解决 CS 问题所采用的架构方案,这与硬件实现关系密切。事实上,在处理 CS 系统的实际工程实现,尤其是涉及模拟 CS 方法时,会出现从信号处理角度研究 CS 时未遇到的其他问题。为了简要概述 CS 理论,并介绍本章中使用的符号,下面列出了任何基于 CS 的 AIC 实现都应该面临的三个主要问题。

7.1.1 时间连续性

为了避免无限维重建问题,CS 模型的特点是处理仅为 $0 \leqslant t < T_w$ 定义的输入信号 $x(t)$。例如,考虑到离散时间方法,信号 $x(t)$($0 \leqslant t < T_w$)可在奈奎斯特频率 $f_N = 1/T$ 下采样,$T_w = nT$ 产生 n 个样本 $x_j = x(jT)$($j = 0,1,\cdots, n-1$)。

鉴于此,并参考连续时间情况,一组 m 个测量输入信号 $y = (y_0,y_1,\cdots,y_{m-1})^T \in \mathbf{R}^m$ 是通过 $x(t)$ 和 m 个不同传感信号 $a_j(t)$($j = 0,1,\cdots, n-1$)之间的乘积再积分获得的。每个感知函数通常由脉冲幅度调制(PAM)信号给出,其脉冲长度由奈奎斯特速率设定,而振幅为 $A_{j,k}$,存储在感知矩阵 A 中,即

$$a_j(t) = \sum_{k=0}^{n-1} A_{j,k} \chi\left(\frac{t}{T} - k\right) \tag{7.1}$$

$\chi(\tau)$ 是标准化的矩形函数。当 $0 \leqslant \tau < 1$ 时 $\chi(\tau)$ 为 1,其余情况下为 0。从数学上讲,第 j 次测量由下式给出:

$$y_j = \int_0^{T_w} a_j(\tau) x(\tau) \, \mathrm{d}\tau \qquad (7.2)$$

在离散时间方法中，AIC 直接处理 n 阶奈奎斯特速率输入信号样本 $x_k = x(kT)$。在这种情况下，通过收集向量 $x = (x_0, x_1, \cdots, x_{n-1})^T \in \mathbf{R}^n$ 中的所有样本，AIC 的目标是通过矩阵关系如下式去计算 m 个测量值：

$$y_j = A_{j,.} \, x \qquad (7.3)$$

其中 $A_{j,.}$ 为由感知矩阵 A 的第 j 行构成的向量。

当然，现实世界的信号是在 $t \in \mathbf{R}^n$ 或 $j \in \mathbf{R}^n$ 下定义的。为了解决这个问题，通常采用切片方法，如第 6 章所述，以及图 7.1 所示用于连续时间和离散时间实现的实际 RMPI 体系结构的基本框图。

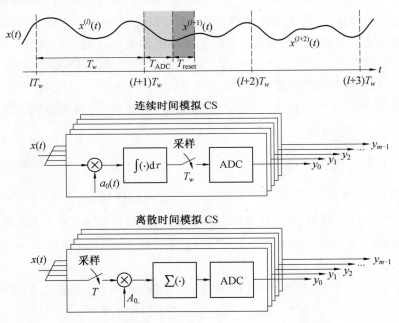

图 7.1　RMPI 体系结构的基本工作原理（强调应用于输入信号的切片过程，
以及在细化信号切片时允许时间连续性的设计需求，以及通过连续
时间和离散时间方法实现的两种不同解决方案）

简而言之，式（7.2）规定的连续时间情况，输入信号 $x(t)$ 被分割成后续的相邻块 $x^{(l)}(t), x^{(l+1)}(t), \cdots$，它们中的每一个仅在长度为 T_w 的时间间隔内定义，即 $x^{(l)}(t) = x(lT_w + t)$，$\forall l \in \mathbf{Z}$，并且 $0 \leqslant t < T_w$。这样，就可以应用数学关系式（7.2），分别为每个信号切片计算一组测量值 y。从电路的角度来看，

为了得到 $x^{(l)}(t)$ 指向的 y，首先必须及时调整 $a_j(t)$ 函数，以便将其与当前考虑的信号切片对齐。然后，每个 $a_j(t)$ 与 $x(t)$ 混合，对其结果在长度为 T_w 的时间间隔内进行积分，更精确地说是从时刻 lT_w 到时刻 $(l+1)T_w$，积分器的输出（从硬件角度来看，通常是电压电平或电荷量）需要传输给 ADC，以便转换为数字字节。

然而，与 $(l+1)T_w$ 同时，连续切片 $x^{(l+1)}(t)$ 开始，需要重复上述所有过程。有理由认为处理切片 $x^{(l)}(t)$ 与处理切片 $x^{(l+1)}(t)$ 的硬件是相同的。

然而，要做到这一点，必须满足三个条件：(1) y_j 值必须完全传输到 ADC。这个操作需要一定的时间，用 T_{ADC} 表示。(2) 必须重置积分器（例如，清除累积电荷），以便测量值 $x^{(l+1)}(t)$ 与之前计算的 $x^{(l)}(t)$ 的结果无关。用 T_{reset} 表示此操作所需的时间。(3) $a_j(t)$ 函数必须重新移位保证与 $x^{(l+1)}(t)$ 对齐。

第三个条件可以通过以周期 T_w 重复 $a_j(t)$ 容易满足，而前两个条件却有一个严重的问题。事实上，T_{ADC} 和 T_{reset} 通常都是不可忽略的时间，其结果是要么输入信号的一些信息丢失，要么在 RMPI 阶段的设计中需要包括额外的资源。

当然，离散时间架构也存在同样的问题，因为式（7.3）的和通常是用离散时间积分器计算的，这需要有限时间 T_{ADC} 将结果传输到 ADC，并且需要有限时间 T_{reset} 用以清除数据。

7.1.2　资源节约

基于 CS 的 AIC 的主要目的是节能。然而，针对 AICs 模拟电路，有许多降低模拟电路功耗的经典解决方案可以应用，例如，设计工作在亚阈值传导模式下的放大器以及利用技术扩展。在这里，我们感兴趣的是专为电路开发的解决方案，能够限制有源元件的数量，降低 RMPI 积分器的功耗，包括设计硬件的复杂度和性能之间的权衡。

下面是一个非常简单的例子。为了在离散时间和连续时间方法中获得 m 个不同的测量值，m 个（相同的）并行结构通常被复制，并用不同的感知函数 $a_j(t)$ 或感知向量 $A_{j,\cdot}$ 驱动，其中 $j=0,1,\cdots,n-1$。根据这一点，限制 AIC 能耗的一个关键是将测量次数 m 保持在尽可能低的水平，因为总体能耗需求随着并行数和 m 线性增加。换句话说，可实现的压缩比 $CR=n/m$ 越高，感知过程的能量需求越低。然而，正如第 1 章中明确解释的，m 有一个与稀疏度 k 相关

的下限,通常数学关系如下所示:

$$m > O\left(k\log\left(\frac{n}{k}\right)\right) \tag{7.4}$$

即最小测量次数随 k 线性增加。

在许多实际情况下,由式(7.4)给出的 m 的下限太高,无法在 AIC 能耗和通常非常紧张的可用能耗之间进行匹配。在其他情况下,该问题不仅是由能量约束给出的,而且 m 的下界如此之高,以至于硬件规模出现问题。

再举一个例子,式(7.2)和式(7.3)都需要模拟乘法,这是非常复杂的硬件操作。为了降低复杂性,通常的策略是通过使用非常有限的位数来减小系数 $A_{j,k}$ 的表示。极端情况下,也可以认为 $A_{j,k}$ 是 1 bit 量化,即 $A_{j,k} \in \{-1,1\}$ 或 $A_{j,k} \in \{0,1\}$,因此不需要完整的乘法器模块。

7.1.3 饱和

尽管有时不考虑这一方面,但在处理由多模块组成的 AIC 时(如图 7.1 中的示例,其中存在两个基本模块,即连续时间或离散时间积分器和 ADC),其中任何一个都可能出现饱和。

这个问题已经在第 6.4 节中详细讨论过了,可概括如下。主要问题不是 ADC 转换器的值可能超出其转换范围。事实上,这一事件很容易被检测到,因为这些测量值会自动转换为最大或最小数字值,并且会被重建算法忽略掉。当然,这可能会将可用测量的数量减少到小于式(7.4)中给出的最小值,影响正确的信号重建。然而,重建阶段意识到这种情况,可以生成适当的警告信息。

相反,当积分器在积分区间中间达到一瞬间的饱和时,会出现更严重的问题。在这种情况下,积分器模块中使用的放大器进入一个非线性区域,测量 y_k 被不可修复地损坏。此外,依据系统从发生饱和到积分区间结束的变化,积分器输出值可能会落在 ADC 转换范围内。在这种情况下,除非使用额外的专用硬件,否则重建阶段不会意识到错误的测量。

7.2 Yoo 等人提出的雷达脉冲信号的 AIC

本概述中考虑的第一个电路是 100 MHz ~ 2 GHz 雷达脉冲接收器,其工作原理以及从信号处理角度来看的初步测量结果已在 2012 年 3 月 25 日至 30

日在日本东京举行的 IEEE 声学、语音和信号处理国际会议[28] 上介绍,而详细的硬件描述和测量在几个月后于 2012 年 6 月 17 日至 19 日在加拿大蒙特利尔举行的 IEEE 射频集成电路研讨会[27] 上发表。在加利福尼亚州加州理工学院和加利福尼亚州斯坦福大学的一项联合工作中,作者设计了一个采用 CMOS 90 nm 技术的 RMPI 模拟预处理器,包括 8 个详细描述的信道,产生了动态范围为 54 dB 的 AIC,同时以 320 MS/s 的速率对测量样本进行数字化,这比奈奎斯特速率 f_N = 4 GHz 低 12.5 倍。占用总尺寸为 8.85 mm^2,而评估功耗为 506.4 mW(不包括模拟输出缓冲器)。

　　图 7.2 展示了取自文献[27] 的集成电路的显微照片,图 7.3 展示了简化框图。基本上,该电路由 8 个 RMPI 并行通道组成,其中一个公共输入节点由共享低噪声放大器(LNA) 驱动。每个信道包括无源混频器,能够将输入信号乘振幅为 $A_{j,k} \in \{-1, +1\}$ 的 PAM 感知信号,并且作为 1 bit 值存储在本地数字存储器中。随后以单频和雷达脉冲作为测试信号,对系统进行了验证。

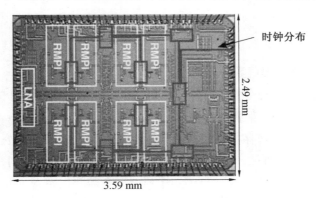

图 7.2　第 7.2 节中介绍的集成电路的显微照片(引用自文献[27])

7.2.1　硬件架构图

　　图 7.3 呈现的是文献[27] 中所述的 AIC 架构的简化框图。具有 18 dB 增益和 3 GHz 带宽的低噪声放大器用作输入级。低噪声放大器的输出驱动 M = 8 并行 RMPI 信道,其设计基于一个完全不同的架构,并且它基本与使用电流域方法进行频率下变频的标准射频接收机几乎一样[3]。

　　具体地说,低噪声放大器的大电压幅度输出通过增益为 g_m 的跨导放大器转换为大的电流域信号。虽然低噪声放大器是共享的,但每个 RMPI 信道都

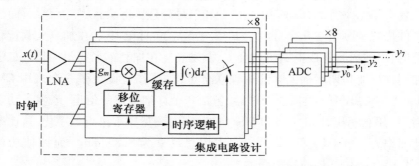

图 7.3　第 7.2 节中介绍的集成电路架构的简化框图

有自己的跨导放大器,以减少通道之间的串扰。然后,生成的电流信号通过标准模拟无源混频器进行混合,在下变频射频接收机中,连接到本地振荡器(LO)的端口现在连接到一个可编程 128 位移位寄存器上,起到串行存储的目的。换句话说,第 k 个 RMPI 通道的 LO 端口由 PAM 电压信号驱动,PAM 电压信号可以数学建模为

$$a_j(t) = \sum_{k=0}^{N-1} A_{j,k} \chi(t/T - k)$$

式中,$\chi(t)$ 是标准矩形函数,$\chi(t) = 1, 0 \leqslant t < 1$,其他为 0,并且 $T = 1/f_N$;$A_{j,k} \in \{-1, 1\}$ 为调整移位寄存器中存储的 1 bit 数字量。这样,所设计的集成电路实现了一种对映 RMPI 架构。

使用可编程移位寄存器存储传感矢量主要有两个原因。首先,选择该解决方案是为了进行测试,它可以轻松加载任意长度的位序列,最高可达 128 bit。另一个原因是速度。与感知序列的混合需要以奈奎斯特速率进行,即在这种情况下 $f_N = 4$ GHz。在这种速度下,使用内部串行存储器是实现通用性的唯一解决方案。

混频器输出的电流信号首先缓存起来,然后基于 A 类运算放大器的跨导 RC 积分器和缓存器,分别用作 RMPI 的积分器模块和片外 ADC 的驱动器。

从数学上讲,这种情况属于连续时间模拟 CS 类(情况 A 与第 6 章的定义相对应)。在低噪声放大器的输出端用 $x(t)$ 差分电压信号表示,并假设所有缓冲器都具有单位增益,混频器将电流信号 $g_m x(t)$ 和电压信号 $a_j(t) = \sum_{k=0}^{n-1} A_{j,k} \chi(t/T - k)$ 作为输入。结果送到积分器输入端,用 $T_i = NT$ 表示积分时间,并假设积分器增益为 $1/C$(从维度上看,必须是电容的倒数),第 j 个测量值

由第 j 个积分器在积分时间给出

$$y_j = \int_0^{T_i} g_m x(\tau) \frac{1}{C} \sum_{k=0}^{N-1} A_{j,k} \chi\left(\frac{\tau}{T} - k\right) \mathrm{d}\tau = \frac{g_m T}{C} \sum_{k=0}^{N-1} A_{j,k} \tilde{x}_k \quad (7.5)$$

其中 $\tilde{x}_k$, $k = 0, 1, \cdots, N-1$, 在式(7.5)中定义的公式表示了第 6 章中的广义奈奎斯特样本, $\tilde{x}_j \approx x(jT)$ 表示准平稳信号。无量纲常数 $G = g_m T/C$ 代表系统的增益; 通过引入 $\tilde{x} = (\tilde{x}_0, \tilde{x}_1, \cdots, \tilde{x}_{N-1})^{\mathrm{T}} \in \mathbf{R}^N$ 作为包含所有广义奈奎斯特样本的向量, 可以用更紧凑、更常用的符号 $y_j = G A_{j,\cdot} \tilde{x}$ 给出。

虽然文献[28]和[27]都详细介绍了所设计集成电路的许多方面, 特别强调了在处理奈奎斯特频率 $f_N = 4$ GHz 输入信号的 AIC 中所采用的电路解决方案, 但没有提到时间连续性机制, 也没有考虑饱和问题。相反, 本书采用了混合 RD/RMPI 方法进行信号重构, 并在两篇文献中进行了详细介绍。

在每个集成电路中, 仅放置了 $M = 8$ 个 RMPI 信道。这个数字实际上太小, 无法满足式(7.4)给出的正确重建所需的最小测量数量。作为一种解决方法, 每个时间窗口 $T_w = nT$ 被分成 q 个长度为 $T_i = NT$ 的连续时间间隔, 也叫积分窗口, 其中 $T_w = qT_i$ 和 $n = qN$。

在每个积分窗口中, 从 M 个积分路径中获取 M 个测量值。在时间 T_w 中, 产生等于 $m = qM$ 的测量值。这种被称为混合 RD/RMPI 的方法已在第 6.3 节中详细介绍过, 并允许与完整 RMPI 实现类似的性能, 即使集成通道数量有限。

这一选择也是出于现实原因的考虑。RMPI 信道数量限制为 $M = 8$, 并且考虑到 $f_N = 4$ GHz, 时间差异可能非常明显, 时间和相位延迟的差异可能会影响系统性能。为了最小化时差、最小化混频器抖动以及最小化功耗, 系统时钟布置在图 7.2 中突出显示的二元对称树拓扑中。这一点已在文献[27]中详细说明。

最后, 在这里概括提出架构的几个主要方面。

(1) 时间连续性: 在文献[28]和文献[27]中均未提及时间连续性机制;

(2) 资源节约: 对映模式; 混合 RD/RMPI 架构;

(3) 饱和: 在文献[28]和文献[27]中都没有提到饱和检查机制。

7.2.2 实验结果

文献[28]和文献[27]中均包含了设计原型的测试结果。在这里, 从两篇文献中选取一些结果。

在所有测量中, 输入信号由任意波形发生器产生, 假设奈奎斯特频率 $f_N =$

$1/T = 4$ GHz。积分时间已设置为 $T_i = NT = 25$ ns，即测量值 y_j 以 $1/T_i =$ 40 MHz 的速率采样，因此 $N = 100$。RMPI 通道的输出通过外部 ADC 进行芯片外数字化处理，然后输出到 PC 机进行重建。作者未说明数字化中使用的实际位数。所有测量都是利用单个集成电路完全并行性实现的，即 $M = 8$，导致测量速率为 $M/T_i = 320$ MS/s，压缩比（就正确重建所需的样本数而言）等于 $CR = 12.5$。

在所有实验中，使用了混合 RD/RMPI 方法，在每次重建之前，在 $T_w = qT_i = nT$ 的时间内收集大量测量值 $m = qM$。然而，没有指定重建算法中使用的时间窗口 T_w 的实际值。利用数字化样本通过数值优化程序重建输入信号，并使用一种带重加权[4]的基追踪方法重构输入信号。

在测试中，两种不同的激励被作为输入信号：

第一个是由单频小幅正弦信号给出的，用于验证系统可实现的动态范围。图 7.4 展示了由峰值振幅为 400 μV 的单频信号重建的功率谱密度（PSD）。测量频率（437.42 MHz）相对于实际频率（437.5 MHz）的偏差可以忽略不计，这证明了 AIC 在检测小幅度的正弦单频信号时表现良好。动态范围评估为 54 dB。

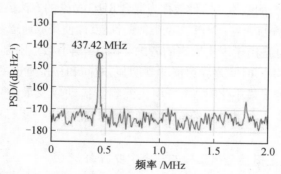

图 7.4　对第 7.2 节中 AIC，400 μV 峰 - 峰值单频信号重建的功率谱密度
（PSD）（频率为 437.5 MHz，引用自文献[27]）

在第二个更真实的测试中，考虑了多种宽度和频率的脉冲信号。在图 7.5 中，考虑了两种情况，给出了 400 ns 脉冲信号相对于原始信号重构的包络和功率谱（PSD）。其中载波频率设置为其理论工作频带内的两端频率，即约 87 MHz 和 1 947 MHz。直观上正确的重建表明了 CS 系统的可行性，并且不改变任何操作条件（例如，调整传感序列）。在上述所有考虑的情况下，频率估计误差都可以忽略不计，因为其平均值小于 69 kHz。

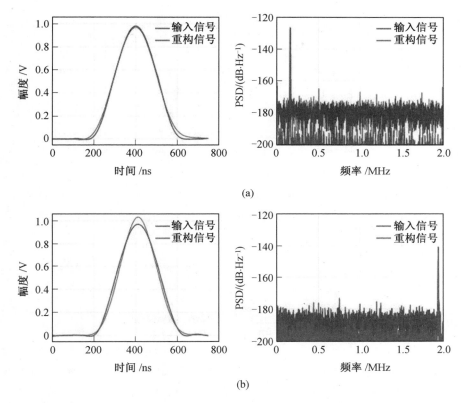

图 7.5　针对 7.2 节考虑 AIC,400 ns 频率脉冲原始信号和重构信号的包络振幅和
　　　　PSD 之间的比较（载波频率设置低频约 87　MHz(a) 和高频约
　　　　1 947 MHz(b),引用自文献[27]）(彩图见附录）

　　图 7.6 展示了一个更具挑战性的测试,其中考虑了两个不同频率的重叠
脉冲,与文献[27] 对应的是一个即使从标准带奎斯特速率接收机也很难处理
的信号。图中对比了长度为 400 ns,频率为 275 MHz 和 401 MHz 的两个脉冲
在时间上重叠为 200 ns 的情况下,重构的包络和功率谱与原始的功率谱。在
重建信号中,两个脉冲的载波频率估计误差在 234 kHz 以内,而脉冲包络的均
方误差小于 10% 。

　　最后,在考虑短脉冲的情况下,所提出的架构的极限如图 7.7 所示。图中
显示了 50 ns 和 75 ns 脉冲的重构包络。尽管脉冲包络重构的质量很低,但值
得注意的是,在这两种情况下,分别从 16 和 24 个压缩测量开始,精确的频率估
计(仅在 1.4 MHz 下评估) 是可能的。

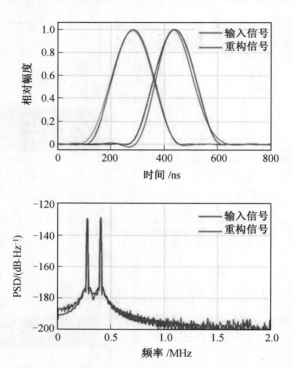

图 7.6　对于第 7.2 节中考虑的 AIC，由两个 400 ns 叠加频率脉冲（载波频率分别等于
　　　　275 MHz 和 401 MHz）构成的原始和重构信号的包络振幅和 PSD 之间的比较（包
　　　　络振幅已标准化为相应的输入信号振幅，引用自文献[27]）（彩图见附录）

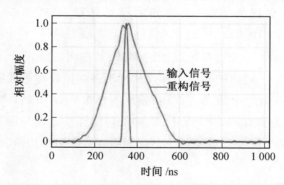

图 7.7　对于第 7.2 节中考虑的 AIC，原始信号和重构信号的包络振幅之间的比较，
　　　　重构信号由短频率脉冲（宽度分别为 50 ns 和 75 ns）构成（包络振幅已标准
　　　　化为相应的输入信号振幅，引用自文献[27]）

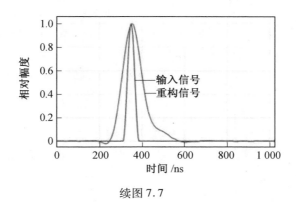

续图 7.7

7.3　Chen 等人提出的宽带多频 BPSK 信号的 AIC

在 2012 年 9 月 *IEEE Journal of Emerging and Selected Topics in Circuits and Systems* 期刊关于电路、系统和压缩感知算法的特刊中,陈等人发表了德州大学城德克萨斯农工大学电气工程系、马里兰州阿德尔菲陆军研究实验室(ARL)的联合工作成果[8]。初步的仿真结果已发表在 2011 年一期的 *IEEE Transactions on Circuits and Systems-I*:(常规论文)[9] 中。

采用 90 nm CMOS 工艺设计的集成电路的显微照片如图 7.8 所示。工作区域大小为 350 μm × 330 μm,包括一个 RMPI 通道,其简化示意图如图 7.9 所示。该电路设计以 1.5 GHz 瞬时信号带宽(等效奈奎斯特频率为 3 GS/s)的多频二进制相移键控(BPSK)信号为参考,由于受测试设备的限制,作者仅发

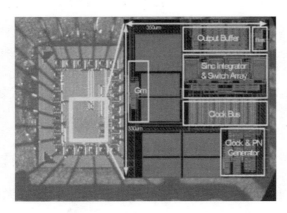

图 7.8　集成电路的样例照片(引用自文献[8])

表了信号带宽为500 MHz的实验特性。采用所设计的电路在一块单板上进行
了八个实例的完整CS系统的测试。测试奈奎斯特速率设置为$f_N = 1.25$ GHz，
该值略高于500 MHz带宽信号所需的最小值。

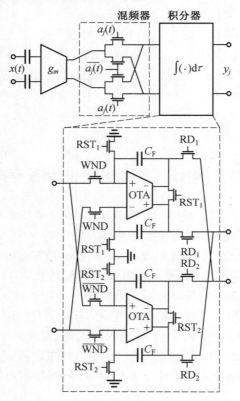

图7.9　集成电路中嵌入RMPI电路的简化示意图

　　每个集成电路包括混频器、积分器和产生$A_{j,k}$系数(11位线性反馈移位寄
存器)的伪随机发生器组成的RMPI模块。在这个设计中，$A_{j,k} \in \{-1, +1\}$，
即实现了一个对映RMPI。ADC不是在芯片上实现的；取而代之的是，使用高
速数字示波器对y_j进行数字化，并将其传输到PC机，在PC机上使用Matlab软
件实现信号重建。

　　单个观察时间窗口设置为$T_w = 1/5$ MHz $= 200$ ns，提供$m = 72$个样本。这
导致系统吞吐量为360 MS/s，相当于奈奎斯特速率的28.8%，等效压缩比约
为CR = 3.5。加上外部ADC和系统时钟发生器的功率，CS系统的总功耗为
54 mW(片上组件)。

7.3.1　硬件架构

图7.9描述了文献[8]中提出的AIC架构的核心示意图。基本上,它是一个差分电路,由电压／电流转换器(g_m级)和数字混频器组成,数字混频器实际上由几个直接路径或反向路径(即两条差分线可以反向)晶体管构成,以实现$A_{j,k} \in \{-1, +1\}$乘法,混合信号作为输入信号,它由两个交替工作的基于OTA的积分器组成。

两条积分路径交替地将输入电流累积到两对差分反馈电容C_F中,以解决时间连续性问题。假设时间窗口选择信号WND为高,而两个复位信号RST_1和RST_2分别为低和高。在这种配置中,第二个积分器处于清除模式,以清除C_F上累积的所有电荷(从而强制将输出电压归零),而第一个积分器处于连接到混频器输出的积分模式。在积分时间T_i结束时,WND和RST_2都变低,来自混频器的信号与第一个积分器断开,第一个积分器开始作为保持电路工作,保持其电压值。同时切换第二个积分器从清除模式到积分模式,通过将信号从混频器转到输入端,以便新的积分窗口可以立即在第二条支路上启动。保留足够的时间,通过将累积电压传输到外部ADC,将累积的电荷转换为电路中的第一个积分器(信号RD1生效),然后完全移除C_F上累积的电荷(信号RST1生效)。唯一的要求是,这两个操作必须在小于T_i的时间内完成,以允许第一条支路在第二条支路进入保持模式后立即开始新的积分周期。图7.10展示了控制所有这些操作的信号时序图。

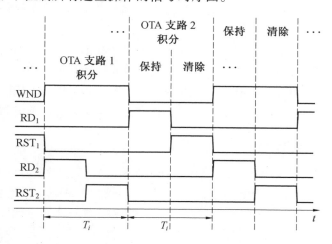

图 7.10　考虑的系统中,调节图7.9中两条积分路径工作的时序图

通过这种方法,可以容易地保证积分时间的连续性,但代价是只复制有源电路(积分器)的一部分,而所有其他部分在两条支路之间共享。从数学角度来看,该 CS 系统与之前考虑的情况类似,是一个连续时间模拟系统,根据第 6 章的符号称为情况 A。输入信号 $x(t)$ 假设为输入端口处的差分电压,首先转换为电流信号 $g_m x(t)$,然后通过图 7.9 中的导通晶体管与 $A_{j,k}$ 混合;该操作可以建模为 $g_m x(t)$ 和 PAM 信号 $a_j(t) = \sum_{k=0}^{n-1} A_{j,k} \chi(t/T - k)$ 之间的乘法。测量值 y_j 由积分器输出端的电压电平给出,在时间 $T_i = NT$ 后采样,因此

$$y_k = \int_0^{T_i} g_m x(\tau) \frac{1}{C_F} \sum_{k=0}^{N-1} A_{j,k} \chi\left(\frac{\tau}{T} - k\right) \mathrm{d}\tau = \frac{g_m T}{C_F} \sum_{k=0}^{N-1} A_{j,k} \tilde{x}_k \quad (7.6)$$

其中,$\tilde{x}_k, k = 0, 1, \cdots, N-1$ 代表第 6 章定义的广义奈奎斯特样本。与前一种情况一样,通过定义广义奈奎斯特样本的向量 $\tilde{x} \in \mathbf{R}^N$,以及作为系统增益的无量纲常数 $G = g_m T/C_F$,可以用更常见且紧凑的形式 $y_j = G A_{j,\cdot} \tilde{x}$ 来表示。

在文献[8]中测试的系统,为了降低能量,只嵌入有限数量的 $M = 8$ 个模拟 RMPI 核,以便于它能够在每个积分窗口中产生 8 个测量值。根据式(7.4),该值通常太小,无法确保正确的信号重建。为了增大对应 M 的可用测量数 m,类似于之前考虑的系统,作者提出了一种混合 RD/RMPI 方法。

换言之,如第 6.3 节所述,每个时间窗口 $T_w = nT$ 被分成若干个长度为 $T_i = NT$ 的连续积分窗口,其中 $T_w = qT_i$ 和 $n = qN$。因为在每个 T_i 中,收集了 M 个测量值,所以重建是基于总测量值 $m = qM$ 对应的时间窗 T_w。这反映在高度结构化的块对角感知矩阵 A 中,并且能够达到与完整 RMPI 方法相似的性能,即使只有少量积分支路[29]。

综上所述,归纳一下提出的架构的几个主要问题。

(1)时间连续性:积分器被复制以允许时间连续性;

(2)节省资源:对映模式(无须模拟乘法器);混合 RD/RMPI 架构;

(3)饱和:在文献[8]和文献[9]中都没有提到饱和检查机制。

7.3.2　实验结果

文献[8]中考虑的输入是宽带多频 BPSK 信号,其中多达 100 个载波分配在 5 ~ 500 MHz 之间,相邻载波之间的频率间隔为 5 MHz。稀疏度高达 4%,这意味着在给定的采样间隔内最多有 4 个载波频率。外部生成输入信号,同时 $f_N = 1.25$ GHz 为伪随机发生器的主时钟。外部还提供用于重置伪随机发生器初始状态的周期性触发信号。

在文献[8]中提出的测试系统中,作者设置 $M = 8$,以满足功耗限制在

54 mW。此外,针对 $T_w = 1/5$ MHz = 200 ns,作者设置了 $T_i = 1/45$ MHz $\approx$ 22. 2 ns 和 $q = 9$。这导致连接到每个通道的外部 DAC 的采样率等于 45 MS/s,每个信号片中的可用测量总量等于 $m = qM = 72$。由于奈奎斯特频率为 $f_N =$ 1. 25 GHz,因此 $n = f_N T_w = 250$。

图 7. 11 描述了稀疏度 $k = 1$ 的结果,即考虑频率在 50 ～ 450 MHz 扫频频率范围内的单一正弦频率信号。结果以信噪比和失真率(SNDR)表示,SNDR 定义为所有其他非期望频率分量(包括总积分噪声功率和谐波失真分量)的总信号功率与噪声功率之比。重建算法如[29]所述,基于 OMP 技术。单频测试 SNDR 最大值约为 40 dB。由于前端增益在高频下会衰减,随着频率的增加,SNDR 逐渐降低至 34 dB。

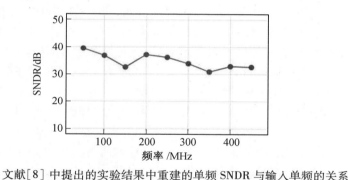

图 7. 11　文献[8]中提出的实验结果中重建的单频 SNDR 与输入单频的关系

实际的 BPSK 调制信号,即多频(具有 $k = 3$ 或 $k = 4$)宽带信号,其中频率根据编码符号具有 0° 相位或 180° 相位,也已用于系统特征描述。该信号由任意波形发生器生成,采用外部幅度均衡器,以允许测试信号的不同载频具有不同的振幅。表 7. 1 给出了一些获得的结果,其中正频率表示 0° 相移,而负频率表示 180° 相移。CS 算法成功地定位了输入频率分量,且不相等的载波振幅与原始输入频谱一致。然而,此时可实现的最大 SNDR 比单频测试低约 10 dB。

表 7.1　在文献[8]中提出的实验结果中,使用多频 BPSK 输入信号重建 SNDR

情况	输入频率 /MHz	SNDR/dB
#1	50,250,490	29. 3
#2	50,250, － 490	29. 6
#3	20,70,250,450	27. 7
#4	50,150,250,490	29. 4
#5	－ 20, － 70,250,450	29. 5

作者根据单频信号扫频实现的 40 dB SNDR，估算了 CS 数据采集系统的有效位数（ENOB），最高可达 6.4 bit。考虑多频信号时，该值应减少 1 ~ 2 bit。

7.4 Gangopadhyay 等人提出的 ECG 信号的 AIC

该电路设计发表在 2014 年的 *IEEE Journals of Solid-State Circuits* 上[12]。Gangopadhyay 等人介绍了用于 ECG 传感器的全积分低功耗 CS 模拟前端的描述和实现结果。开关电容器电路用于实现高精度和低功耗。该原型已在 0.13 μm CMOS 工艺中实现，嵌入了 384 位斐波那契 – 伽罗瓦混合线性反馈移位寄存器，用于生成感知矩阵元素 $A_{j,k}$ 和 64 个 RMPI 通道，每个通道由一个开关电容器 6 位 C – 2C 乘法 DCA/ 积分器（MDAC/I）和一个 10 位 C – 2C SAR DAC 组成。芯片尺寸为 2 mm × 3 mm（每个通道的高度为大致 36 μm），当时钟频率为 2 kHz 时，1 个和 64 个活动通道的总功耗（主要是静态功耗）分别为 28 nW 和 1.8 μW。集成电路的显微照片如图 7.12 所示。该电路的核心是一个差分 6 位 C – 2C MDAC/I 电路，其简化原理图如图 7.13 所示。该电路基本上是一个开关电容积分器，其中采样电容已被 C – 2C 网络取代，因此能够同时执行 6 位数字的乘法和积分。与目前所考虑的电路不同，这种方法允许所提出的电路实现具有实数值的感知矩阵，而不仅仅是二元感知矩阵。n 的值可以在许多值（$n \in \{128, 256, 512, 1\,024\}$）中进行外部编程。

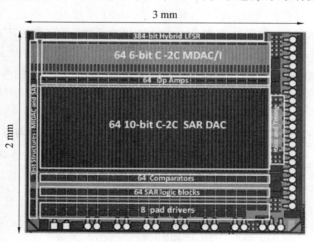

图 7.12 集成电路的显微照片（引用自文献[12]）

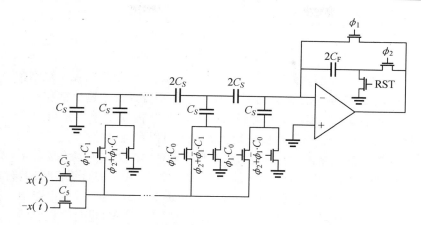

图 7.13　图 7.12 集成电路的每个 RMPI 通道中的 C－2C MDAC/I 电路的基本示意图(单端简化)

7.4.1　硬件架构

文献[12]中提出的电路的模拟核心是差分 6 位 C－2C MDAC/I 电路,其简化原理图如图 7.13 所示。基本上,该电路是一个开关电容积分器,其主要由两个不重叠的时钟信号 ϕ_1 和 ϕ_2 调节。当 ϕ_1 高(而 ϕ_2 低)时,电路处于采样模式。运算放大器反相引脚被强制设置为参考电压(运算放大器输入引脚上的虚拟短路),输入电压连接到 C－2C 梯形图,该梯形图具有单位电容 C_S,由 5 位数字字节 $C_4 C_3 C_2 C_1 C_0$ 控制。另一位 C_5 决定输入电压是直接连接还是反向连接(即两条差分线反向),以这种方式设置输入信号的符号。请注意,开关电容方法使该级作为采样电路工作。事实上,通过用 $\hat{t}$ 指示 ϕ_1 从高到低的过渡时间,CS 梯形图实际上是由电压电平 $\pm x(\hat{t})$ 加载的。因此,即使直接连接到 $x(t)$,该电路也属于模拟离散时间类,例如根据第 6 章定义的情况 B。在采样模式下,值为 $2C_F$ 的反馈电容器与运放断开,之前在运放中积累的电荷不变。

在累积模式下,ϕ_2 上升(ϕ_1 下降),存储在 C－2C 梯形图中的电荷(部分)转移到反馈电容 $2C_F$,重新连接到运算放大器。由于 C－2C 结构,只有一小部分最大电荷转移到反馈电容。更准确地说,用 c 表示 6 位数字,其符号由 c_5 给出,值由 $c_4 c_3 c_2 c_1 c_0$ 给出并进行归一化,使 $-1 < c < 1$,转移到反馈电容的电荷为 $2x(\hat{t})cC_S$。

当该过程重复 n 次时,用 $x_0, x_1, \cdots, x_{n-1}$ 指示输入信号在 n 个高到低转换 ϕ_1 处的值,并假设在每个循环中,c 的值根据感知矩阵 A 发生变化(对于第 k 个

循环中的第 j 个蓄能器，它是 $c = A_{j,k}$)，MDAC/I 输出处的电压表示为

$$y_j = \frac{C_S}{C_F} \sum_{k=0}^{n-1} A_{j,k} x_j = GA_{j,.} x$$

其中，x 是 MDAC/I 输入处输入信号样本的向量；隐式定义的无量纲常数 G 是积分器的增益，该增益已设置为 1/3，以防止在积分过程中输出饱和。

通过这种方式，MDAC/I 能够逼近由实系数构成的感测矩阵 A 控制的 RMPI 信道。已经发现，用 6 位量化值近似 A 可以精确重建[1]。

在所提出的电路中，为了避免 A 实现所需专用的大内存块（假设 $n = 256$ 和 $m = 64$，它将需要几乎 100 kbit 的内存），系数 c 由片上混合线性反馈移位寄存器（LFSR）生成。基本上，64 个 6 位 Fibonacci LFSR 已集成到电路中，每个 C – 2C MDAC/I 电路一个，并输出 6 位系数，对 6 位 MDAC 进行编程。然后，通过以伽罗瓦方式抖动其较低有效位（LSB），进一步随机化这 64 个 LFSR，每个 LFSR 使用另一阶段的 MSB。通过这种方式，设计了一个 Fibonacci-Galois 384 位 LFSR。外部触发信号在每个积分帧的开头启用 384 位种子加载。

利用该生成器，可以生成随机元素具有两种不同统计分布的感知矩阵 A。

（1）6 bit 均匀分布；

（2）1 bit 伯努利分布，通过使用 6 位 LFSR 仅设置 c 的最高有效位（MSB），并强制所有其他位为 1 来实现。

最后，将 SAR 的 ADC 连接到每个 RMPI 通道，以提供测量值的数字表示。在每个时间帧结束时，累积电荷被转移到 DAC，然后每个 MDAC/I 的剩余电荷被消除。使用了 C – 2C SAR 的 ADC[2]，从而最大限度地降低了动态功耗，并消除了输入采样缓冲器。为了实现 8 位 ENOB，实现了 10 位 C – 2C DAC。根据文献[12]，通过管道方式连接 MDAC/I 和 ADC，确保连续时间信号片之间的时间连续性；然而，没有提供关于这方面的更多细节。上述硬件在单个集成电路中被复制 64 次（即通过 $j = 1, 2, \cdots, m - 1$），以允许每 $T_w = nT$ 时间单位产生多达 64 次测量。该架构的主要特点如下：

（1）时间连续性：MDAC/I 和以下 SAR 的 ADC 之间的管道；

（2）节省资源：在单个运放电路中嵌入 MDAC 和积分器，用于 MDAC 编程的片上 LFSR；

（3）饱和：未提及饱和检查机制，只会降低积分器增益。

7.4.2　实验结果

文献[12]中提出的测试结果包括输入信号和真实信号，以及使用不同的

$n = 128,256,512,1\,024$ 及 $m = 1 \sim 64$ 的不同值。时钟和输入信号由任意波形
发生器产生,而 64 个 ADC 级输出的数字连接到逻辑分析仪。在 MATLAB 环
境下,使用标准的基本追踪算法重构输入信号。SAR 的 ADC 上的测量显示
SNDR 为 40.6 dB,相当于 200 Hz 带宽信号的有效位数为 6.5 位。实验未进行
片上校准。

使用双频正弦信号时的测量结果如图 7.14 所示。使用由两个正弦波
(28 Hz 和 50 Hz)叠加而成的输入信号。信号已使用 $n = 256$ 和 $m = 64$、$m = 32$
和 $m = 13$ 重建,即压缩比分别为 CR = 4、CR = 8 和 CR = 20。使用傅立叶稀疏
基和 CVX′1 – 范数凸优化[14] 重构信号。根据该图,双频正弦信号重构良好,
误差在 – 80 LSB 和 100 LSB 之间。实验未提供信噪比方面的性能结果。使用
真实 ECG 信号输入时的结果(取自 PhysioBank 数据库[13] 的波形)如图 7.15
所示,ECG 信号由提出的电路进行压缩,并使用树形匹配追踪算法[11] 从
Daubechies – 4 小波[10] 中导出的小波基作为稀疏基进行重构。尽管没有提供
关于 SNR 的结果,但在这种情况下,输入和重构信号之间的视觉匹配良好,压
缩比高达 CR = 4,而重构信号是以 CR = 6 的压缩比添加的。

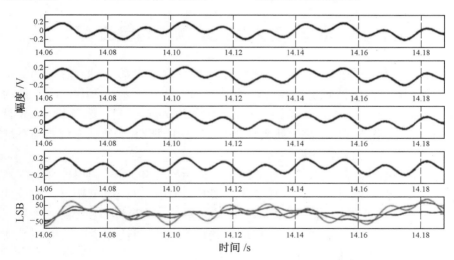

图 7.14　文献[12] 中提出的电路的双频信号(28 Hz 和 50 Hz 正弦波) 的测量重建
　　　　(从顶部看分别为:原始信号;分别用于 $n = 256$ 和 $m = 64$、$m = 32$ 和
　　　　$m = 13$ 的重构波形,压缩比 CR 分别等于 4、8 和 20)

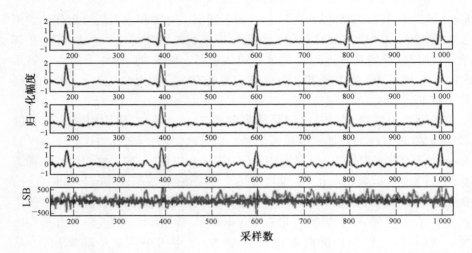

图 7.15　在 Daubechies – 4 小波域中,使用 8 帧(每个帧有 n = 128 个样本)对合成的稀疏
ECG 信号进行测量重建(从顶部开始分别为:原始心电图;分别具有 m = 64、
m = 32 和 m = 10 的重构波形,压缩比分别等于 2、4 和 6,引用自文献[12])

7.5　Shoaran 等人提出的颅内脑电图 AIC

本节中考虑的电路是一种以面积和功率对植入式系统(即颅内 EEG 信号)中使用的皮质信号进行压缩记录的有效方法,发表在 2014 年 12 月的 *IEEE Transactions on Biomedical Circuits and Systems*[25] 上,作者 Shoaran 等人,来自瑞士洛桑理工学院。此文是 2014 年 10 月 IEEE 生物医学电路与系统会议上发表的一篇论文的后续[24]。

该电路的特点是提出了一种新的多通道压缩感知方案,利用传感器阵列电极记录的信号的时间和空间稀疏性。该电路采用 0. 18 μm CMOS 工艺设计和实现,其显微照片如图 7.16 所示。设计的主要目的是将晶片区融入大量记录单元,同时保持足够低噪声和低功耗性能,因此低功耗和紧凑的面积是任何植入式记录系统的关键方面。

每个集成电路包括 16 个记录通道,包括一个带通传递函数的低噪声放大器、一个限制高截止频率的附加低通滤波器、第二增益级和缓冲采样保持电路,所有这些都呈现出差分结构。所有通道的输出都连接到一个基于开关电容器结构的单一求和以及随机积累模块上,执行压缩感知功能。然后通过一个低功耗 ADC 对结果进行数字化,架构如图 7.17 所示。

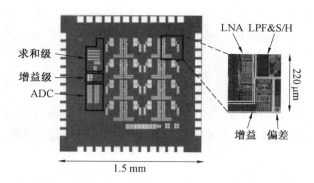

图 7.16　集成电路的芯片显微照片和单通道布局(引用自文献[24])

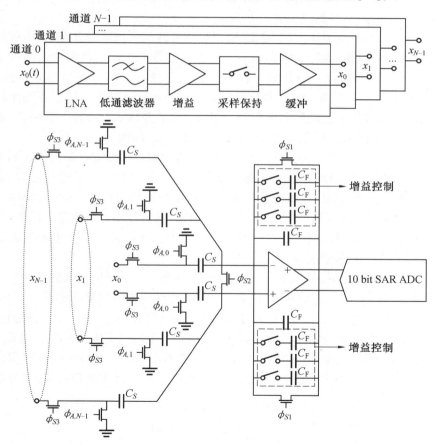

图 7.17　图 7.16 和文献[25] 中提出的集成电路的简化架构,以及 AIC 公司的电路细节

根据仿真和后续重建结果，该电路能够实现对颅内 EEG 信号的四倍压缩，信噪比（SNR）高达 21.8 dB，在每个通道 250 μm × 250 μm 的有效面积内总功耗为 10.5 μW。

7.5.1   硬件结构

电路的硬件结构在文献[25]中给出，图 7.17 中的示意图可分为一个低功耗小型模拟前端，由 $N = 8$ 通道组成，用于对颅内 EEG 信号放大、滤波和采样，即信号调节和实际的模拟 - 信息转换器。

尽管信号调节模块的设计有一些值得注意的特点，以应对面积和功率方面的严格要求，但详细概述不在本章的范围内，其目的是比较基于 CS 的 AIC 实现的不同和有效的模拟解决方案。

因此，将重点放在实现 RMPI 架构的随机控制求和阶段上，该架构展示了一个有趣的特性，即利用混合的空域和时域信号稀疏性。该电路采用两个阶段（采样、求和阶段）的开关电容积分器。三种不同的时钟信号 ϕ_{S1}、ϕ_{S2} 和 ϕ_{S3}（由感知矩阵的第 j 行 A_j 直接控制附加信号 $\phi_{A,0}, \phi_{A,1}, \cdots, \phi_{A,N-1}$）用于控制工作流程，提供合适的定时策略（$\phi_{S1}$ 在 ϕ_{S2} 之前并且 ϕ_{S2} 在 ϕ_{S3} 之前），以减少由于开关活动对采样电容器 C_S 和反馈电容器 C_F 的影响。

具体操作如下：用 $x_0(t), x_1(t), \cdots, x_{N-1}(t)$ 表示模拟前端输入的 N 个差分信号。该模块的目的是以奈奎斯特速率 $f_N = 1/T$ 对输入信号进行放大、滤波和采样，为了简单起见，可以将电路建模为一个简单的抽样／保持，将输入信号的 $x_0, x_1, \cdots, x_{N-1}$ 针对每一个 T 输出到 AIC，或者使用一种更紧凑的表示法，输出由输入信号样本构成的向量 x。这使得以下 AIC 属于离散时间模拟 CS 类（也就是第 6 章的情况 B）。

在采样模式下，ϕ_{S1}、ϕ_{S2} 和 ϕ_{S3} 都很高，令第 k 个采样电容器的差分电压设置为 x_k，同时，ϕ_{S1} 短路反馈给电容器 C_F，清除任何先前积累的电荷。

在求和模式（ϕ_{S1}、ϕ_{S2} 和 ϕ_{S3} 都是低的）中，只有当第 k 个响应通道的控制信号 $\phi_{A,k}$ 为高时，才能将存储在所有电容器 C_S 上的电荷求和并存储到 C_F 中，式中 $k = 0, 1, \cdots, N - 1$。通过用 $A_{j,k}$ 系数直接控制 $\phi_{A,k}$ 信号，此策略实现了 $A_{j,k} \in \{0,1\}$ 的二元乘法。从数学上讲，在积分器输出和求和阶段，差分电压 y_j 是

$$y_j = -\frac{C_S}{gC_F} \sum_{k=0}^{N-1} A_{j,k} x_k = GA_{j,} \cdot x$$

其中 g 是一个外部参数，$g \in \{1, 2, 3, 4\}$，能够通过在积分器反馈支路中增加电容器来控制求和阶段的增益，即能够改变 C_F 的实际值，其中隐含定义的无

量纲系数 G 是系统的实际增益。利用运行时改变 G 值(通过改变 g)来处理求和阶段的饱和问题。

然后将 y_i 转换成一个数字,并在集成电路中嵌入一个逐次逼近寄存器(SAR)ADC 以提供测量结果。采用混合两级 A/AB 拓扑作为 OTA,提供所需的轨对轨输出波动。基于植入系统严格的面积和功率限制,采用了一种采样速率可达 20 kS/s 的 10 位 ADC。采用一种通用的 SAR 架构,为中等分辨率/速度应用提供低功耗数据转换,利用带衰减电容的电容阵列作为嵌入式 DAC。

在一个时间周期 T 内,即在 x 为常数的时间周期内,用不同的行 $A_{0,\cdot}$,$A_{1,\cdot}$,$\cdots$,$A_{M-1,\cdot}$ 重复 M 次上述过程。简单的线性反馈移位寄存器内部生成元素 $A_{j,k}$ 是由硬件约束产生的,控制生成的时序图如图 7.18 所示。

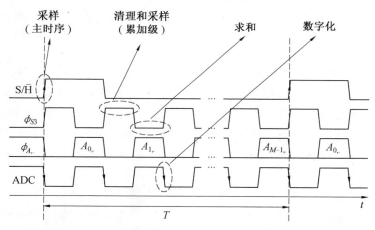

图 7.18 图 7.17 多通道积分器工作的信号时序图

这个过程使用不同的样本向量 x 重复 d 次,这样就可以将 $m = dM$ 个总测量作为 N 个通道在不同的 d 采样时刻样本的线性组合,即 $n = dN$ 个采样点。这种时空混合的方法利用了特定信号的时空稀疏性,详见第 6.5 节所述。

提出架构的特点可以归纳为以下几点:

(1)时间连续性:每个测量都是在单个时间步长 T 内通过多个通道生成的,不需要同步机制;

(2)节省资源:二元模式(无须模拟乘法器);

(3)饱和:在积分器模块采用可变增益控制。

7.5.2 实验结果

文献[25] 中给出了许多测量结果。在这里，忽略那些与信号调节模块相关的内容，总结了 AIC 相关性能。从一例难治性癫痫患者的左颞叶植入硬膜条状电极和贪婪电极，记录的一长段多通道颅内 EEG 信号被用作输入。在有创的术前评估阶段记录信号，以精确定位与癫痫发作相关的大脑区域，并研究切除手术的可行性。数据包括发作前、发作中和发作后几分钟的活动，采样速度为 32 kS/s。已使用标准医疗设备记录了颅内 EEG 信号，并将 16 个相邻电极的活动痕迹作为测试信号应用于 CS 系统。

所采用的稀疏基是 Gabor 基[22]，它与小波基一起，是将 CS 应用于生物医学信号时最常考虑的，参见文献[7]。鉴于多通道结构，神经恢复是利用标准重建算法实现的，该算法先采用 ℓ_1 范数，然后采用混合范数 $\ell_{1,2}$。如第 6.5 节所述，当使用 ℓ_1 范数时，仅使用时域稀疏性来恢复输入信号，而混合 $\ell_{1,2}$ 能够利用信号的时空稀疏性。对重建结果进行了 RSNR 比较。

该电路的性能在与癫痫发作相关的低电压快速活动中得到验证。具体而言，测试中使用的颅内 EEG 单通道信号如图 7.19 所示。计算图中突出显示的 100 个块信号的平均重构质量获得性能表现，每个块的长度 $n = 1\,024$ 个样本，即在采样频率 $f_N = 4$ kHz 下的 $T_w = 256$ ms，覆盖 25.6 s 的总观察时间。

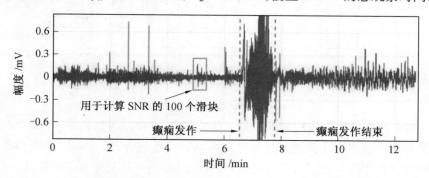

图 7.19　用于测试本节所述电路的人类颅内脑电图记录数据示例（仅一个通道）（RSNR 是通过在图（引用自文献[24]）中所示的低压快速活动区 100 个信号模块（总共 25.6 s）上求平均来计算的）

图 7.20 展示了使用两种重建方法在单个通道中重建一个块的比较。如图所示，与用 ℓ_1（顶部图）的标准稀疏恢复相比，用 $\ell_{1,2}$（底部图）考虑相邻通道的恢复可以提高性能。

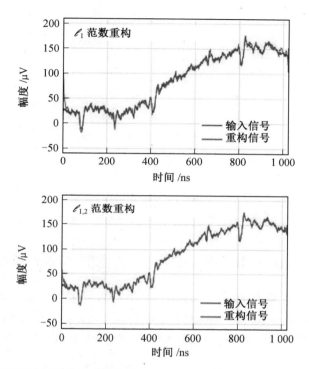

图 7.20 使用不同重建方法对长度为 $n = 1\,024$ 且压缩比为 CR = 4 的单个块进行重构性能比较(测试电路为本节中讨论的电路。上图:使用标准 ℓ_1 方法重建,RSNR = 21.3dB。下图:使用混合 $\ell_{1,2}$ 重建,RSNR = 28.0 dB,选自文献[24])(彩图见附录)

当考虑到所有 100 个块和所有 16 个通道时,ℓ_1 重建和 $\ell_{1,2}$ 重建的 ARSNR 分别为 16.6 dB 和 21.8 dB;根据文献[15]中报告的统计分析,最小信噪比为 10.5 dB(对应于 30% 的均方根差百分比)是可以接受的,以维持恢复信号中的重要诊断数据,例如,成功检测癫痫发作。

图 7.21 展示了减少测量次数(即增加压缩比)时的 ARSNR 结果。如预期的那样,当增加 CR 时,性能下降,当使用混合 $\ell_{1,2}$ 时,可以达到 10.5 dB 的目标信噪比,这表明在整个记录周期内,正确恢复低电压颅内 EEG 信号的潜在能力;压缩比高达 CR = 16 的标准值为 2。

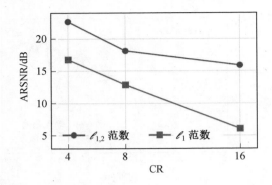

图 7.21　使用标准 ℓ_1 方法重构和混合 $\ell_{1,2}$ 方法重构的性能随压缩比变化的比较（测试电

路为本节中讨论的电路。在这种情况下，信噪比由 20 个压缩块平均得到）

7.6　Pareschi 等人提出的生物医学信号的 AIC

在 2016 年 2 月的 *IEEE Transactions on Biomedical Circuits and Systems* 上，Pareschi 等人提出了一种专门为生物医学信号设计的模拟信息转换器[21]。该电路采用 180 nm 1.8V CMOS 工艺设计和制造，其显微照片如图 7.22 所示。

图 7.22　本节考虑的集成电路的显微照片（引用自文献[21]）

电路尺寸为 2.3 mm × 3.7 mm，包括 16 个开关电容器，实现 16 个 RMPI 通道，以及一个共享的 11 位 SAR ADC。电路中没有嵌入数字控制逻辑（SAR 的逻辑除外），并且文献[21]中提供的测试结果是通过外部 FPGA 控制设计的电路获得的。

电路的核心如图 7.23 所示。它是一种低功耗全差分开关电容积分器，能够实现对映模式调制，利用与感知矩阵元素 $A_{j,k}$ 相乘再通过简单的开关电路，

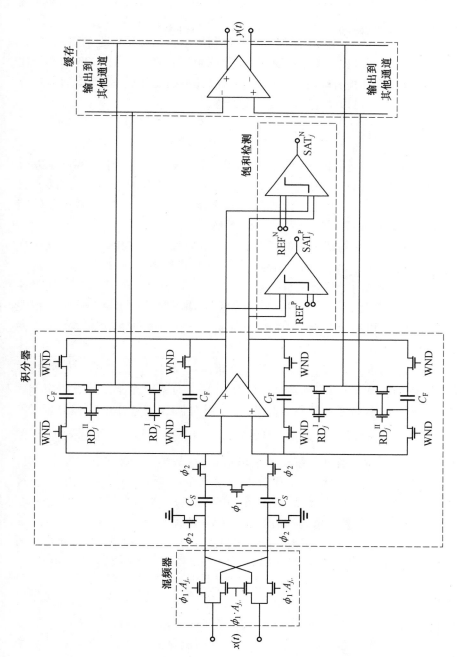

图 7.23　开关电容器电路结构，该电路为本节中考虑的图 7.22 的集成电路实现单个 RMPI 通道

这些开关将差分输入信号对反转。该电路的特点是提出了联合硬件算法优化，允许在不增加硬件复杂度或解码所花费的计算量的情况下提高性能。实际上，这个原型能够利用基于靶度 CS，通过利用生物信号不仅是稀疏的，而且是局部的这一事实来提高性能。此外，每个通道还包括通过图 7.23 的两个比较器，实现智能饱和检查功能[18]，该比较器以最小的硬件成本，使得即使在存在饱和的情况下也可以从 RMPI 通道检索信息。

7.6.1　硬件架构

文献[21] 所述电路的单个 RMPI 通道的架构是图 7.23 中的标准全差分开关电容积分器。由于开关电容结构，该电路具有固有的采样能力，即使直接连接到 $x(t)$，它实际上也会处理其样本 $x_j, x_{j+1}, x_{j+2}, \cdots$。根据第 6 章的定义，AIC 属于离散时间模拟 CS（情况 B）系统。

这种电路行为由周期为 T 的两个不重叠的时钟信号 1 和 2 调节。在采样模式下（ϕ_1 高，ϕ_2 低），差分输入信号连接到采样电容器 C_S 的差分对上。输入级的两个附加开关用于选择是直接连接信号，还是通过反转两条差分线来连接信号，充当能够与 $A_{k,j} \in \{-1, +1\}$ 相乘的调制器。其相当于一个模拟混频器，接收 $x(t)$ 和 $A_{k,j}$ 作为输入信号。在 ϕ_1 从高到低转换的瞬间，对 $x(t)$ 输入信号进行采样。

在以下求和模式下（ϕ_1 低，ϕ_2 高），存储在差分对 C_S 中的电荷被移除，并相应地根据信号 WND 转移到两个差分对 C_F 中的任意一个上。该方法用于解决输入信号连续窗口之间连续性的问题。当对偶数信号片进行积分（WND 高，$\overline{\text{WND}}$ 低）时，一对差分反馈电容器 C_F 用于积分，而另一个与电路断开，保留先前累积的电荷。当对奇数信号片进行积分（WND 为低，$\overline{\text{WND}}$ 为高）时，两对电容器作用相反，之前用于积分的一对与电路断开，允许累积电荷通过设计的 ADC 转换为数字，然后被清除（RST 信号生效，为了清晰起见未在图 7.23 中展示），以便能够再次开始新的积分过程。

数学上，假设 $T_w = nT$，并用 x_k 表示调制器差分输入端在第 k 个时间步长的采样时刻可用的差分电压采样值，则 n 个时间步长后的积分器电压输出为

$$y_j = -\frac{C_S}{C_F} \sum_{k=0}^{n-1} A_{j,k} x_x = G A_j, x \tag{7.7}$$

其中无量纲常数 G 表示积分器级的增益，与之前的情况一样。

T_w 之后，保留所有 16 个嵌入式 RMPI 通道测量值的差分对 C_F，一次一个被连接到共享输出缓冲器和 SAR ADC。图 7.24 描绘了调节该动作的时序

图。采样电容器 C_S 和反馈电容器 C_F 的值依据泄漏约束限制进行选择。针对积分时间 $T_w = n\,T \approx 1$ s(这对于所有感兴趣的生物医学信号来说都够用了),仔细设计运算放大器和开关,积分器输出端的压降与 ADC LSB 相当,此时 $T_w = 1$ s,$C_F = 40$ pF 且不采用任何数字补偿技术[19]。通过设计 $C_F = 5$ pF,将积分器的增益设置为 $G = -1/8$,可以限制积分器的饱和效应。

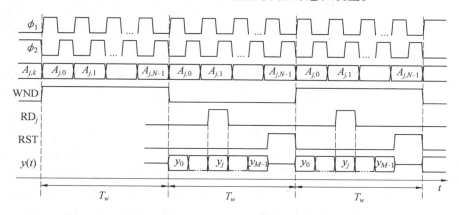

图 7.24　调节图 7.23 所示开关电容器电路工作的信号时序图

此外,在 AIC 的设计中还考虑了两个附加特性。第一个是采用第 3 章详述的基于耙度感知矩阵的可能性。

作为第二个附加特性,每个 RMPI 通道都嵌入了两个比较器(在图 7.23 中清晰可见)。这允许检查最终或中间积分电压是否高于或低于两个阈值水平,从而使第 6 章文献[18]中提出的智能饱和检查功能生效。更详细地,实现饱和投影加窗(SPW)算法,并且每当检测到动态饱和时,生成标志信号(指示正饱和或负饱和事件)。这些信息对于重建算法恢复信息非常有用。具体请参见第 6.4 节。

总之,提出的架构主要方面可总结如下:

(1)时间连续性:额外的一对反馈电容器,满足时间连续性,无须任何额外的有源电路;

(2)节省资源:对映模式(无须模拟乘法器),基于耙度的感知矩阵,减少测量次数;

(3)饱和:降低积分增益,增加用于智能饱和检查的比较器。

7.6.2　实验结果

文献[21]中提供了大量的实验测试结果。测试分为两部分。第一部分是用一些合适的人工测试信号来测量电路性能。然后,通过使用从 PhysioNet 数据库中获取的真实 ECG 和 EMG,为 AIC 的工作提供结果[13]。在所有测试中,信号都是由控制设计电路的同一 FPGA 驱动的外部 DAC 生成的,并使用迭代凸函数求解器 SPGL – 1[5] 进行重构。

集成 ADC 的性能概括如下。在 11 位分辨率下,积分非线性(INL)工作在 3.4 LSB 范围内,无杂散动态范围测量结果为 64.2 dB,ENOB 约为 9 位。功耗约为 10 μW,得出最佳值(定义为每有效级每次转换所需的能量)为 198 千万亿之一焦耳 / 转换[20]。

提供的第一个测量涉及一个输入信号,其稀疏基 D 由归一化单位脉冲构成,即根据第 1 章的公式:

$$x(t) = \sum_{k=0}^{n-1} \xi_k u\left(\frac{t}{T} - k\right) \tag{7.8}$$

其中,$u(\tau) = 1, 0 < \tau < 1$,其他为 0。在这个测试中,$n = 20$,稀疏度设置为 $k = 2$,即只有 10% 的 ξ_j 是非零的。通过式(7.4),文献[21] 的作者认为,在这种情况下,精确信号重建所需的最小测量次数为 $m = 8$。因此,仅使用了设计电路的 8 个 RMPI 通道。在本试验中,设计的原型具有 $T = 360$ μs,即开关电容器频率等于 $f_N = 1/T = 2.78$ kHz,能够实现等于 37.7 dB 的 ARSNR。图 7.25 展示了 5 个连续时间窗口内的输入信号和重构信号。

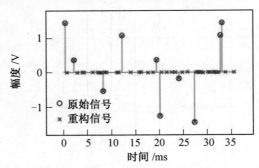

图 7.25　在 $k = 2$、$n = 20$ 和 $m = 8$,在正则基上重建稀疏信号的例子(这是本节考虑的电路。绘制了 5 个信号片,每个信号片的 $T_w = 7.2$ ms。所有非零振幅都用标记突出显示,引用自文献[21])

接下来,给出了更复杂情况,用于处理合成信号,其中 D 是傅立叶基,即

$$x(t) = \sum_{k=0}^{n/2} \xi_j \cos(kt) + \sum_{k=n/2+1}^{n-1} \xi_j \sin((n-k)t) \tag{7.9}$$

在这里,作者设定 $n = 64$ 和 $k = 3$;确保根据式(7.4),在 $m \geq 16$ 时准确重

建;此时,使用 RMPI 原型的所有通道。 通过设置 $T = 360$ μs(即 $f_N =$ 2.78 kHz),测量结果表明 RSNR 为 30.0 dB。图 7.26 描绘了该例子在单个时间窗口中的输入和重构信号。

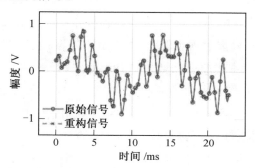

图 7.26   在 $n = 64$ 和 $m = 16$,利用傅立叶基为本节中考虑的电路重建稀疏信号(图中展示了一个信号片,其中 $T_w = 23$ ms。实际采样点用标记突出显示,引用自文献[21])

傅立叶基也被用于另外两个非常有趣的测试。

(1)第一个测试考虑电路在不同时钟速度下的性能。上限由积分器电路中使用的运算放大器给出,并且已经过验证值约为 $f_N = 125$ kHz。对于低于该限制的任何时钟速度,重建 SNR 大约恒定在 30 dB。下限受泄漏电流对应的约束限制。

图 7.27 展示了不同 f_N 的 RSNR 性能,它表示为积分窗长度 $T_w = n/f_N$ 的函数(即由泄漏确定的压降实际参数)。性能在 T_w 值以内是恒定的,其数量级是秒级。通过定义造成 3 dB 信噪比损失的时间为最大积分时间,则时间极限为 $T_w <$ 1.6 s。 这保证了所设计的电路能够正确地用于小带宽生物医学信号的采集。

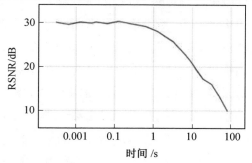

图 7.27   对于本节中考虑的电路,在不同时间窗长度 T_w 下,$k = 3$、$n = 64$ 和 $m = 16$ 时,傅立叶稀疏信号的 RSNR(引用自文献[21])

（2）第二个测试用于测试 AIC 在输入信号的振幅过大，导致系统饱和时的情况。相同的输入信号在傅立叶域中稀疏，按比例 $0 < s \leqslant 2$ 缩放。对于 $s \leqslant 1$，与测量 y 相关的电压，使用的 16 个 RMPI 通道中没有一个达到最终或中间饱和的情况，而对于 $s > 1$，可以观察到饱和现象。结果如图 7.28 所示。对于非常低的 s 值，性能表现也较差，主要是因为与 s 比例相关，测量的能量也较低。随着 s 增大，重建信噪比增大。有趣的是，当 $s > 1$ 时，会出现饱和情况。在这个例子中，作者提出了两种重建方法。① 饱和丢弃（图中的 SD），检测到饱和时，对应的测量被丢弃，并且仅使用"好的测量"执行重建。② 启用智能饱和检查（图中的 SSC）时，有趣的是，由于 mM 是在它的最小值附近取得，降低饱和测量值会导致 CS 解码器可用数据不足，正如想象的一样，无法再正确地重建输入信号。如图 7.28 所示，重建信噪比在 $s \approx 1$ 时突然下降。相反，当采用 SSC 时，即使存在饱和问题，也可以从测量中恢复某些信息，并且当仅检测到有限的饱和测量时，性能随着时间的推移仍能提高。这可以直观地解释为两种效应。首先，在 16 个 RMPI 信道中只有少数信道饱和，而饱和主要出现在积分窗口结束时。因为信号被观测了很长时间，所以可以认为信号已经携带了大量信息。其次，随着 s 的增加，非饱和测量的功率也会增加，转换精度也会提高。然而，当 s（饱和测量的数量）进一步增加时，即使仍然有可能以可接受的信噪比重构输入信号，但性能也会下降。注意，对于 $s = 2$，即使大多数测量（即 16 个测量中的 10 个）达到饱和，重建仍然是可能的。

然后，使用真实的生物医学信号对原型进行测试，更准确地说，是使用从未公开的健康／不健康患者记录的 ECG 和 EMG 输入信号（包括常规、不规则和病理信号），并通过 PhysioNet 数据库公开获得[13]。在该测试中，同时使用了靶度（两个基于靶度的感知矩阵，一个用于 ECG，一个用于 EMG，通过使用不包括输入信号的训练集来估计，以免产生偏差）和 SSC 方法。在第一个例子中，针对健康患者的心跳速度约为 60 bpm 的 ECG 信号。信号采样频率为 $f_N = 256$ Hz，采样时间 $T_w = n/f_N = 0.5$ s，因此 $n = 128$。每个时间窗口的测量次数为 $m = 16$。用于信号重建的稀疏基是 Symmlet - 6 正交小波函数[16]。结果如图 7.29 所示，有三个不同的比例因子，并与使用标准（即靶度、二元对映随机矩阵 A）方法时获得的结果进行了比较。

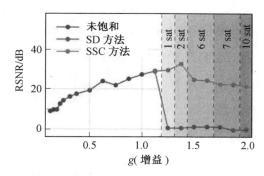

图7.28　本节中考虑的电路在不同信号增益 s 下的傅立叶基示例性能(该
　　　　图显示了采用建议的智能饱和检查(SSC)和简单丢弃饱和测量
　　　　值(SD)时的重建信噪比。还显示了每个时间窗口的饱和测量
　　　　数,引用自文献[21])(彩图见附录)

使用标准 CS 方法,信号重建质量在直观上非常差。相反,当利用靶度方
法时,性能明显要好得多。此外,这个(现实的)系统也能够容忍有限的饱和
情况出现。对于所有考虑的比例因子,信号已在没有任何明显性能损失的情
况下重建,考虑到 s = 1 未观察到饱和事件,s = 1.5 每个时间窗口平均观察到
1.2 个饱和事件,而 s = 2 每个时间窗口检测到 1.5 个饱和事件。对于所有情
况,获得的压缩系数为 CR = 8。

第二个生物医学信号示例与第一个类似,但考虑了健康患者的肌电信
号。在此设置中,f_N = 20 kHz(肌电信号通常以相对于 ECG 的更高频率进行采
样[6,7])、n = 256 和 T_w = 12.8 ms。

与前一个例子一样,所考虑的稀疏基是 Symmlet - 6 正交小波函数,通过
同时使用两个原型获得 m = 24。结果如图 7.30 所示。同样,在标准 CS 方法
中,重建明显失败,而在靶度方法中,对于 s = 1(未检测到饱和事件),对于 s =
1.5(每个时间窗口平均存在 1.2 个饱和事件),以及对于 s = 2(每个时间窗口
对应 2.5 个饱和事件),输入信号的重建成功实现。本例中的压缩系数
为CR ≈ 10。

最后,对不规则和病理性 ECG 和 EMG 信号进行了一些测试,如图 7.31 所
示。图中考虑了从 PhysioNet 数据库中提取的这些不常见信号样例,以及相应
的重建信号。系统设置与上述健康病例相同(即 m = 16 表示 ECG 信号,m = 24
表示 EEG 信号)。输入信号始终被正确地重建,即使在所有情况下都记录到
了一些饱和情况。

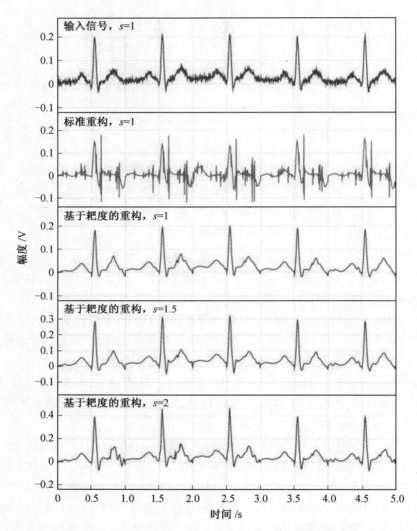

图 7.29 在 f_N = 256 Hz, n = 128, m = 16, 利用本节中讨论的电路重建真实
ECG 信号的例子（绘制了 10 个连续的时间窗口。自上而下为：输入
信号，用标准 CS 方法重建信号，即使用独立 $a_{k,j}$ 符号（无耙度）；以及
使用耙度 CS 方法重建的信号，该方法基于三个比例因子 s = 1、s =
1.5 和 s = 2，引用自文献[21]）

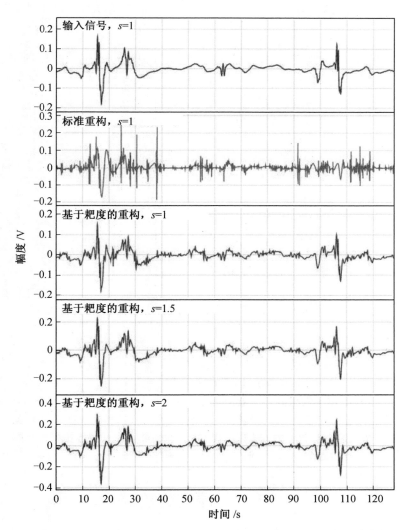

图 7.30　在 f_N = 20 kHz, n = 256, m = 24, 利用本节中讨论的电路重建真实肌
　　　　电信号的例子 (绘制了 10 个连续的时间窗口。自上而下为: 输入信
　　　　号, 用标准 CS 方法重建信号, 使用独立 $a_{k,j}$ 符号 (无耙度), 以及使用
　　　　耙度 CS 方法重建的信号, 该方法基于三个比例因子 s = 1、s = 1.5 和
　　　　s = 2, 节选自文献[21])

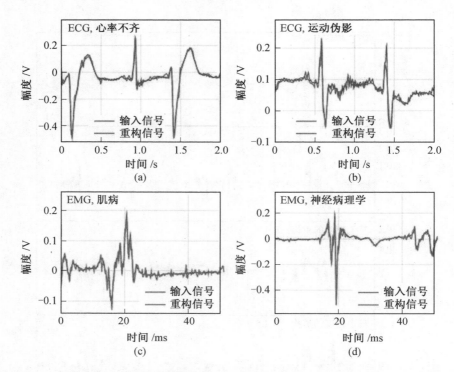

图 7.31 真实病理／不规则心电图和肌电图的信号（每个信号显示 4 个连续时间窗口）
与本节中考虑的电路相应重建信号进行比较。采用前面例子中使用的设置：
(a) 心律失常患者的心电图信号轨迹，平均每个时间窗 2.5 个饱和事件，
(b) ECG 信号被运动伪影破坏，每个时间窗口 1.75 个和事件，(c) 肌病患者的
肌电图信号，每个时间窗口出现 1.5 个饱和事件，(d) 慢性腰痛和神经病变患
者的肌电图信号，每个时间窗 2 个饱和事件（引用自文献[21]）（彩图见附录）

7.7　原型比较

表 7.2 给出了本章所述 AIC 最重要特征之间的比较。

请注意，本表的目的不是比较不同解决方案的性能，在我们看来，这是没
有意义的。所有被考虑的集成电路都具有相同的 RMPI 架构，但有许多不同
之处。

其中一些集成电路（如 Shoaran 等人[25]、Gangopadhyay 等人[12] 和
Pareschi 等人[21]）专门为生物医学信号设计了 AIC，采用开关电容实现，从而
实现了离散时间方法。此外，一些解决方案提出了非常具体的设计，完成特

定类别信号的处理[12,25]，而其他解决方案则更具通用性[21]。

其他集成电路(见 Yoo 等人[27]和 Chen 等人[8])是高频连续时间 AIC，仅用正弦信号测试，不嵌入最终 ADC。因此，即使考虑相关因素，也不可能对 AIC 相应特征做出比较，如功耗。

然而，我们认为，读者可能会对不同的特性、采用的不同解决方案和不同的应用程序场景进行比较。有趣的是，表 7.2 的特点是强调了基于 CS 方法的 AIC 设计解决方案的多功能性。即使 CS 技术仍处于萌芽状态，但已成功证明其在构建可用于极其广泛应用的 AI 方面是有效的。

表 7.2　利用 RMPI 架构，基于 CS 方法的 AIC 数据收集

	RMPI			ADC			设计				测试		特征
	通道数	$A_{j,k}$	产生 A	$f_s/$ (kS·s^{-1})	ENOB	比特	带宽 /kHz	工艺 /nm	电压 /V	功耗 /μW	信号	信号数	
Yoo 等[27]	8	{±1}	片外	外部 ADC			2×10^6	90	1.5	51×10^4	雷达 (正弦)	1	射频,非嵌入 ADC
Chen 等[8]	1	{±1}	片上	外部 ADC			5×10^5	90	—	55×10^3	BPSK (正弦)	1	射频,非嵌入 ADC
Gangopadhyay 等[12]	64	相同的, 6 bit/ 1 bit	片上	0.2	6.5	10	1	130	1.2	1.8	ECG 正弦	1	低功耗, ECG 特定设计
Shoaran 等[25]	16	{0,1}	片上	20	9.2	10	1.9	180	1.2	168	iEEG	16	AFE 设计; 需要多通道信号
Pareschi 等[21]	16	{±1}	片外	200	9	11	65	180	1.8	495	ECG EMG 正弦 脉冲	1	对多种生物信号智能饱和检测

本章参考文献

[1] E. G. Allstot et al. ,Compressive sampling of ECG bio-signals: Quantization noise and sparsity considerations, in 2010 Biomedical Circuits and Systems Conference(BioCAS), Nov. 2010, pp. 41-44.

[2] E. Alpman et al. , A 1.1 V 50 mW 2.5 GS/s 7b time-interleaved C-2C SAR ADC in 45nm LP digital CMOS, in 2009 IEEE International

Solid-State Circuits Conference-Digest of Technical Papers, Feb. 2009, pp. 76-77,77a.

[3] R. Bagheri et al. , An 800 MHz to 5 GHz software-defined radio receiver in 90 nm CMOS, in 2006 IEEE International Solid State Circuits Conference-Digest of Technical Papers, Feb. 2006, pp. 1932-1941.

[4] S. Becker, Practical Compressed Sensing: modern data acquisition and signal processing. PhD thesis. California Institute of Technology,2011.

[5] E. van den Berg, M. P. Friedlander, Sparse optimization with least-squares constraints. SIAM J. Optim.21(4), 1201-1229(2011).

[6] F. Chen, A. P. Chandrakasan, V. Stojanović, A signal-agnostic compressed sensing acquisition system for wireless and implantable sensors, in Custom Integrated Circuits Conference(CICC), 2010 IEEE, Sept. 2010, pp. 1-4.

[7] F. Chen, A. P. Chandrakasan, V. M. Stojanović, Design and analysis of a hardware-efficient compressed sensing architecture for data compression in wireless sensors. IEEE J. Solid State Circuits47(3), 744-756(2012).

[8] X. Chen et al. , A sub-Nyquist rate compressive sensing data acquisition front-end. IEEE J. Emerging Sel. Top. Circuits Syst. 2(3), 542-551 (2012).

[9] X. Chen et al. ,A sub-Nyquist rate sampling receiver exploiting compressive sensing. IEEE Trans. Circuits Syst. I Regul. Pap. 58(3), 507-520(2011).

[10] I. Daubechies, Ten Lectures on Wavelets(SIAM, Philadelphia, 1992).

[11] M. F. Duarte, M. B. Wakin, R. G. Baraniuk, Fast re-construction of piecewise smooth signals from random projections, in Online Proceedings of the Workshop on Signal Processing with Adaptative Sparse Structured Representations (SPARS), Rennes, France, Nov. 2005.

[12] D. Gangopadhyay et al. , Compressed sensing analog front-end for bio-sensor applications. IEEE J. Solid State Circuits 49(2), 426- 438(2014).

[13] A. L. Goldberger et al. , Physiobank, Physiotoolkit, and Physionet: components of a new research resource for complex physiologic signals. Circulation101(23), 215-220(2000).

[14] M. Grant, S. Boyd, CVX: Matlab Software for Disciplined Convex

Programming, version 2.1. http://cvxr. com/cvx, Mar 2015.

[15] G. Higgins et al. , EEG compression using JPEG2000: how much loss is too much? in 2010 Annual International Conference of the IEEE Engineering in Medicine and Biology, Aug. 2010, pp. 614-617.

[16] S. Mallat, A Wavelet Tour of Signal Processing: The Sparse Way. Access Online via Elsevier, 2008.

[17] M. Mangia, R. Rovatti, G. Setti, Rakeness in the design of analog-to-information conversion of sparse and localized signals. IEEE Trans. Circuits Syst. I Regul. Pap. 59(5), 1001-1014(2012).

[18] M. Mangia et al. , Coping with saturating projection stages in RMPI-based Compressive Sensing, in 2012 IEEE International Symposium on Circuits and Systems, May 2012, pp. 2805-2808.

[19] M. Mangia et al. , Leakage compensation in analog random modulation pre-integration architectures for biosignal acquisition, in 2014 IEEE Biomedical Circuits and Systems Conference(BioCAS), IEEE, Oct. 2014.

[20] B. Murmann, A/D converter trends: power dissipation, scaling and digitally assisted architectures, in 2008 IEEE Custom Integrated Circuits Conference, Sept. 2008, pp. 105-112.

[21] F. Pareschi et al. , Hardware-algorithms co-design and implementation of an analog-to-information converter for biosignals based on Compressed Sensing. IEEE Trans. Biomed. Circuits Syst. 10(1), 149-162(2016).

[22] S. Qian, D. Chen, Discrete Gabor transform. IEEE Trans. Signal Process. 41(7), 2429-2438(1993).

[23] S. Rabii, B.A. Wooley, A 1.8-V digital-audio sigma-delta modulator in 0.8 nm CMOS. IEEE J. Solid State Circuits 32(6), 783-796(1997).

[24] M. Shoaran, H. Afshari, A. Schmid, A novel compressive sensing architecture for high-density biological signal recording, in 2014 IEEE Biomedical Circuits and Systems Conference(BioCAS) Proceedings, Oct. 2014, pp. 13-16.

[25] M. Shoaran et al. , Compact low-power cortical recording architecture for compressive multichannel data acquisition. IEEE Trans. Biomed. Circuits Syst. 8(6), 857-870(2014).

[26] M. Wakin et al. , A nonuniform sampler for wideband spectrally-sparse

environments. IEEE J. Emerging Sel. Top. Circuits Syst. 2(3), 516-529 (2012).

[27] J. Yoo et al., A 100 MHz – 2 GHz 12.5x sub-Nyquist rate receiver in 90 nm CMOS, in 2012 IEEE Radio Frequency Integrated Circuits Symposium, June 2012, pp. 31-34.

[28] J. Yoo et al., Design and implementation of a fully integrated compressed-sensing signal acquisition system, in 2012 IEEE International Conference on Acoustics, Speech and Signal Processing(ICASSP), Mar. 2012, pp. 5325-5328.

[29] Z. Yu, S. Hoyos, B.M. Sadler, Mixed-signal parallel compressed sensing and reception for cognitive radio, in 2008 IEEE International Conference on Acoustics, Speech and Signal Processing, Mar. 2008, pp. 3861-3864.

第8章 使用压缩感知进行低复杂度的生物信号压缩

本章讨论 CS 的使用,它是一种提供最低硬件要求的有损数字信号压缩方法。分析的重点是对不同类型时间序列数据的生物信号压缩的具体案例。可以想象在未来传感器网络场景中,用于获取这些信号的节点将会受到越来越多的资源限制。因此,最大的限制因素是获取、编码和传输感知数据的功耗。

在前面的章节中,讨论了 CS 对于减少信号采集所需要的资源方面是非常有利的。现在对这个过程进行"放大",进入到编码阶段,将 CS 中数字到数字的处理方式作为数字信号压缩的基础。事实上,正如前几章中讨论的那样,使用随机对映集合(Random Antipodal Ensemble,RAE)感知矩阵(满足独立同分布或者像第3章和第4章中介绍的基于耙度的设计流程进行合成)的 CS 方法只需要计算样本的有符号求和;因此,可以利用无乘法器方案的定点数字硬件架构来实现,并且可以快速编码,例如:在一个现场可编程的门阵列上实现。CS 是一种提供有损压缩的低复杂度构建方法,将在下面内容中扩展这些考虑因素。

8.1 通过 CS 进行低复杂度的生物信号编码

为了了解编码阶段在一个典型传感器节点的预算中占用了哪些资源,回顾图2.13的方案,并将其置于图8.1所示的数字信号压缩背景下。总而言之,一个传感器依靠例如奈奎斯特速率模数转换器或类似的信号采集方式数字化模拟信号。之后,获取到的样本通过一个有损或无损的编码器压缩,典型的操作有:(1)采用一个适当的变换方法,例如:离散余弦变换(Discrete Cosine Transform,DCT)或离散小波变换(Discrete Wavelet Transform,DWT);(2)量化变换后的系数;(3)进一步无损(或有损)编码,例如熵编码阶段[39,第4章],用于消除已编码比特流中的剩余冗余,生成一个可用于信道编码的压缩比特流,即图中的 v。之后这个结果可以传输到远程位置或储存在合适的本地存储器上。接收(或存储)的数据将被片外的解码单元处理,该单元通过翻转或者近似的编码操作,在被噪声(由量化操作和测量过程中的内在噪声源产生)和有损编码允许的数据保真度要求下检索信息内容。

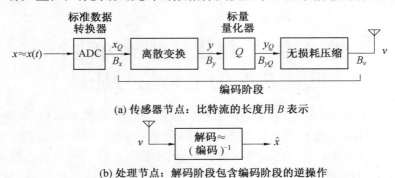

(a) 传感器节点:比特流的长度用 B 表示

(b) 处理节点:解码阶段包含编码阶段的逆操作

图 8.1 标准传感器节点和处理节点,强调在传输前的数字信号压缩的作用(信道编码被认为是收发信机的一部分)

由于传感器节点的资源消耗主要取决于数据传输的功耗,因此通过适当的有损或无损编码过程将其速率降至最低是减少节点资源的关键。因此,即使编码器具有不可忽略的计算复杂度,为了信道上传输的比特量最小化,系统级设计人员将倾向于在编码阶段花费更多的资源。然而,它的复杂度也消耗了不可忽视的资源;假设信号采集和数据压缩是在低功耗和低复杂度的传感器节点进行的,并且这些节点连接到了一个或多个更大计算能力的处理节点上。在这种可用资源不对称的情况下,必须重新考虑使用更加通用的压缩方案,例如,在相反的假设上,编码只执行一次,因此应按需要计算,而解码只在多个用户访问信息内容时执行,并且必须尽可能小量计算,以满足如移动访问终端的资源要求。因此,仅利用少量和非常基本的计算压缩方案很有吸引力,以应对这种在解码器端明显不平衡的资源分配。

在这个观点中,CS 可以充当编码器中的有损压缩阶段,编码器通过将信号投影到 RAE 感知矩阵(根据 1.7 节定义)来操作。因此,计算代价或数字硬件复杂度预计是最小的。另外,解码阶段需借助一些如 2.2 节中提到的有效算法,解决稀疏(或结构化)信号恢复过程中提出的计算要求。

现有的信息理论研究分析了 CS 是一种数字对数字的有损压缩,如文献 [17],它的速率失真性能[11]是渐近次优,相对于图 8.1 方案的简单转换码技术。虽然在形式上是正确的,但这些工作并没有解释这种转换编码方案对数字硬件要求的精确分析,这种方案通常需要浮点数乘法来精确实现从而展现出期望的性能。另外,相对于标准压缩方案,具有 RAE 感知矩阵的 CS 计算量很小。为了提高其速率,将 CS 与进一步的熵编码阶段(如霍夫曼编码)配对[20],以获得压缩性更好的输出比特流 v。

因此，将说明使用 CS 编码信号为什么非常适合于传感器节点紧张的资源需求，而信号恢复则更适合于接收所有编码流的中心节点。作为一个应用实例，比较了 CS 方法和一些其他压缩方法之间的性能，主要解决单导心电图（ECG）信号压缩问题。此外，展示了第 3 章自适应原则的直接应用，以及第 4 章、第 5 章的相关技术，相比于非自适应的 CS，所提出的压缩方法可以显著降低码率。

8.1.1　针对生物信号的有损压缩方案

在此，将 ECG 信号的具体情况当作无线健康检测传感器发展的相关例子；这种信号的吸引力在于它们随着时间推移表现出准平稳现象，因为它们传达了本质上周期性现象的信息。因此，该类信号的 n 个采样点 x（即当它们被认为是随机向量）相对于一个适当的离散小波变换 DWT（即它们可以被只有 $k \ll n$ 个非零小波系数准确地表示）既是可压缩的，也被赋予了该信号集合的高阶矩（即相关特性）限定的附加结构。

获取这类信号的标准方法如图 8.1 所示。模拟的 ECG 信号首先由 ADC 获取，并将其离散成 n 个奈奎斯特采样点，最后组合成 x。此外，ADC 本质上是对信号进行量化，以产生标准的脉冲编码调制（PCM）的样本 $x_Q = Q_{b_x}(x)$，Q_{b_x} 表示每个样本以 b_x bit/s（以下简称 bps）的均匀①标量量化，量化区覆盖了完整的模拟输入范围。

在传输前对 x_Q 进行编码的任务可以分为两个阶段（比特流长度用 B 表示）：

（1）有损编码阶段。相对于 x_Q，允许通过一些信息丢失来减小比特流 y_Q。这被划分为一个离散变换，将 x_Q 映射到一个域，其中包含一个可压缩的行为，后面是一个额外的量化步骤，允许信息丢失，以降低编码率。

（2）无损的编码阶段。通过对 y_Q 的符号进行操作，在输出端返回一个压缩的二进制字符串（即比特流），以消除 y_Q 的冗余。这一阶段的典型例子是如 [39，第 4 章] 中所描述的熵编码方案。

这两个阶段实现了 n 个样本窗口的大小为 $r = \dfrac{B_v}{n}$ bps 的编码率，在编码的比特流中总共有 B_v 位。特别地，在这里评估了使用 CS 作为数字信号压缩方

---

① 在 ADC 中集成非均匀，最小失真的量化器是一项技术复杂的工作，因此，将这项研究限制在均匀标量量化器上。

案的可能性，该方案对x_Q进行线性降维，在图8.1的方案中相应地以离散变换的形式实现。现在的做法如下：首先，介绍两种常见的压缩技术（相对于x_Q，一种无损和一种有损），这可以作为结果比对。然后讨论了一种基于CS的有损压缩方案，并对其进行调整以获得最优性能。最后，比较了这三种技术，通过尽可能地调整，看看它们在ECG信号上达到的最佳速率是什么。之后对前两个方案进行总结。

1. 霍夫曼编码

在此讨论的低复杂度无损压缩方案相当于使用标准霍夫曼编码（HC）[39]处理x_Q中的PCM样本，这是一种简单且广泛使用的熵编码技术。霍夫曼编码以一个二进制字符串作为输入，并通过一个无前缀的变长代码对其进行编码。该代码需要基于输入信号的概率分布构造一个最优码本，即输入字符串中的概率最大的符号由最短的码字编码，以此类推，构造一个唯一编码所有非零概率符号的二进制树。

这里假设代码本是先验已知的，并且是实际训练的PCM样本（事实上，是一个大的ECG样本的数据集）的经验分布。由于这个训练集可能不包含所有可能的单词，所以一个转义码字被添加到代码本中，然后用$\lceil \log_2 q \rceil$位来表示没有出现在上面的集合中的所有q符号。因此，这里的"量化损失"只是由于ADC在将x量化为x_Q的过程中不可避免产生的。

这个压缩方案需要最小的计算资源：在信号量化之后，直接通过使用查找表编码x_Q，将其固定长度的单词映射到编码后的比特流v中的可变长度的码字。因此，如果在传感器节点有足够的可用存储空间来分配最优码本，HC实现了一个不涉及定点信号处理操作的码率r_{HC}，并且因为它相当于一个适当初始化的查找表，所以是一种绝对廉价的方式。该方案如图8.2所示。

2. 小波系数的划分编码

作为复杂性对比，考虑应用分层树分区编码（SPIHT，[27]）方法，这是在数字信号压缩方案中应用小波变换后的基本架构（图8.3）。相对于小波系数树中幅度大小和依赖性而言，SPIHT通过构造系数映射关系，然后利用x_Q的DWT系数进行编码（特别是，[27]的作者认为9/7双正交小波[28]对于ECG信号是最优的）。

在这种有损编码中，关键算法的复杂性要求尽可能高效（如[24]）和具体（如[26]），该变换需要精细量化的滤波器系数在最佳固定点进行乘法，直接集成到传感器节点的低资源数字处理模块的复杂性很高，将展示其编码率r_{SP}作为参考实例，一般预计优于本章中讨论的其他方案。

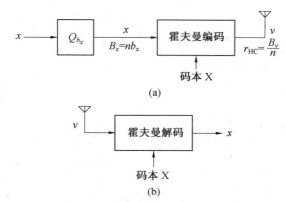

图 8.2　霍夫曼编码的系统级视图:(a) 编码阶段,(b) 解码阶段

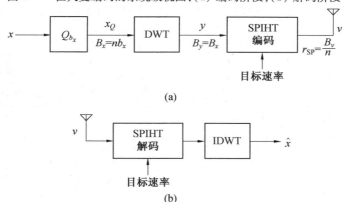

图 8.3　SPIHT 编码的系统级视图:(a) 编码阶段,(b) 解码阶段

8.1.2　CS 的有损压缩

1. 编码阶段

正如在 8.1.2 节中提到的那样,使用 $y = Ax$ 进行了简单的降维;在本节中,将把 A 作为编码矩阵,以强调它是以数字到数字的方式实现的;特别地,设定 $A \in \{-1, +1\}^{m \times n}$, $m < n$,因为希望在非常低复杂度的数字硬件中实现它。

提出的编码阶段如图 8.4(a) 所示,总结如下。由于降维是在数字域进行的,将会对量化后的 x_Q 进行操作;因此,编码操作事实上是由 m 个数字表示的 $y = Ax_Q$。它们的字长将是 $b_y = b_x + \lceil \log_2 n \rceil$,因为每个 y_j 是由 x_Q 中的 PCM 样本和符号变化向量的内积得到的,即 $y_j = \pm x_{Q_0} \pm x_{Q_1} \pm \cdots \pm x_{Q_{n-1}}$。这个操作可以方便地映射到单个累加器的 mn 循环上,即通过一个非常简单和无乘法器的方案,如图 8.5 所示。

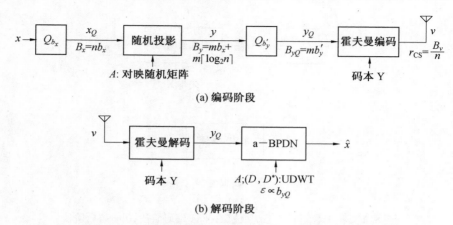

(a) 编码阶段

(b) 解码阶段

图 8.4　通过 CS 压缩数字信号的系统级视图:(a) 编码阶段,(b) 解码阶段

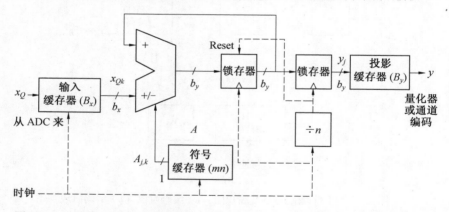

图 8.5　一种数字的、无乘法器的 CS 编码阶段的硬件实现方案(RAE 编码矩阵使用单一累加器和定点算法。缓冲区是大小为(·) 位的本地寄存器;虚线表示同步信号)

　　为了降低编码比特流的速率,使用第二个均匀量化器将 y 量化为 $y_Q = Q_{b'_y}(Ax_Q)$,其中 $b'_y \leqslant b_y$. $Q_{b'_y}$ 缩放为在 y 值范围内操作,但对于每个 y_j 只保留 b'_y MSBs。还注意到,非均匀的、最小失真的标量量化器(即劳氏 – 马克斯(Lloyd – Max) 量化器[32]) 确实可以在这里应用,因为只需要在均匀量化之前实现适当的预矫正,而矢量量化通常需要对编码器进行更多的计算[18]。从低复杂度的角度来看,假定一个均匀的量化器是最简单的选择,尽管其他的替代方案确实值得探索(并且已经在一些工作中得到了讨论[22, 44])。

　　为了进一步压缩编码比特流,评估了应用无损霍夫曼编码的情况,其中

依据 y_Q 每个元素的经验 PMFs 训练最优代码本,因为 A 的混合效应,它近似高斯分布。因此编码后的比特流 v 达到的编码率 r_{CS} 依赖于 (m, b_x, b_y)、A 的选择、编/解码阶段是否存在 HC。

2. 基于耙度的编码器设计

现在,进一步讨论选择 A 的自由度,通过一种合适的 A 的耙度方式而不通过非自适应选择的独立同分布随机变量来确定。尽管假设 $A \sim \mathrm{RAE}(I)$ 同样适合于任何一种信号[7],我们展示了如何利用耙度和信号定位设计 $A \sim \mathrm{RAE}(A)$,最大化 y 的平均能量,并且以最小 m 成功恢复信号。因此,使用它作为编码器端选项,以降低编码率,代价是需要一些如下的辅助信息。

为了实现 A(即 $\mathscr{A}$ 的选择)的设计,回顾 ECGs 信号的准平稳性质允许对信号的相关矩阵 $\mathscr{E} = UMU^*$ 进行有意义的估计,其中 U 等于 Karhunen – Loève 变换(KLT)得到的最优变换编码,这与 PCA 本质上是一样的。在许多应用中,随时间变化的 $\mathscr{E}$ 的平稳条件可能不够充分,其估计值 $\hat{\mathscr{E}}$ 的更新和传输使 KLT 相对于计算其他变换而言是不利的。然而,对于这种特殊类型的生物信号,估计的 $\mathscr{E}$ 不仅是稳定的,而且能够获得式(1.5)中较高的 $\mathscr{L}_x$ 值。

为了利用这种结构,给定 ECGs 准平稳信号,应用合成方法和 3.2 节中的设计流程,它利用相关矩阵的估计值 $\hat{\mathscr{E}}$,如图 8.6(a)所示,该值通过对 $n = 256$ 个采样点的 ECG 窗信号 x 采集,计算总量为 10^4 的大型训练集的样本相关性给出。因此,合成问题就通过定义一个 $\mathrm{RAE}(\mathscr{A})$ 得到解决,然后可以生成 A。为此,采用图 3.3 中的方案,设置参数为 $t = 1/2$;为了记录这个过程,在图 8.6(b)中给出了 $\mathscr{A}$。给定 RAE 的目标相关性,使用与 5.3.1 节中描述的平稳过程相反的方法。通过将获得到的 $\mathscr{A}$ 和 $\mathscr{V}$ 代入式(5.2),获得了如图 8.6(c)所示的 $\mathscr{G}$,它可以用作表示一个具有零均值和设定协方差矩阵为 G 的随机高斯组合(RGE)的相关性,$\mathrm{RGE}(\mathscr{A})$。$A \sim \mathrm{RAE}(\mathscr{A})$ 可以通过截取 $\mathscr{G} \geq 0$ 的部分获得;这种可行性在第 4 章和第 5 章中得到了广泛的讨论,并且在参数 $t = 1/2$ 的情况下,由 ECG 相关矩阵 $\mathscr{E}$ 产生的所有情况都被证明是正确的。在某种意义上,整个合成策略可以认为与对映随机投影向量 KLT 相类似,但由于耙度和局部化之间处理的更好,因此它更稳定。

因此,通过设计(也就是,定义的自适应准则,即耙度),结果 y 会具有比 $\mathrm{RAE}(I)$ 更大的方差,因此在图 8.4(a)中的后续量化器与霍夫曼编码将需要对 y 的新分布进行自适应调整,以产生一个适当的量化 y_Q。

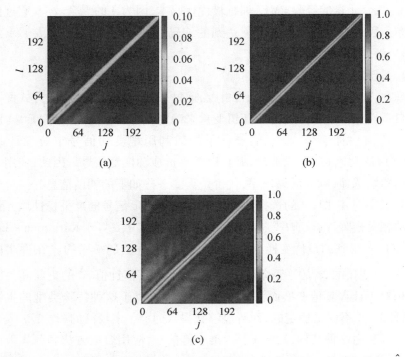

图 8.6　相关矩阵描述了基于靶度设计的编码 ECG 信号：(a) 估计相关性 $\hat{\mathscr{X}}$，
(b) 输出给设计流获得目标相关矩阵 $\mathscr{A}(t = 1/2)$，(c) 通过对高斯
组合 RGE($\mathscr{G}$) 限幅合成 RAE($\mathscr{A}$)

3. 解码阶段

由于 A 是一个降维矩阵，y 经历了第二次量化，因此这个方案按定义是有损的。然而，之前回顾了一些 x 关于 D 的稀疏性的理论和最小测量数 $\overline{m} = O(k\log(p/k))$，以确保即使在存在量化噪声的情况下，仍能够从 y_Q 中稳健地恢复出 x。这些保证允许考虑这样一种可能性，即当 x 关于 D 足够稀疏时，通过选择合适的字典和恢复算法，确实可以实现一些去噪。

在本节中讨论的解码阶段如图 8.4(b) 所示。作为一种恢复算法，我们讨论了具有去噪功能的基追踪分析(a - BPDN)，即如式(2.3)中定义的，在 $\varepsilon \geqslant 0$ 情况下，在处理流程 Q_{b_x} 和 $Q_{b'_y}$ 中，按比例设定量化噪声的能量。

至于(D, D^*)，假定它们是一个非抽样 DWT(也称为平移不变量或冗余的 DWT) 的合成和分析操作符，即过完全变换，其运算符形成一个紧框架(见 1.4 节)，这是通过修改滤波器组和移除抽取/升采样模块获得一个过采样的 DWT，而不是利用常用的采样 DWT(此时 D 是正交的) 获得的结果。这种信号恢复算法和稀疏先验性,针对存在附加噪声的情况是具有鲁棒性的。我们的目标是利用这种鲁棒性来减轻量化对 $\hat{x}$ 质量的影响。

8.1.3　性能评估

本节中,评估图 8.4 中方案解码后的性能,重点放在 CS 和它的变量上。用 x 和 $\hat{x}$ 之间的解码信号的平均重构信噪比(ARSNR)作为性能指标,其中 $\hat{x}$ 是每种方法的解码输出结果。接下来,继续说明评估中的一些细节。

1. 数据集和样本量化

使用一个合成 ECG 生成器[33]来产生 10^4 个 x 的训练实例,其中 $n=256$,对应为以 256 Hz 采样的时长为 1 s 的窗口。生成器的参数被随机生成,以获得不同心率振荡的训练集,不受固有或量化噪声的破坏。然后将每个窗口以 b_x 量化为它的 PCM 样本 x_Q。因为 ECG PCM 样本通常具有高波峰因子

$$\text{CF} = 20\lg \frac{\sqrt{n}\ \|x\|_{\infty}}{\|x\|_2} \approx 11\ \text{dB}$$

它们在量化器范围内不均匀分布。因此,对于均匀量化白噪声,信噪比估计为

$$\text{SNR}_{Q_{b_x}}[\text{dB}] = 10\lg \frac{\hat{E}[\ \|x\|_2^2]}{\hat{E}[\ \|x_Q - x\|_2^2]} \approx 6.02b_x - 11\ \text{dB}$$

(详见图 8.7(a),(b)),其中第二项确实是由于 ECG 信号的高波峰因子产生的。

2. 解码阶段细节

为 UDWT 选择一个合适的小波族,并且为求解式(2.3)选择一个解码算法,该算法是客观评价 CS 的关键。在这里,假设 (D,D^*) 具有 $J=4$(即 $p=(J+1)n$)[28,第5.2节]个子带的 Symmlet – 6 UDWT,并采用该变换进行信号恢复。对于 a – BPDN,通过 Douglas – Rachford 分解[10]来求解式(2.3),并将式(2.3)的数据保真度调整为 $\varepsilon = \|y_Q - Ax\|_2$ 进行限定,确保算法针对目标函数收敛门限为 10^{-7}。

3. 测量值的量化影响

所评估的编码方案中,主要的噪声来源是均匀的 PCM 量化器 $Q_{b_x}, Q_{b'_y}$。前者对所有评估方案是相同的,而后者只用于 CS 编码中,以将 y 中的每个元素减少至 $b'_y < b_y$ 位。因为这些测量值是近似高斯分布的(如在 3.4 节中讨论的那样),$b'_y = b_y = b_x + \lceil \log_2 n \rceil$ 会大大超过描述 y 所需的精度,此时损失可忽略不计。因此为了探讨 b_y 的影响,(1)通过 CS 编码 ECG 训练集,使用 $b'_y = b_x$ 或 $b'_y = b_x + \lceil \frac{1}{2}\log_2 n \rceil$ 来训练 $Q_{b'_y}$;(2)对 64 个新的测试实例使用相同的操

作,求解式(2.3)并计算当 $m = 20, \cdots, 128$（直到 $m = n/2$）, $b_x = 6, \cdots, 16$ 时的 ARSNR。此外,对基于耙度的 CS 运行相同的程序,就如 8.1.3 节中讨论的一样。针对 $Q_{b'_y}$,必须设置适当比例范围,以补偿测试值存在更大的平均能量,这就是自适应 CS 方法的结果。

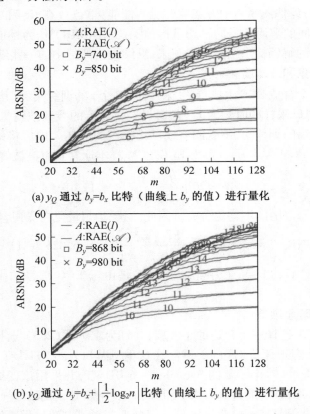

(a) y_Q 通过 $b_y = b_x$ 比特（曲线上 b_y 的值）进行量化

(b) y_Q 通过 $b_y = b_x + \left\lceil \frac{1}{2} \log_2 n \right\rceil$ 比特（曲线上 b_y 的值）进行量化

图 8.7　不同的量化策略下 RAE(I)（虚线）和基于耙度的 RAE($\mathscr{A}$)（实线）的 CS 方法计算 ARSNR 的结果（其中, $b_x = 6, \cdots, 16$。在 $b_x = 10$ 时, ARSNR ≈ 30 dB 对应的点突出显示 i.i.d. RAE(I)（十字符号）和 RAE(A)（方形符号））（彩图见附录）

该程序的结果如图 8.7 所示,其中:(1) 在所有测试情况中,用最大能量 RAE($\mathscr{A}$) 的基于耙度的 CS 方法优于最大能量为 RAE(I) 的标准 CS 方法,因为它依赖于被获取信号的一些先验信息;(2) 通过增加 (b_x, b'_y) 位数获得的增益会进一步加剧 ECG 信号对于 ARSNR 的饱和限制;(3) 对于一个固定的 b_x,达到 ARSNR 目标所需要的比特位数 $B_y = mb'_y$,暗含了所选择的量化策略的冗余度。在图 8.7(a),(b) 中均强调了这个数量,并且展示了为 y_Q 选择一个更加准确的量化器 $Q_{b'_y}$,须与一个更小的 m 相匹配。特别地,对于用 CS 方法实现更低编码率,$b'_y = b_x$ 是一个更好的选择。

4. 速率性能

给定观察到的量化效应,为了理解哪种均匀标量量化器 $Q_{b'_y}$ 能够将码率降到最低,y_Q 必须由最优训练的霍夫曼编码进行后处理。此外,在此评估了某些固定目标解码性能,即在 ARSNR[dB] = $\{25,30,35,40,45,50\}$ 下,该方案获得的速率性能 r_{CS} 与其他方案的性能比较。

为了进行公平的比较,SPIHT 编码器运行作者的代码用于处理 ECGs 信号,同时,将 x_Q 分配到 1 024 个 PCM 样本的所有帧内,这些样本通过不同的 b_x 进行量化。SPIHT 编码器将 r_{SP} 作为输入,将其设置在 $[1/n,2]$ 之内;在图 8.8(a),(b) 中展示了在解码后满足目标 ARSNR 需要的最小 r_{SP}。作为进一步的参考,展示了均匀 PCM 量化的速率及其最优的霍夫曼编码,实现的速率为 r_{HC};因为它是无损的,因此实现 ARSNR 依赖于 b_x。虽然平均码字长度(和 r_{HC})可以作为 PCM 样本的熵估计,但为了解释转义符号的存在,运行这个编码来找到测试集的实际 r_{HC}。

在图 8.8(a),(b) 中比较了这两种参考方法与 CS 的各种实施例(使用或不使用霍夫曼编码,使用不同的量化策略;使用或不使用耙度方法,最大能量 RAE($\mathscr{A}$) 的编码矩阵设计)。可以观察到,图 8.8(a) 中所得到的速率一般低于图 8.8(b),因此,在假设 $b'_y = b_x$ 时,与速率、增益相比,重建质量损失较小。此外,在测量中使用霍夫曼编码显著降低了 CS 的码率,使用基于耙度的编码矩阵也是如此。此外,通过考虑使用霍夫曼编码的基于耙度的 CS 的 r_{CS},图 8.8(a)显示,在 $b'_y = b_x = 10$ bit 条件下,$r_{CS} \approx 1.41$ bps 即可实现 ARSNR[dB] $\approx$ 25 dB,而霍夫曼编码 $r_{HC} = 3.27$ bps。对于更高的 ARSNR 目标,CS 越来越有利,基于最佳的霍夫曼编码,可以将自身置于 PCM 码率的 50% 以下。

我们的结论是,作为一种有损压缩,CS 可以实现相对较低的码率,同时在编码阶段保持全局较低的计算复杂度。考虑到这些低要求,它可以成为资源受限信号压缩的有损方案。也就是说,仍有许多自由度有待探索,以改进这些结果。如前所述,因为第二个标量量化器是全数字的,并且可以任意调整,Lloyd - Max 量化可以用来减少给定码率的测量失真,这是利用了它们统计数据近似高斯分布这一事实。此外,期待在信号恢复问题中的量化噪声建模的最新进展,正如[21,36]中所做的(如前文所述,代价是在量化前有一个额外的均匀抖动),可以为这类信号提供更高的恢复质量,从而为所选的失真水平提供更低的码率。

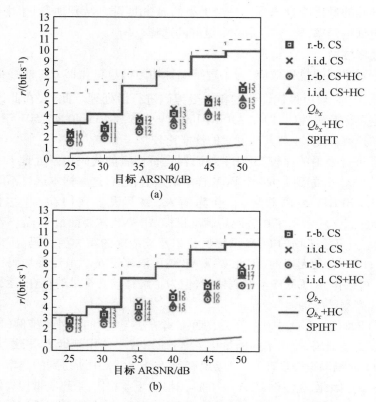

图 8.8　针对选定的 ARSNR 目标参数，评估压缩方案及其变量所达
到的码率（给定速率的 b'_y 值用右侧符号表示）：（a）用 $b'_y = b_x$ 量化 y_Q，（b）用 $b'_y = b_x + \lceil 1/2 \log_2 n \rceil$ 量化 y_Q

8.2　Bortolotti 等人提出的双模式 ECG 监测器

　　文献[5]中讨论的应用提供了一个有趣的思路，它使用 CS 作为 ECGs 信号压缩的基本模块，为医疗保健（HC）和健康（WN）提供合适设计（2015）。该系统提出了一种基于多核 DSP 多引线 ECG 压缩的双模可穿戴心电监测器。此外，还分析了不同技术对传输或局部存储评估测量值的影响，展示了基于耙度方法的有效性。

8.2.1　系统架构与数学模型

　　可穿戴的生物医疗监测系统的处理流程通常分为三个阶段。首先，输入生物信号采集，之后是一个旨在处理或压缩采集的数字信号阶段，最后是对处理或压缩的输入进行操作。在第一个阶段,模拟输入的生物信号被采样并且提供给数字信号处理器模块进行处理。随后,压缩后的输出可以被传输(到个人服务器等例如智能手表或智能手机)或者在本地存储,以供后续的离线医疗分析。由于医学及生物医疗监测固有的并行特征,其中多通道信号分析适用于并行处理,这一贡献的作者提出了一种多核 DSP 来处理从多个引线或多个生物信号获得的并行信号。从技术角度看,新兴的非易失性存储器(NVM)允许片上低功耗存储,适合于保存医疗级压缩数据的记录,即直接用在设备上。事实上,从医学的角度来看,区分标记正常、健康的心脏活动与需要医疗照顾的可疑行为之间的区别是非常重要的。

接下来,将描述基于耙度的 CS 方法提供了一个既适合医疗级又适合日常生活的信号质量的体系架构。根据外部指令,所设想的双模心电图监测器能够以高效节能的方式处理不同的应用场景,如医疗保健和健康。主要要点如下:

(1)它提供了一种双模式的 ECG 监测器,适用于医疗保健应用,其目标是医疗级的信号质量,也适用于健康应用,即心率检测,其较低的信号质量水平也是可接受的。

(2)确定医疗保健和健康场景的不同操作点及其相关的压缩比。这项工作强调了第 3 章和第 4 章中提出的基于耙度的 CS,相比于标准的 CS,在这两种应用场景的数据压缩和能源效率方面有显著提升。

(3)提供一个最新的能量增益分析,包括传输和存储的影响,并考虑几种可能的用例。

主要思想是利用数据压缩(即尽可能减少测量数)和两种不同重建质量标准的重建效果之间的权衡,可分别用于 HC 和 WN 应用中:

(1)高质量(HQ)。实现的数据压缩是 ECG 实例正确地以医疗质量进行正确重建。(即医学级,具有心脏周期的精确波形表示)

(2)低质量(LQ)。实现的数据压缩,重建质量的目标是健康应用。(即只适合提供准的心率检测)

对于一类固定信号,正如前面章节广泛讨论的那样,通过 CS 实现的重建质量依赖于 y 的基数,这样,用于 HQ 重建的测量值的一个子集也可以用于 LQ 标准。

在讨论提出的体系架构和表现性能之前,简要回顾前三章中介绍的数学模型,并专门介绍 ECG 信号类。与本书其他部分一致,给定时间窗的样本是一个 $\mathbf{R}^n$ 域上的向量 x,编码阶段通过将 x 投影到一组 m 个传感序列上,作为感知矩阵 A 的一行,因此有

$$y = Ax + \eta$$

为了简单起见，其中 η 以一种加性方式表示噪声源在测量过程中的量化和其他非理想因素。在解码器阶段，通过 SPGL1 优化工具箱[4]求解式（1.27），以解码原始样本。

更详细地，在这里采用由[33]①产生的合成 ECGs 信号作为输入信号。然后使用 256 Hz 进行采样，即 1 s 中 $n = 256$；对于每一个窗，所有的非理想因素都被当作加性白高斯噪声，噪声功率满足固定的信噪比 ISNR = 45 dB。此外，采用标准正交的 Symmlet – 6 作为稀疏基；至于 $A \sim \text{RAE}(\mathscr{A})$（之后会指定 $\mathscr{A}$ 如何选择），所有感知序列 $A_{j,\cdot}$ 由对映值组成，以控制 DSP 阶段的计算负担。基于靶度的 CS 和标准的 CS 在 ARSNR 条件下的系统表现都是通过执行超过 600 次的蒙特卡洛仿真试验获得的。

对于标准的 CS 方法，将其 RAE 感知矩阵设置为 $A \sim \text{RAE}(\mathscr{A})$，其中 $\mathscr{A} = I$（特别地，这样它们的对映符号都是独立同分布的），而基于靶度的 CS 方法感知矩阵 A 的行通过式（3.10）计算相关性 $\mathscr{A} \neq I$ 获得，其中 $\mathscr{A}$ 通过超过 1 000 个随机生成的合成 ECG 实例来估计。此外，这种基于靶度的设计案例中，感知矩阵行的生成考虑了 5.3.1 节中讨论的线性概率反馈过程。

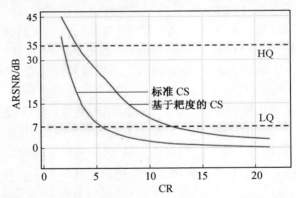

图 8.9　两种 CS 方法合成的 ECGs 信号（ARSNR 作为 CR
　　　　的函数的性能表现。图中展示了识别 HQ 和 LQ
　　　　ECG 信号重建的两个操作点对应的 ARSNR）

ARSNR 与 CR 的关系如图 8.9 所示，其中标注了两个信号质量等级需要的 ARSNR 值。从 ISNR = 45 dBHQ 标准被标记为 ARSNR ≥ 35 dB（考虑 10 dB

----

① 合成心电图生成的设置在[29]中被广泛描述：每个实例的心率随机固定在 40 ÷ 120 bpm 范围内。

损失作为数据压缩的代价），相应的最小 CRs 值，标准的 CS 为 1.91，而基于耙度的 CS 为 3.46。值得注意的是，CR 的增加直接转化为减小传输或存储的比特总量，因此，在涉及多个信道采集的场景中，减少 m 意味着减少计算负载和计算测量向量 y 的过程中的"内存占用"。

对于 LQ 操作点，重构质量由正确的心率估计值确定。即提取的信号信息量足以检测 ECG 峰值。为了确定达到期望质量所需的最小测量数，重建信号由自动工具处理，能够计算两个连续峰间的间隔①。考虑兼容 LQ 目标的最小测量次数，确保超过 600 s 的重建信号，心率检测的正确率超过 98%。结果表明，在 ARSNR $\geqslant$ 7 dB 时，标准 CS 的 CR = 5.45，基于耙度的 CS 的 CR = 12.19，均可实现这个比率。

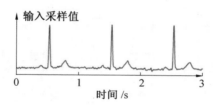

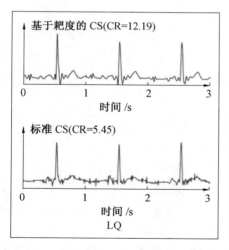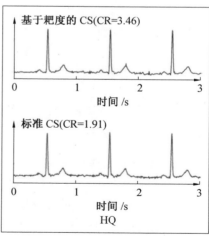

图 8.10　在 LQ 和 HQ 中运行的两种 CS 方法的真实 ECG 样本的重建质量可视化表示（每个图展示的 CR 值是确定 CS 方法和操作点的 CR 值）

为了证实这一分析，用测试过的合成 ECGs 信号来确定操作点，验证提出

---

①　心率估计被 ecgBag 实现，详情见：http://www.robots.ox.ac.uk/~gari/CODE/ECGtools/.

方法的优势,该信号取自 PhysioNet[15] 中的实际 ECGs 信号。图 8.10 中展示了使用两种 CS 方法对 3 s 的真实 ECG 信号分别进行 HQ 和 LQ 相应的重建任务。同时也展示了与每个配置相关联的 CR 值。

8.2.2　硬件实现与能量性能

双模 ECG 监测仪的框架如图 8.11 所示。由三个独立的模块结构组成:模拟前端(AFE)、多核 DSP(MC - DSP) 和用于传输(TX)或存储在非易失性内存(NVM) 的后端。

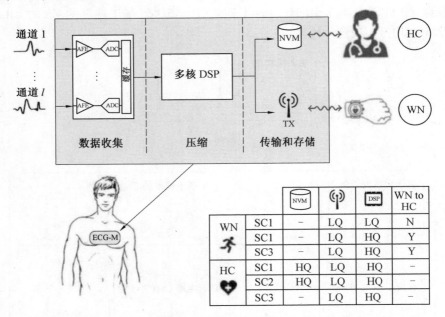

图 8.11　针对健康(WN) 和医疗保健(HC) 应用程序的三种不同使用场景(SC1、SC2 和 SC3),双模式 ECG 监视模块方案(上图) 和操作点(下图)

在所考虑的结构中,数据采集阶段,8 通道的生物信号由 AFE 进行获取和采样,根据生物信号的特性和分析场景中所需要的精度来设置采样频率。一旦在 AFE 的缓冲器中准备好了一组新的样本,数据就被传输至 MC - DSP 存储器中进行数据压缩。数据压缩通过矩阵乘法来实现,其中感知矩阵由对映值组成,以减轻 DSP 阶段的计算负担。由于这一阶段中,大多数情况下整个系统是空闲的,因此,对于 MC - DSP 和 TX&NVM 后端,可以考虑系统工作在深度低功率状态(几乎为零功率)。事实上,这避免了不必要的功率消耗。最后一个阶段,即传输和存储阶段,根据目标使用情况,管理当前时间窗口的数据,也就是,将数据传输出去还是存储在设备内,以供之后的离线医疗分析。

正如之前在 8.2 节中描述的那样,系统的工作点是为两个不同的名为 HQ 和 LQ 的重建质量等级设计的。这样的目标定义了两个相应的应用程序,即工作在 HC 模式下系统需要的压缩信号,以达到 HQ 的重建质量目标;而 WN 模式下调整到需要满足 LQ 的重建质量目标。这些定义为所提出设备的不同实际应用奠定了基础,可以根据提供的不同信号质量和设备潜在的医疗用途分为三个场景:

$$(1)\,SC1\begin{cases} WN = CS_{LQ} + TX_{LQ} \\ HC = CS_{HQ} + TX_{LQ} + NVM_{HQ} \end{cases}$$

$$(2)\,SC2\begin{cases} WN = CS_{HQ} + TX_{LQ} + BUF_{HQ}^{1min} \\ HC = CS_{HQ} + TX_{LQ} + NVM_{HQ} \end{cases}$$

$$(3)\,SC3\begin{cases} WN = CS_{HQ} + TX_{LQ} + BUF_{HQ}^{1min} \\ HC = CS_{HQ} + TX_{HQ} \end{cases}$$

在这些定义中,$\cdot_{LQ}$ 代表 LQ 标准下最小测量数 m 对应计算(CS_{LQ})、传输(TX_{LQ})或存储(NVM_{LQ})过程。同样地,$\cdot_{HQ}$ 代表满足 HQ 目标下,需要增加的 m 和 CR。这些定义之间的区别在于 LQ 目标的测量值是 HQ 目标值的一个子集这一事实。例如,在 SC2 的霍夫曼编码应用程序中,MC – DAP 首先计算满足 HQ 目标所需要的所有测量值,然后只有一个子集传输给用户用于心率监测,而其余的测量值存储在本地,用于后续的医疗分析。

通过外部患有心律失常症状的患者激活产生输入,通过这个外部输入,提出的设备可以从 WN 转换到 HC 工作方式(这是 SC2 和 SC3 中的一个可选功能)。为了满足这些需求,BUF_{HQ}^{1min} 指的是一个循环缓冲器,位于 MC – DSP 内存中,能够高质量地存储最后观察到的一分钟,记录从 WN 到 HC 的转换事件。图 8.11 中的下图归纳了三个场景中的行为。

为了理解基于靶度的 CS 带来的好处,可以分析压缩和传输／存储 1 s 窗口所需的能量,作为系统级能量效率的衡量标准。MC – DSP 体系结构已经被建模并集成在一个基于 System C 的循环精度的虚拟平台上,从等效寄存器(RTL 等效)[13] 传输逻辑结构中提取的元素具有反标注的功率数。在 28 nm FDSOI 工艺下,功率因数的设计角是(RVT,25C,0.6V)@ 10 MHz。同时考虑设置了一个大小为 V_{RBB} = 1 V 的反向体偏置电压,以减少空闲阶段的泄露影响。此外,考虑到压缩任务本质上是受内存约束的,内存带宽方面的要求意味着为了维持吞吐量,需要更高的供应电压(0.8 V)。值得注意的是,System C 和 RTL 平台之间的执行时间差小于7%。由于该系统的多通道特性,采用了

一个 1 KB 的指令内存和每核 512 B 的堆栈部分。在数据存储方面，分配输入
样本所需的内存总量为每秒 256 个样本，总共 8 个 ADC 精度为 12 位（每个样
本）的通道。静态数据通过交叉编译器和链接器脚本部分来执行。剩余的内
存占用分配（输出和感知数据结构）取决于合适的 CS 方法和服务质量。详细
数字见表 8.1，包含对 HQ 和 LQ 这两个工作点执行 CS 操作所需的执行周期。
如前所述，与 LQ 质量标准相关联的传感序列由 HQ 传感矩阵行的一个子集组
成，这限制了双模操作在序列存储和计算方面的开销。

表 8.1　在 LQ/HQ 操作点中，两种 CS 方法的执行周期和内存占用需求

CS 方法		DSP 时间（周期）	内存 × 输出 /B	内存 × 感知 /B
LQ	标准 CS	109 642	752	11.75
	基于耙度的 CS	49 048	336	5.25
HQ	标准 CS	312 246	2 144	33.5
	基于耙度的 CS	172 428	1 184	18.5

对于使用场景 SC2 和 SC3，跟踪转换事件的缓冲器（BUF_{HQ}^{1min}）的消耗是
69.4 KB。表 8.1 中报告的数据也强调了引入基于耙度的方法带来的好处，特
别地：

（1）基于耙度的 CS 减少了计算量，因此也减少了内存需要；

（2）相对于标准的 CS 方法，更少的计算意味着减少了执行时间（LQ 标准
下大约 50%），这对计算成本有积极影响。

此外，考虑一下生物医学监测系统中，最后一阶段的能量需求，即用于存
储或传输的资源。对于传输子系统，考虑使用了一个低能量（Low - Energy，
LE）的蓝牙收发器。计算这些资源需求的品质因素表示为，传输能量／位，对
于蓝牙 LE 来说是 $E_{TX} = 5$ nJ/bit，而对于存储技术来说，每位的成本设置为
$E_{NVM} = 0.1$ nJ/bit。注意到，这种分析没有计算 AFE 的贡献，这是因为它既没
有依赖于使用的 CS 方法，也不依赖于考虑的场景，因此没有被考虑进去。

该计算、存储和传输能量的评估结果如图 8.12 所示，展示了在 1 s 压缩
窗，使用基于耙度的 CS 方法的情况下，工作在 HC 和 WN 形式下的不同使用场
景（SC1，SC2，SC3）的能量消耗。这些条形图展示了 MC - DSP 和 NVM&TX
后端堆栈的贡献。在每个条形图之上，标注了能量增益，它是以标准 CS 方法
使用 HQ 传输压缩后的 ECG 数据的生物医学系统作为基线。

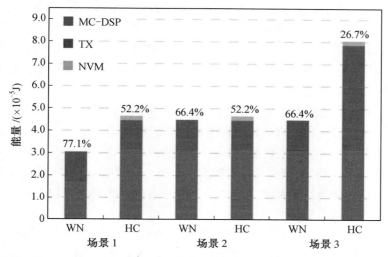

图 8.12　不同场景(SC1、SC2、SC3)和操作模式(HC、WN)的能量(1 s 窗口)(彩图见附录)

8.3　Mangia 等人提出的用于 WSNs 信号的高效压缩感知归零方法

在这里提出了一种基于 MC－DSP 平台的无线体感网络传感器节点的设计方法。Mangia 等人在[31]中提出的架构与图 8.11 上图中展示的[5]中构架相同。它是一种多通道的生物传感器,利用 CS 来处理采集、数据压缩和输出传输或存储操作。

[5]的主要结果之一是,基于靶度的 CS 可以减少数据压缩的计算负担以及传输或本地存储压缩后信号的能量预算。更进一步地,它还说明了,虽然 CS 可以很好地降低数据压缩的计算成本,但与传输或存储的能量成本相比,该任务所消耗的能量是不可忽略的;由于传感器节点通常是电池供电的,因此,最小化这部分能量是一个基本问题,最好通过分段的系统级优化来解决。通过减少测量数量,基于靶度的 CS 方法达到了近似最优,特别是当与一个名为"归零"的额外设计优化相结合时,将在下面介绍这种优化,其目的就是减少全局能量需要。有趣的是,分析显示了传输和存储过程中不同策略的结果,包含新提出的技术,即在数据压缩和测量分配能量之间的权衡是由最后阶段所选择的技术驱动的。

第 4 章讨论了这一主题,提供了一些方法来限制压缩阶段的成本,同时在数据压缩方面的性能降低非常有限，以获得适当的服务质量。特别是，通过强制 A 中不可忽略的实体数量为零，计算负担的减少程度是有限的。为了实现这一目标，根据运行 CS 编码阶段的 DSP 的特性，提出了不同的策略来定位 A 的零项位置。此外，4.2 节提出了参数编码策略，其中包括感知序列对所获取的信号类的自适应性。

如前所述，把这种方式称作归零，因为只将零值设置为 A 中的一个子集，这明显减少了编码器处理获得的样本所花费的能量，因为 $A_{j,k} = 0$ 意味着无须操作。因此，主要的焦点就是通过基于耙度的 CS 方法找到零值的最佳位置，也就是保持高 ARSNR 恢复质量；这本质上涉及 4.2 节中设计流程的应用。我们的结果将为能量消耗和监测时间提供额外的设计指导，并考虑进一步压缩整个传感器节点所消耗的能量。

更详细地，感知矩阵的设计应遵循两个步骤。首先，利用基于耙度的 CS 方法，从估计表征获得的信号类的相关轮廓 $\mathcal{B}$ 开始，得到对映随机矩阵，它具有大小为 $n \times n$ 的相关矩阵 $\mathcal{A}$。然后，通过随机归零一些项来改变对映矩阵 A，从而生成一个矩阵 $A \in \{+1, 0, -1\}^{m \times n}$。

继续 4.1 节中的讨论，回顾设计参数 OT，即输出节流（output throttling），它计算 A 中的每一个列的非零项，因此，$0 < OT \leqslant m$。对于第 k 列 $A_{\cdot,k}(k = 0, \cdots, n - 1)$，$m - OT$ 个随机选择的项被设置为零，每列只留下 OT 个非零值。在处理结束时，测量向量 y 计算的复杂度从 $m \cdot n$ 个有符号数之和减少为 $OT \cdot n$ 个有符号数之和。

其明显的缺点是，归零改变了最初由耙度方法施加的统计特征，显然，OT 值越小，引入的失真值就越高。因此，基于耙度的 CS 方法所带来的好处会降低，而 ARSNR 表现最终会降低到低 OT 值下的标准 CS。在一个案例研究中，我们感兴趣的信号是真实世界的单通道 ECGs，将会看到：

（1）对几乎所有的 OT 值，归零方法的性能（就 ARSNR 而言）都高于标准方法；

（2）固定 m 的 ARSNR 随 OT 增加而减少，而能量需求随 OT 的增加而增加。

在这里，ARSNR 的性能通过 MIT - BIH 心律失常在线数据库[15] 提供的真实 ECGs 信号进行评估，特别是，以记录编号 101 的前 71.1 s 的结果作为参考。该信号以 360 Hz 进行采样，并用 11 位的 ADC 进行量化，因此可以估计它的 ISNR ≈ 38.5 dB。输入信号之后被分割成 50 个时间窗口，每个时间窗口有 $n = 512$ 个采样点，因此每个窗口约为 1.42 s。对于每一个 m 值，通过合成 ECGs

轨迹[33]的初步测试,生成一个唯一的感知矩阵 A。A 的生成遵循以下原则:

(3)对于标准的 CS,$A \sim$ RAE(I)是对映随机矩阵,以保证试验中 ARSNR 性能最佳。

(4)对于基于耙度的 CS,使用合成 ECGs 估计式(3.10)所需要的相关系数 $\mathscr{C}^-$ 以获得 $\mathscr{A}$。然后,根据这个集合分布的感知矩阵池中提取 $A \sim$ RAE($\mathscr{A}$),选择一个在试验中使 ARSNR 最大的矩阵。为了进行公平的比较,$\mathscr{C}$ 是通过合成的 ECGs 来估计的,而不是使用真实的 ECG。

(5)对于归零 CS,用来测试基于耙度的 CS 性能的矩阵是通过随机设置每一列中 $m - OT$ 项为零来实现的。

作为一种解码过程(2.3),即通过在具有四个子带的 symmlet − 6 小波簇的 UDWT 上推广的稀疏信号模型,得到重构信号[28,第5.2章]。如 8.1.2 节,解码器的实现使用了 UNLocBoX[8,10,40] 提供的 Douglas − Rachford 分裂模型。

三种具有不同 OT 值方法计算的 ARSNR 的结果如图 8.13 所示。正如预期的那样,基于耙度的 CS 方法在 ARSNR 方面对所有考虑的 CR 值都优于其他方法。此外,归零 CS 的表现随着 OT 的增加而增加,只有当 OT = 2 时才会下降至标准 CS。这一结果证实了 CS 在 A 的行统计中受到了引入的扰动的影响,同时证实了一个精心优化的归零实际上可以防止这种性能下降的观点。

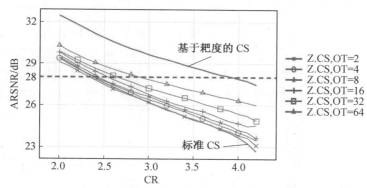

图 8.13　ARSNR 作为 CR 的函数,对于标准 CS、基于耙度的 CS 及在 OT = {2,3,
4,16,32,64} 的归零 CS(图中标注了 ARSNR = 28 的操作点)

归零方法中涉及的另一个重要问题是它的算法实现,这对于固定的 OT、标准的 CS 以及基于耙度的 CS 都是相当有效的。由于归零产生稀疏感知矩阵,实现测量求值(即 $y = Ax$)的简单双循环可以类似于表 4.1 中的方式按列进行展开。这两种方法软件实现的主要区别在于感知矩阵的本地存储方式。一方面,在双循环实现中,项被简单地分配在数据内存中;另一方面,按列展开的实现只存储与 A 中非零元素的位置和符号相关的信息。

为了比较所有提到过的 CS 方法，指定了一个适当的服务质量，然后根据压缩比，内存占用，每次处理的能量消耗和传输／存储方面进行比较。从 ISNR ≈ 38.5 dB 开始，目标是满足 ARSNR $= 28$ dB，相应的操作点见表 8.2。同样，表 8.2 也展示了对于所有考虑的方法，输出测量和感知矩阵分配的 DSP 数据存储中的内存占用。

表 8.2 对于标准的 CS、基于耙度的 CS 和归零 CS(OT $= \{2,3,4,16,32,64\}$) 的 MC – DSP 数据内存占用需求，满足 ARSNR $= 28$ dB

CS 方法		DSP 实现	m	CR	y 存储空间 /B	A 存储空间 /KB
基于耙度的 CS		双循环	130	3.94	2 080	65
归零 CS	OT $= 64$	按列展开	175	2.93	2 800	64
	OT $= 32$	按列展开	192	2.67	3 072	32
	OT $= 16$	按列展开	200	2.56	3 200	16
	OT $= 8$	按列展开	209	2.45	3 344	8
	OT $= 2$	按列展开	218	2.35	3 488	2
标准 CS		双循环	256	2.00	4 096	128

至于前几节中描述的应用，为了量化 DSP 模块上消耗的能量，运行了 RTL 模拟来描述体系结构元素的功率功耗，然后在 System C 模拟器的功率模型中进行回注，其中的设计方式与之前相同。图 8.14 显示了对于每个 CS 用例的多通道输入数据压缩的能量消耗。结果显示，与标准 CS 相比，基于耙度的 CS

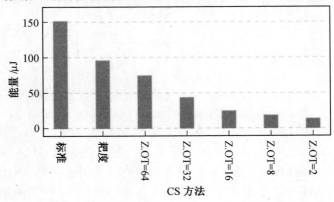

图 8.14　标准 CS、基于耙度的 CS 以及不同 OT 值的归零 CS 在压缩阶段消耗的能量

和归零 CS 都提高了能量效率。事实上,相比于标准 CS,基于靶度的 CS 少消耗了约 37% 的能量,而 OT = 2 的归零 CS 导致能量增益接近 91%。这是由于在感知矩阵中的少量非零项结合该策略的有效实施而实现的。

为了完成之间的分析,目前估计了这两种情况下最后一阶段的能量消耗:一种是采用无线传输进行输出,另一种是使用通用的或即将出现的高效存储技术的本地存储输出。

对于压缩信号的无线传输情况,所考虑的结构主要是在耗电的近场通信(NFC)和更有效的窄带(NB)解决方案之间。在存储情况下,使用非易失性存储器(NVM)来本地存储压缩数据;为此,考虑了多种前沿技术,从电阻RAM(ReRAM)到导电桥接 RAM(CBRAM)。表 8.3 给出了这些技术每比特位的能量。

表 8.3 假设不同的传输(TX)和存储(NVM)技术,每传输/存储比特位的能量

类型	技术	能量/(nJ·bit⁻¹)	参考文献
TX	蓝牙低能量(BLE)	1	[26]
	窄带(NB)	0.1	[38]
	人体信道通信(HBC)	0.24	[2]
	近场通信(NFC)	10	[25]
NVM	电阻式 RAM(ReRAM)	2	[9]
	自旋转矩传递磁阻式 RAM(STT – MRAM)	0.1	[19]
	闪存(FLASH)	0.01	[43]
	导电桥接 RAM(CBRAM)	0.001	[14]

作为第一个场景,考虑压缩数据的无线传输的最后一个阶段。第一组结果依赖于生物感知节点所消耗的总能量来压缩和传输一个样本窗口,其压缩比保证了 ARSNR = 28 dB。对于该设置的结果如图 8.15 所示,它参考了表 8.3 中列出的传输技术,展示了总的能量消耗。这里评估的性能考虑了所有讨论过的 CS 方法,而对于没有运行压缩算法的情况,传感器节点只是传输原始数据。图中还强调了能源消耗是如何被划分为两个主要部分的:即DSP(每个条的底部)和传输(每个条的顶部)。显而易见,基于靶度的 CS 总能获得最低传输能量;事实上,归零 CS 可以通过降低 DSP 的能量来接近这个增益。当与无压缩的情况(即传输原始数据)比较时,可以观察到有趣的结果。

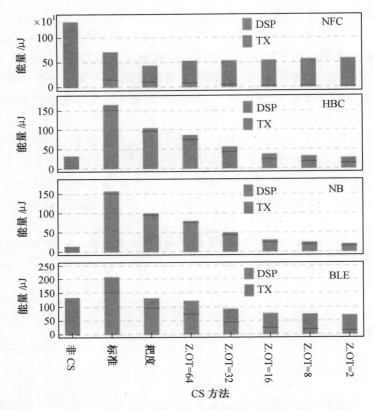

图8.15　每个窗口的能量，考虑到不同的 TX 技术和不同的 CS 方法，其
　　　　中包括使用任何压缩算法的情况（从上到下：近场通信、人体
　　　　通道、窄带、蓝牙低功耗）（彩图见附录）

（1）对于 NB 和 HBC（每比特位低功耗），DSP 功率主导着传输，使得数据压缩不够便利。显然，这在一般情况下肯定是不正确的，但对于特殊的架构来说是成立的。然而，归零 CS 展示其有效性，特别是对 OT = 2 的情况。

（2）针对传输技术，BLE 是一个中间情况。这里引入的随机归零展示了最佳的能效表现。

（3）对于高传输代价，即 NFC，传输中的能量主导了 DSP 的贡献。因此，基于耙度的 CS 具有最高的压缩比，达到了最佳的能效。注意到，OT = 64 的归零方法相对接近于基于耙度的 CS 方法所能达到的最小值。

显然，采用更复杂的归零程序（在第4章中充分讨论的），在 DSP 成本远不能忽略的情况下，也是一种降低功耗的有价值的方法。

第二个分析的场景假设生物感知节点在本地储存压缩后的数据。如之前一样,每个考虑的技术都有一个单独的图,展示了 DSP 和存储能量消耗的结果。结果显示在图 8.16 中。首先,STT – MRAM、CBRAM 和 FLASH 配置的特点是相比于 DSP,存储能耗几乎可以忽略,这使得存储未压缩的数据(图中的 no CS 部分)的情况更加节能。然而,对于 ReRAM 技术的案例,结论的变化使得基于耙度的 CS 和归零 CS 都有明显的改进。

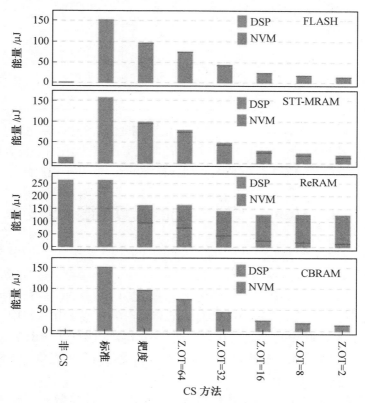

图 8.16   不同 NVM 技术和不同 CS 方法的每个窗口的能量,其中包括使用任
           意压缩算法的情况(从上到下:FLASH 技术、导电桥接 RAM、自旋
           转矩传递磁阻式 RAM 和电阻式 RAM)(彩图见附录)

对于这种情况,另一个值得注意的是所有分析的 CS 方法的影响,即内存占用。由于数据直接在本地存储在生物传感器节点上,因此受传感器节点区域限制,存储占用空间多少也很重要。根据这一指标,不同嵌入式存储大小的最大监控时间见表 8.4。

表 8.4　监控时间作为不同 NVM 存储容量的函数（技术独立）

CS 方法		32 KB/s	1 MB/min	128 MB/h	1 GB/d
基于耙度的 CS		11.04	5.89	12.56	4.19
归零 CS	OT = 64	8.26	4.41	9.40	3.13
	OT = 32	7.61	4.06	8.66	2.89
	OT = 16	7.23	3.86	8.23	2.74
	OT = 8	6.79	3.62	7.72	2.57
	OT = 2	6.60	3.52	7.51	2.50
标准 CS		6.66	3.55	7.58	2.53
非 CS		2.82	1.51	3.21	1.07

例如，对于 128 MB 的嵌入式 NVM，基于耙度的 CS 允许存储超过 12 h 的 ECG 轨迹，比标准 CS 多 5 h。对于没有任何数据压缩的情况，只能存储 3 h。正如预期的那样，归零方法的监测时间在标准的 CS 和基于耙度的 CS 之间。

8.4　Mangia 等人提出的低复杂度 CS 设计

Mangia 等人在[30]（2017）中描述的设计流程将基于耙度的 CS 设计和上一节提出的归零方法合并。所讨论的方法也在第 4 章中讨论过，正如[30]所述，这种合并被转换为两个不同的优化问题，式（4.6）和式（4.7），即提供给我们可以用到三元 $A_{j,k} \in \{-1,0,1\}$ 或二元 $A_{j,k} \in \{0,1\}$ 感知矩阵行中的相关矩阵。第 4 章和文献[30]将这些优化问题分别命名为 TRLT 和 BRLT，并详细解释了它们的求解方案。整个设计流程还可以通过一组免费提供①的 MATLAB 函数以及一些演示例子展示。

回顾第 4 章中定义的符号和参数，最明显的设计参数是压缩比（CR = n/m）；矩阵 A 的稀疏比 SR 和穿刺比 PR 也是必需的，因为它们分别计算了 y 所需的基本操作数量的比率和相同计算设计下输入样本数量的比率。通过下式来估计：

$$SR = \frac{nm}{W}, \quad PR = \frac{n}{N}$$

---

① http://cs. signalprocessing. it/download. html.

其中 W 计算所需要的操作的总量;N 计算用于压缩数据的输入样本的实际数量。

这一部分由另外两个参数驱动,分别是输入节流 IT 和输出节流 OT,计算了矩阵乘法 $y = Ax$ 被水平或垂直节流时,测量每次迭代的计算负担。所有这些参数允许在投影计算时利用不同的方法。将在现实场景中呈现这些结果,并与迄今为止文献中提出的其他方法进行比较。

8.4.1　ECGs 采集的低复杂度的传感器节点

下面讨论的分析过程是使用合成发生器[33] 来提供无噪的 ECG 信号,并添加高斯白噪声,以实现 ISNR = 40 dB。合成发生器的参数与[29] 中使用的范围相同,并且随机产生,从中可以估计输入信息的统计量 $\mathscr{X}$。信号以256 Hz 进行采样,因此1 s 窗口对应 $n = 256$。得到的向量 x 通过一个过完备的字典进行分析,这是一个基为 Symmlet – 6 使用 4 个子带的 UDWT,以提供一个类似于[31] 中使用的解码算法(在8.1.2 节中也介绍过)。

图8.17 展示了三元随机矩阵 A 的重构性能。就标准CS(独立同分布的三元随机序列) 和基于靶度的CS(由 TRLT 的解引入的相关矩阵 $\mathscr{A}$ 的三元随机序列) 的节流和穿刺而言,计算了不同配置下的 ARSNR 与 CR 的关系。在同一图中,作为参考,实线展示了通过对映、基于靶度,投影可以实现的性能,虚线则为纯随机的对映投影的性能。

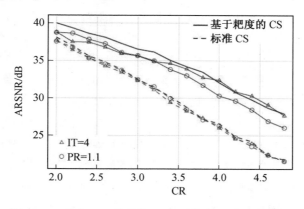

图8.17　合成ECG信号的ARSNR作为CR的函数,选择不同的投影和存储策略

除此之外,实线(基于靶度的投影) 和虚线(纯随机投影) 的相对位置展示了采用不同的节能策略时的统计结果。具体来说,展示了 IT = 4(即 A 的每

一行有 4 个非零项，因此 SR = 64）的结果和 PR = 1.1（这意味着 256 个样本中有 233 个进行计算，或者说，矩阵 A 有 23 个零列）的结果。

表 8.5 所示的结果给出了一个不同的观点，展示了用固定 ARSNR 进行 ECGs 重建的节能情况。在这里，将质量阈值设置为 34 dB，采用节能方式以便对应的每行参数控制信号链中的一个阶段：PR 表示采集的样本数量，IT 表示数据压缩的复杂性，CR 表示测量调度。

表 8.5 当采用不同的策略来实现合成 ECGs 的目标参数 ARSNR = 34 dB 时，在采样、投影和传输阶段所达到的节能效果

	对映的		三元的			
	标准 CS	基于耙度的 CS	基于耙度的 CS 和穿刺		基于耙度的 CS 和节流	
PR	1	1	1.35	1.56	1	1
IT	256	256	190	164	4	8
CR	2.75	3.56	3.34	2.11	3.62	3.7

表 8.5 中前两列展示了完整感知矩阵的两种参考情况的节能情况，即基于耙度的投影和纯随机投影，每一项都不会归零。剩余两列分别对应穿刺或节流情况。总体来说，经验数据表明，即使对于这类更真实的信号，也可以通过明显的压缩与投影计算的节能来实现目标质量重建。

为了进一步实现更真实的场景，考虑从 MIT – BIH 心律失常数据库和 MIT – BIH 噪声应激数据库中获取的真实心电图轨迹[15,34,35]。以非典型波形为目标的原因是为了评估隐含在基于耙度方法中的自适应鲁棒性。

在设计时使用的统计特性是从前面例子中使用的合成、无噪声和无伪影的结果中导出的，以避免任何偏差。采集的大小根据表 8.5 选择，目的是最大化 CR，即如表中最后一列。因此，使用一个 $n/CR \times n = 69 \times 256$ 的三元矩阵 A 投影 $n = 256$ 个样本的 1 s 窗口。这样的矩阵是根据一个由 SR = 1 的求解 TRLT 的二阶统计量的结果，并通过选择自由 IT = 8 个非零项的节流行随机生成的。在图 8.18 和图 8.19 中，展示了 10 s 的心律失常的 ECG 信号（图 8.18）和 10 s 的受运动伪影影响的 ECG 信号（图 8.19）。在整个图中，真实的波形用虚线呈现，并且与用实线呈现的重构波形几乎完全重合。从定量的角度看，尽管压缩比是 3.7，但第一种情况的 RSNR 是 26 dB，第二种情况为 44 dB，其计算工作量相当于每次测量只有 8 个加 / 减法。这样的结果在实际场景中证实了该方法明显的性能提升。

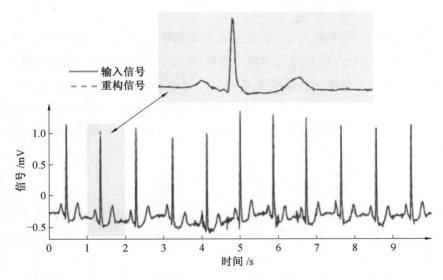

图 8.18 利用基于耙度设计生成的三元稀疏矩阵重建真实的 ECG 轨迹（展示的波形是心律失常的 ECG 信号）（彩图见附录）

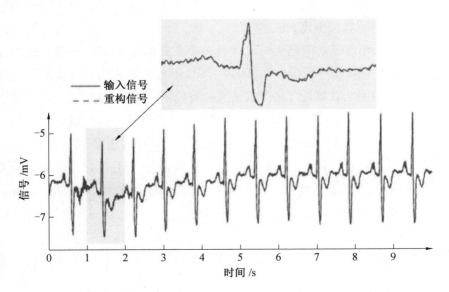

图 8.19 利用基于耙度设计生成的三元稀疏矩阵重建真实的 ECG 轨迹（展示的波形是心律失常的 ECG 信号，其获取受到运动伪影的影响）（彩图见附录）

8.4.2　　与其他方法的比较

在[47]中,作者提出了一种构造具有最优特征的二元矩阵 A 的方法和一种针对 ECG 信号重构进行适当调整的解码方法。通过在每一列中放置确定数量为 d 的非零项来构造矩阵 A,使得列的互相干性保持尽可能低,从而产生最小的互相干(MMC)。参考上述设计参数,这意味着感知模块后有一个输出节流,$OT = d$。为了方便读者理解,回顾一下在式(1.10)中提出过的互相干的定义,即

$$\mu(B) = \max_{j \neq l} \frac{|B_{\cdot,j}^{\mathrm{T}} B_{\cdot,l}|}{\|B_{\cdot,j}\|_2 \|B_{\cdot,l}\|_2}$$

其中 $B = AD$,D 是基(或字典),在该基下,输入信号是稀疏的。特别是,编码器部分的主要贡献是一种算法,该算法用一个恰当的 OT 构造二元矩阵 A,使得对于指定的矩阵 D 有最小相干性。

在解码器部分,重建算法改进了基于稀疏性准则的一般方法,利用典型 ECG 信号在小波基为 Daubechies - 6 的 DWT 上表示的系数衰减的先验知识,使得标准的 ℓ_1 范数最小化是适应于合成的 ECG 信号的。作者将所得到的算法称为加权 ℓ_1 范数最小化方法(WLM)。

这种方法相比于基于靶度的设计有一个主要的区别;Zhang 等人提出优化 A 的一种比靶度更一般的性质,因为 MMC 不考虑输入信号的二阶统计特性;Zhang 的这种方法匹配了一个自适应的解码器。而基于靶度的 CS 仅限于利用感知过程获取信号,没有任何如何解码信号的信息;这样,解码器就不一定需要 $\mathscr{X}$ 的先验信息,从而避免了共享 ℓ 的潜在的、不可忽略的通信开销。

然而,参考[47,第 Ⅲ 节]真实的 ECG 的设置,比较它们之间的性能是可行的。特别地,仿真设置使用 MIT - BIH 心律失常数据库[34],对于 Zhang 等人提出的方法,输入信号通过 $n = 512$ 和不同的 (m, OT) 对,从 $m = 96$,$OT = 4$ 到 $m = 256$,$OT = 12$。对于每个配置①,MMC 矩阵利用[47,算法1]构造;另外,二元基于靶度的矩阵通过具有相同的压缩比,用 SR 值保证非零项数相同来重

---

　　① 　虽然在[47]中没有明确报道,但为了有效,需要有一个高度结构化生成矩阵的变换列。请注意,这个过程保持了相互一致性的低值。

建。基于耙度的方法的额外要求,非零项被平均划分为每一行,以确保 IT 为常数。

用 MMC 矩阵和基于耙度的矩阵,对数据库中每对窗口的第一个轨迹中随机选择的窗口进行编码,并使用 WLM 对得到的两个测量向量进行解码。正如[47]中一样,表现性能通过均方根差(PRD)来衡量,定义如下:

$$PRD = 100 \times \| x - \hat{x} \| / \| x \|$$

其中$\hat{x}$是重构的信号,这意味着它的值必须尽可能地降低。表8.6展示了对每种配置进行 1 000 次试验时比较的结果。分析了两种编码策略的平均 PRD,以及基于耙度的感知优于 MMC 感知的百分比。很明显,尽管性能趋于饱和到相同的水平,相对于最小相干性设计,基于耙度的设计总是更容易。

表8.6　基于耙度的方法与[47]的性能比较

m	OT	CR	平均 PRD		基于耙度结果更好
			[47]	[30]	
96	4	5.33	13.3%	10.7%	85%
128	5	4	8.85%	7.42%	80%
160	6	3.2	6.37%	5.81%	75%
256	8	2	3.40%	3.01%	83%
256	12	2	3.44%	3.09%	81%

[30]的作者提出了与[48]中讨论的一个有趣应用的第二次比较。在这项工作中,作者不提倡任何专门的编码过程,而是主要关注称为块稀疏贝叶斯学习(BSBL)的重建算法,将它用于解决 ECG 传感器中母亲信号与胎儿信号叠加的难题,从而利用独立成分分析(ICA)方法提取胎儿信号。

[30]中提出的比较解决了[48,节 Ⅲ.B]中的设置问题,这是[48]中涉及的最具挑战性的一个问题。虽然[48]的作者没有提出一种新的编码策略,但它们的实现是基于二元感知矩阵,这与本节中讨论的基于耙度的方法进行了一个有趣的比较。

在上述设置下,真值是由 ICA 直接从非压缩通道中提取的胎儿 ECG 信号。同样在这里,参考情况是矩阵 A 中每列有 OT 个非零值。相比于[47],非零值的位置是随机获取的。基于耙度的矩阵仍然是水平展开的,每行非零值的数量不变,非零值的总数等于参考情况。然后将长度为 $n = 512$ 的信号窗口通过 $m = 256$ 和 OT = 12 或 $m = 205$ 和 OT = 10(更高的压缩比不能获取高质量的胎儿信号恢复) 进行编码。利用 BSBL 对所得到的测量向量进行解码,并将 ICA 用于结果上寻找胎儿 ECG。

与[48]一致,该方法的性能比较通过真值和提取的胎儿ECG信号之间的皮尔逊相关系数(PCC)来量化。对于 100 次试验,表 8.7 展示了比较的结果。分析了两种编码策略的平均 PCC,以及基于靶度的感知优于随机感知的百分比。

表 8.7　　基于靶度的方法与[48]的性能比较

m	OT	CR	平均 PRD		基于靶度结果更好
			[47]	[30]	
256	12	2	0.876	0.936	96%
256	10	2.5	0.793	0.858	97%

8.5　　Zhang 等人设计的植入式神经记录系统

本节中考虑的应用集中在一种面积和功率高效的多电极阵列(MEA)来记录神经信号。特别是,Zhang 等人(2014) 在[46]中提出了一种信号依赖 CS 方法,在压缩率和重建质量方面优于之前提出的工作。此外,作者还讨论了一种硬件实现,每个记录通道的面积约为 $200~\mu m \times 300~\mu m$,在工作频率为 20 kHz 时,功耗为 $0.27~\mu W$。所考虑的信号是神经动作电位,通常被称为尖峰,其带宽高达 10 kHz,振幅从 $50~\mu V$ 到 $500~\mu V$。为获取这类信号而开发的系统的主要特征是,大量的通道通过包含多达数百个电极的 MEA,同时记录大脑某个区域的神经元活动。如此多的电极会产生大量的数据,在无线传输的场景中,需要数十毫瓦的功率。这推动了提出 CS 作为一种压缩算法,能够减少传输的数据,而不显著增加数据压缩的面积和能量消耗,类似于其他专注于小波变换压缩[23,37]的方法。

8.5.1　　信号依赖的 CS

该场景要求压缩比高,压缩算法尽量简单,不增加面积和功耗。尽管 CS 似乎是实现这一目标的一个很好的候选对象,但据我们所知,这是文献中提出的唯一工作,对于这类信号,相对于基于小波变换的方法,CS 方法能够实现相同数量级的压缩比。这是由[46]的作者通过一种两步信号依赖的方法获得的。首先,训练过程识别出一组原子函数,这些函数在信号字典中重新排列,能够保证信号的良好稀疏表示。然后,利用计算得到的信号相关字典和标准小波变换基对信号进行重构。

来回顾一下 1.2.2 节的内容,我们说一个信号是稀疏的,如果存在一个字典 $D \in \mathbf{R}^{n \times d}$,其中 $d > n$,这样 $x = D\xi$,其中 ξ 是一个只有几个非零项的向量。当 ξ 有 k 个非零项时(其中 $k \ll n$),可以说 x 在 D 上是 k-稀疏的。众所周知,所获得的压缩比与 k 值密切相关。这就是为什么作者研究了一种经过相同信号训练的字典学习技术,以尽可能地减少 k 中表示尖峰信号的一般窗口所需的 D 中的列数。该过程首先获取一个原始数据,并将其分割成若干个 n-长窗数据,然后利用[1]中的 K-SVD 算法确定 D 的列,目的是最小化原始数据和固定的 k-稀疏表示之间的 ℓ_2 范数,即[1]中的 K-SVD 方法用于解决下面的优化问题:

$$\underset{D, \{\xi^{(l)}\}_{l=0}^{L-1}}{\text{argmin}} \sum_{l=0}^{L-1} \parallel x^{(l)} - D\xi^{(l)} \parallel_2^2$$

$$\text{s. t.} \quad \parallel \xi^{(l)} \parallel_0 \leq k, 0 \leq l \leq L-1$$

其中 $\{x^{(0)}, \cdots, x^{(L-1)}\}$ 是用于训练的原始数据;$\{\xi^{(0)}, \cdots, \xi^{(L-1)}\}$ 是 k-稀疏表示系数。

信号恢复框架基于假设每个实例 x 由两个主要部分组成,一个包含尖峰信号的平均形状,即 x_c,另一个向量 x_F 表示描述波形的细节,即

$$x = x_c + x_F$$

在图 8.20 中可以找到这两部分贡献的可视化表现,展示了记录的波形及其平均波形的集合。根据 Zhang 等人提出的信号表示,x_c 可以在训练字典 D 上表示为 1-稀疏信号 ξ_c,而剩余部分 x_F 具有波状特性,可以使用小波基表示为稀疏的向量 ξ_F

$$x = D\xi_c + W^{-1}\xi_F$$

其中,W^{-1} 为逆 DWT 对应的基。由于感知算子 A 的线性性质,这种符号也可以用来识别这两个向量对测量向量的贡献

$$y = y_c + y_F = AD\xi_c + AW^{-1}\xi_F$$

事实上,[46]的作者建议使用一个感知矩阵 $A \sim \text{RAE}(I)$。这种假设的结果是,x 的恢复分两步实现。首先,通过在训练后的字典中寻找 1-稀疏的信号

来估计 ξ_c。参考该 $\hat{\xi}_c$ 信号，计算其对测量向量的贡献 $AD\hat{\xi}_c$。然后，计算测量残差向量 $y_{\mathrm{res}} = y - AD\hat{\xi}_c$，并在小波基上估计稀疏的向量 $\hat{\xi}_F$，它包含了信号细节。作者将这种恢复方法命名为信号依赖的神经压缩感知（SDNCS）。其流程汇总见表 8.8。

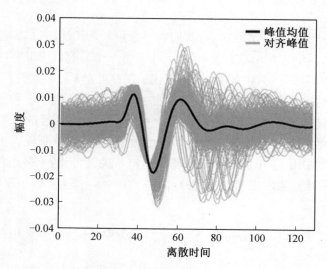

图 8.20　来自一个神经元的尖峰片段（灰色线）和这些尖峰
帧的相应平均值（黑线）（改编自 [46]）

表 8.8　在 [46] 中提出的信号依赖的神经压缩感知的代码框架

需要：测量向量 y

需要：x_v 的稀疏水平 k

需要：感知矩阵 A

需要：经训练的字典 $x = D\xi_c + W^{-1}\xi_F$

需要：W^{-1} 逆小波变换

　　通过求解下式计算估计值 $\hat{\xi}_c$：　▷ 训练字典相关组件

　　$\hat{\xi}_c \leftarrow \underset{\xi_c}{\arg\min} \ \| y - AD\xi_c \|_2 \quad$ 使得 $\ \| \xi_c \|_0 = k$

　　通过 $y_{\mathrm{res}} \leftarrow y - AD\hat{\xi}_c$ 计算 y_{res}

　　通过求解下式计算估计值 $\hat{\xi}_F$：　▷ 信号细节相关组件

　　$\hat{\xi}_F \leftarrow \underset{\xi_F}{\arg\min} \ \| y_{\mathrm{res}} - W^{-1}\xi_F \|_2^2 \quad$ 使得 $\ \| \xi_F \|_1 \leqslant \lambda$

返回：$\hat{x} = D\hat{\xi}_c + W^{-1}\hat{\xi}_F$　　▷ 最终估计

正如预期的那样,相对于一个标准的 CS 恢复过程,该方法有两点区别。首先将信号恢复分为确定 $\hat{\xi}_c$ 和 $\hat{\xi}_F$ 两个向量,并对这两个恢复阶段进行了适当的优化。其次,在 ξ_c 的恢复中,作者施加了一个固定的稀疏性水平,而 ξ_F 的恢复是一个标准的 ℓ_1 最小化,使用一个正则化参数 λ,平衡了数据保真度和稀疏性之间的权重。

为了进一步提高重建性能,作者提出利用一个简单的片上尖峰检测电路来实现在[3]中讨论的算法。对于出现在时域位置的峰值,第一个恢复阶段集中通过属于子字典的一个小得多的原子集,而不是在整个字典 D 中搜索。这一附加步骤增加了收敛于全局最小解的概率,而不是局部最小解,从而增加了噪声抑制。将这种方法称为基于先验恢复信息的信号依赖神经压缩感知方法(SDNCS – P)。

为了突出 SDNCS 和 SDNCS – P 相对于其他的方法的性能,来自莱斯特大学神经信号数据库的样本信号被用于仿真①。特别地,考虑了三种不同的神经信号片段,即 Easy1、Easy2 和 Hard1。信号的命名,与数据集中使用的命名一致,指的是尖峰分类所需的努力程度。Easy1 和 Easy2 包含具有较大时间方差的峰形,而 Hard1 集合中的峰形在时间域上非常接近。所有这些数据都包含来自 3 个不同神经元以 24 kHz 进行采样的尖峰,每个片段只包含一个尖峰。在为每个任务提取的 2 046 个信号帧中,其中 20% 用于训练信号依赖字典(每个任务一个),而其余的 80% 用于测试。

将 SDNCS 和 SDNCS – P 恢复的帧的质量与代表峰值检测技术的其他压缩方法进行了比较。特别地,考虑了三种方法:峰值检测窗口,其中 m 个样本保持在阈值交叉位置附近,而信号的其他样本被丢弃;小波变换和阈值化(DWT),将信号转换到小波域,只保留 m 个最显著的系数;以小波基作为稀疏矩阵(CS – DWT),基于单一恢复步骤的 CS。除了常用的 ARSNR 外,分类成功率还被用作衡量重建信号质量的指标。这被定义为使用数据库中包含的标签作为真值,正确分类的峰值总数的百分比。特别地,作者提到了两种不

---

① 数据库线上可用:

http://www2. le. ac. uk/departments/engineering/research/bioengineering/neuroengineering – lab.

同类型的尖峰分类器。第一个是[41]中讨论的基于小波的分类器(WLC)，其次是[45]中提出的稀疏表示分类器(SRC)。

来自三个数据库的峰值的时域形状，以及上述评价指标的结果如图8.21～8.23所示。在所有评价指标方面，SDNCS 和 SDNCS – P 算法都优于 CS – DWT 和峰值检测，而 SDNCS 和 SDNCS – P 算法在分类成功率方面与 DWT 的结果相当。然而，正如预期的那样，DWT 在 ARSNR 方面优于所提出的方法。虽然峰值信号在小波域中存在适度的稀疏性，但 DWT 方法只考虑了较高的 m 个小波系数。利用它们重建神经信号，对于 $m \geqslant 30$，重建信号与原

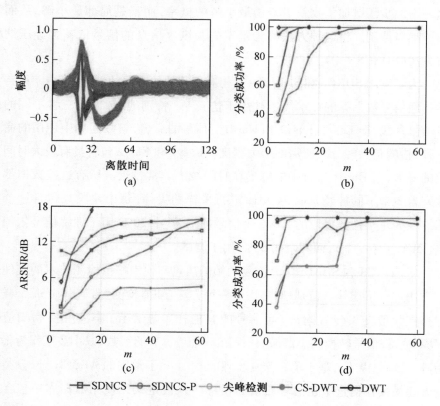

图8.21 比较名为 Easy1 的数据集的峰值检测、DWT、CS – DWT、SDNC 和 SDNC – P：(a) 峰值的时域视图，(b) 使用 SRC 分类器的分类成功率，(c) ARSNR 作为 m 的函数，(d) WLC 分类器的分类成功率(彩图见附录)

始数据有很好的匹配。虽然作者提出了 DWT 和固定 m 情况下的类 CS 方法之间的比较,但我们认为,这样的比较是不公平的。事实上,必须考虑到 DWT 必须同时传输 m 个更高的小波原子的系数和它们的指数。换句话说,这种方法所需的信息量比其他方法所需要的 m 个系数要大得多。

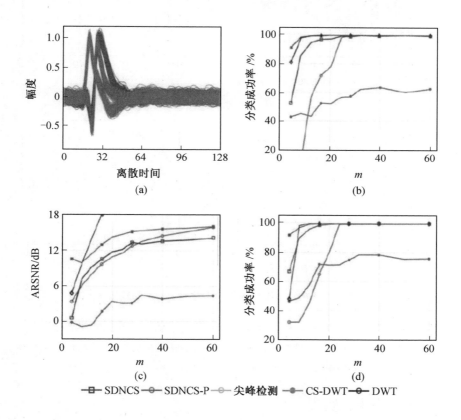

图 8.22　比较名为 Easy2 的数据集的峰值检测、DWT、CS – DWT、SDNC 和 SDNC – P:(a)峰值的时域视图,(b)使用 SRC 分类器的分类成功率,(c)ARSNR 作为 m 的函数,(d)使用 WLC 分类器的分类成功率(彩图见附录)

这些考虑强化了这样的结论:对于这类特定的信号,所提出的解码方法优于标准 CS,并达到了与 DWT 方法相似的性能,但它更适合于低面积和低功耗的实现。

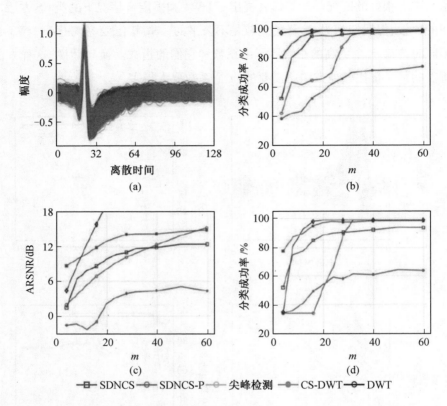

图 8.23　比较名为 Hard1 的数据集的峰值检测、DWT、CS – DWT、SDNC 和 SDNC –
　　　　P:(a) 峰值的时域视图,(b) 使用 SRC 分类器的分类成功率,(c) ARSNR
　　　　作为 m 的函数,(d) 使用 WLC 分类器的分类成功率(彩图见附录)

8.5.2　硬件实现

在[46] 中,作者还提出了一个概念装置实现所讨论的 CS 方法。该系统的实现框图如图 8.24 所示,片外系统首先进行字典训练阶段,然后进行尖峰信号的解码和分类。

该信号处理流程首先包括由芯片放大器和带通滤波器组成的调节块,以便以适当的带宽和振幅表示所捕获的现象。然后,ADC 以其奈奎斯特速率将信号数字化,生成数字信息,可用于直接传输(训练阶段)或压缩并传输到芯片外系统,即压缩阶段。收集到的原始数据也可以用于 SDNCS – P 的最佳阈

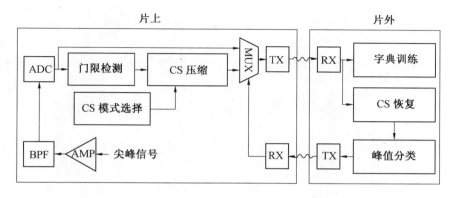

图 8.24　在[46]中提出的系统的实现框图

值配置。当训练阶段完成时,CS 阶段被激活,使 ADC 输出与使用数字累加器实现的随机感知矩阵混合,每个 CS 通道一个。这个阶段生成无线传输到芯片外系统准备的压缩测量。请注意,在系统的仿真中使用了对映感知矩阵(即有 $A_{i,k} \in \{-1, +1\}$),在概念设计证明中实现的是二元矩阵(有 $A_{i,k} \in \{0, +1\}$)。该实现是为了进一步降低数字电路的有功功率。然而,在[46]中也强调了,对于高压缩比值,对映感知矩阵的性能优于二元感知矩阵。这为与传输电力成本密切相关的权衡铺平了道路。对于感知矩阵生成器的实现,作者没有提出具体的实现,而是参考了由线性反馈移位寄存器实现的随机数生成器和局部存储的预生成的感知矩阵。

作者还详细介绍了 CS 子系统的功耗测量结果。这一部分主要是由蓄能器电路的有功功率实现,其结果涉及 TSMC 180 nm 上的 CS 通道测试结构的实现,其布局和显微照片如图 8.25 所示。该设备设计为 100CS 通道,即 m 高达 100。设计的 ADC 为工作在 20 kHz 的 10 位 SAR ADC。SDNCD-P 方法必须考虑到额外的消耗,它需要在 CS 混合电路之前额外实现一个 10 位数字比较器来检测峰值的发生。从子窗口保存数据还需要一个缓冲区(在建议的实现中,缓冲区的大小是在阈值跨越出现之前保存 15 个峰值样本)。25 次测量足以达到期望目标质量,当 VDD 为 0.6 V 时,20 kHz 采样频率下的总功耗为 0.27 W。注意,这个数字适用于阈值检测不激活的情况。关于设备的面积,作为目标的 25CS 通道占据 200 μm × 300 μm,即图 8.25 中的黑色方框。

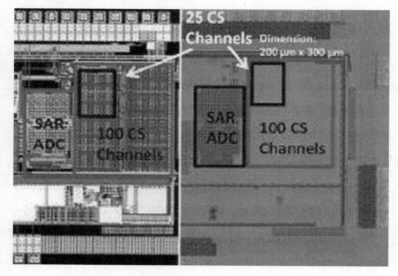

图 8.25　实现 CS 压缩的芯片 TSMC 0.18 μm 的微图和布局(图片来自[46])

本章参考文献

[1] M. Aharon, M. Elad, A. Bruckstein, rmK-SVD: An algorithm for designing overcomplete dictionaries for sparse representation. IEEE Trans. Signal Process. 54(11), 4311-4322(2006).

[2] J. Bae et al., A 0.24-nJ/b wireless body-area-network transceiver with scalable double-FSK modulation. IEEE J. Solid State Circuits 47(1), 310- 322 (2012).

[3] R. G. Baraniuk et al., Model-based compressive sensing. IEEE Trans. Inf. Theory56(4), 1982-2001(2010).

[4] E. van den Berg, M. P. Friedlander, SPGL1: A Solver for Large-Scale Sparse Reconstruction. http://www.cs.ubc.ca/labs/scl/spgl1. June 2007.

[5] D. Bortolotti et al., An ultra-low power dual-mode ECG monitor for healthcare and wellness, in 2015 Design, Automation Test in Europe Conference Exhibition(DATE), Mar. 2015, pp. 1611-1616.

[6] R. Calderbank et al.,Wavelet transforms that map integers to integers. Appl. Comput. Harmon. Anal.5(3), 332-369(1998).

[7] E. J. Candes, T. Tao, Near-optimal signal recovery from random

projections: Universal encoding strategies? IEEE Trans. Inf. Theory 52(12), 5406-5425(2006).

[8] E. J. Candes et al., Compressed sensing with coherent and redundant dictionaries. Appl. Comput. Harmon. Anal. 31(1), 59-73(2011).

[9] M. F. Chang et al., A 0.5V 4Mb logic-process compatible embedded resistive RAM (ReRAM) in 65nm CMOS using low-voltage current-mode sensing scheme with 45ns random read time, in 2012 IEEE International Solid-State Circuits Conference, Feb. 2012, pp. 434-436.

[10] P. L. Combettes, J.-C. Pesquet, A Douglas-Rachford splitting approach to nonsmooth convex variational signal recovery. IEEE J. Sel. Top. Signal Process. 1(4), 564-574(2007).

[11] T. M. Cover, J. A. Thomas, Elements of Information Theory(Wiley, New York, 2012).

[12] J. E. Fowler, The redundant discrete wavelet transform and additive noise. IEEE Signal Process. Lett. 12(9), 629-632(2005).

[13] M. Gautschi, D. Rossi, L. Benini, Customizing an open source processor to fit in an ultra-low power cluster with a shared L1 memory, in Proceedings of the 24th Edition of the Great Lakes Symposium on VLSI, GLSVLSI'14. ACM, Houston, Texas, USA, 2014, pp. 87-88.

[14] N. Gilbert et al., A 0.6V 8 pJ/write non-volatile CBRAM macro embedded in a body sensor node for ultra low energy applications, in 2013 Symposium on VLSI Circuits, June 2013, pp. C204-C205.

[15] A. L. Goldberger et al., Physiobank, Physiotoolkit, and Physionet: components of a new research resource for complex physiologic signals. Circulation 101(23), 215-220(2000).

[16] V. K. Goyal, Theoretical foundations of transform coding. IEEE Signal Process. Mag. 18(5), 9-21(2001).

[17] V. K. Goyal, A. K. Fletcher, S. Rangan, Compressive sampling and lossy compression. IEEE Signal Process. Mag. 25(2), 48-56(2008).

[18] R. M. Gray, Vector quantization. IEEE ASSP Mag. 1(2), 4-29(1984).

[19] D. Halupka et al., Negative-resistance read and write schemes for STTMRAM in 0.13 m CMOS, in 2010 IEEE International Solid-State Circuits Conference -(ISSCC), IEEE, Feb. 2010, pp. 256-257.

[20] D. A. Huffman, A method for the construction of minimum-redundancy

codes. Proc. IRE 40(9), 1098-1101(1952).

[21] L. Jacques, D. K. Hammond, J. M. Fadili, Dequantizing compressed sensing: When oversampling and non-gaussian constraints combine. IEEE Trans. Inf. Theory 57(1), 559-571(2011).

[22] L. Jacques, D. K. Hammond, J. M. Fadili, Stabilizing nonuniformly quantized compressed sensing with scalar companders. IEEE Trans. Inf. Theory 59(12), 7969-7984(2013).

[23] A. M. Kamboh, A. Mason, K. G. Oweiss, Analysis of lifting and B-spline DWT implementations for implantable neuroprosthetics. J. Signal Process. Syst. 52(3), 249-261(2008).

[24] K. A. Kotteri et al., A comparison of hardware implementations of the biorthogonal 9/7 DWT: convolution versus lifting. IEEE Trans. Circuits Syst. II Express Briefs 52(5), 256-260(2005).

[25] W. L. Lien et al., A self-calibrating NFC SoC with a triple-mode reconfigurable PLL and a single-path PICC-PCD receiver in 0.11 m CMOS, in 2014 IEEE International Solid-State Circuits Conference Digest of Technical Papers(ISSCC), IEEE, Feb. 2014, pp. 158-159.

[26] Y. H. Liu et al., A 1.9nJ/b 2.4GHz multistandard(Bluetooth Low Energy Zigbee, IEEE 802.15.6) transceiver for personal/body-area networks, in 2013 IEEE International Solid-State Circuits Conference Digest of Technical Papers, Feb. 2013, pp. 446-447.

[27] Z. Lu, D. Youn Kim, W. A. Pearlman, Wavelet compression of ECG signals by the set partitioning in hierarchical trees algorithm. IEEE Trans. Biomed. Eng. 47(7), 849-856(2000).

[28] S. Mallat, A Wavelet Tour of Signal Processing: The Sparse Way. Access Online via Elsevier, 2008.

[29] M. Mangia, R. Rovatti, G. Setti, Rakeness in the design of analog-to-information conversion of sparse and localized signals. IEEE Trans. Circuits Syst. I Regul. Pap. 59(5), 1001-1014(2012).

[30] M. Mangia et al., Rakeness-based design of low-complexity compressed sensing. IEEE Trans. Circuits Syst. I Regul. Pap. 64(5), 1201-1213 (2017).

[31] M. Mangia et al., Zeroing for HW-efficient compressed sensing architectures targeting data compression in wireless sensor networks.

Microprocess. Microsyst. 48, 69-79(2017). Extended papers from the 2015 Nordic Circuits and Systems Conference, pp. 69-79.

[32] J. Max, Quantizing for minimum distortion. IRE Trans. Inf. Theory 6(1), 7-12 (1960).

[33] P. E. McSharry et al., A dynamical model for generating synthetic electrocardiogram signals. IEEE Trans. Biomed. Eng. 50(3), 289-294 (2003).

[34] G. B. Moody, R. G. Mark, The impact of the MIT-BIH arrhythmia database. IEEE Eng. Med. Biol. Mag. 20(3), 45-50(2001).

[35] G. B. Moody, W. K. Muldrow, R. G. Mark, A noise stress test for arrhythmia detectors. In: 1984 Computers in Cardiology, vol. 11, Sept. 1984, pp. 381-384.

[36] A. Moshtaghpour et al., Consistent basis pursuit for signal and matrix estimates in quantized compressed sensing. IEEE Signal Process. Lett. 23(1), 25-29(2016).

[37] K. G. Oweiss et al., A scalable wavelet transform VLSI architecture for real-time signal processing in high-density intra-cortical implants. IEEE Trans. Circuits Syst. I Regul. Pap. 54(6), 1266-1278(2007).

[38] G. Papotto et al., A 90nm CMOS 5Mb/s crystal-less RF transceiver for RF-powered WSN nodes, in 2012 IEEE International Solid-State Circuits Conference, IEEE, Feb. 2012, pp. 452-454.

[39] W. A. Pearlman, A. Said, Digital Signal Compression: Principles and Practice(Cambridge University Press, Cambridge, 2011).

[40] N. Perraudin et al., UNLocBoX: A matlab convex optimization toolbox using proximal splitting methods. arXiv preprint arXiv: 1402. 0779 (2014).

[41] R. Quian Quiroga, Z. Nadasdy, Y. Ben-Shaul, Unsupervised spike detection and sorting with wavelets and superparamagnetic clustering. Neural Comput. 16(8), 1661-1687(2004).

[42] I. W. Selesnick, M. A. T. Figueiredo, Signal restoration with overcomplete wavelet transforms: comparison of analysis and synthesis priors, in SPIE Optical Engineering + Applications. International Society for Optics and Photonics, Aug. 2009, pp. 74460D-74460D.

[43] D. Shum et al., Highly reliable flash memory with self-aligned split-gate

cell embedded into high performance 65nm CMOS for automotive amp; smartcard applications, in 2012 4th IEEE International Memory Workshop, May 2012, pp. 1-4.

[44] J. Z. Sun, V. K. Goyal, Optimal quantization of random measurements in compressed sensing, in 2009 IEEE International Symposium on Information Theory, IEEE, June 2009, pp. 6,10.

[45] J. Wright et al., Robust face recognition via sparse representation. IEEE Trans. Pattern Anal. Mach. Intell. 31(2), 210-227(2009).

[46] J. Zhang et al., An efficient and compact compressed sensing microsystem for implantable neural recordings. IEEE Trans. Biomed. Circuits Syst. 8(4), 485-496(2014).

[47] J. Zhang et al., Energy-efficient ECG compression on wireless biosensors via minimal coherence sensing and weighted ℓ_1 minimization reconstruction. IEEE J. Biomed. Health Informatics 19(2), 520-528 (2015).

[48] Z. Zhang et al., Compressed sensing for energy-efficient wireless telemonitoring of noninvasive fetal ECG via block sparse Bayesian learning. IEEE Trans. Biomed. Eng. 60(2), 300-309(2013).

第9章　使用压缩感知的模拟信息接口的安全性

物联网等应用的兴起,预示着下一代通信技术将必须以最小的通信开销为数十亿传感器节点提供网络访问,将网络设备收集和分发数据的隐私保护问题提交给系统设计者。特别是,由于大规模的网络由大量的低复杂度节点组成是合理的,因此,即使是用于安全目的的资源也必须谨慎地根据每个应用程序的实际需求进行调整。此外,当传感器节点获取敏感的生物特征信息或生物医学信号,例如用于远程健康监控或认证目的时,安全性变得更加令人担忧。

在目前的技术水平上,安全是由具有不同复杂度的专用加密阶段来实现的。这些阶段只保护感兴趣的信号在模数转换后的信息存储或传输,通常对应相当大的资源开销,特别是在功耗和实现成本方面。因此,理想的方法是将这一开销与每种情况下所需的实际安全水平相平衡。

为此,在这里研究独立同分布 RAE 感知矩阵(即独立同分布对映符号组成的序列)下使用 CS 可能性。它的性质在前面的章节中已经做出了详细的说明,作为一种直接将安全性引入到模拟信息接口的采集过程中的方法(例如,使用第 6 章和第 7 章中的方案),甚至可以与数字信号压缩联合使用(如在第 8 章中讨论的)。

如下所示,由于 CS 的线性,一般情况下不能将其视为香农意义上提供完全保密的手段,因为一些关于信号的一般信息会泄露传输到接收机的压缩测量中。基于这一事实,利用 CS 对安全性的处理表明了,通过使用像线性随机投影这样简单的编码算法和其他非线性解码算法仍然可以获得隐私属性,其中噪声源的存在和缺失的信息会有重要影响。

在 9.1 节中,将探讨保密的一些基础知识和基本的定义。在第 9.2 节中,讨论了最近提出的从理论上解决 CS 安全性的条件类型,并评估了一些通过统计密码分析攻击压缩测量值的方法。然后,在第 9.3 节中,继续讨论 CS 与 RAE 矩阵编码的最简单形式的计算攻击。为了保证 CS 对两种攻击的安全性,在第 9.4 节中提出了一种基于 CS 的加密方案,该方案也通过利用矩阵扰动实现对加密信息的多重质量访问。为了进一步测试这种多级加密方案的安全性,还提出了计算攻击和基于矩阵不确定性下信号恢复的攻击。

我们的概述提供了关于通过 CS 设计的最简单、复杂度最低的密码系统形式的一些见解，即通过使用[14]意义上的伪随机生成的通用编码矩阵投影信号。实际上，本章的重点是获得仅由后一矩阵提供的安全性的基本结果；许多最近的贡献也应该得到认可，因为 CS 在更复杂的情况下对安全性的研究做了进一步的深入讨论，包括使用进一步的密码层[21,59]，有限域[8] 上的安全性，以及具有循环矩阵[6] 的 CS。

9.1 压缩感知的安全视角

9.1.1 压缩感知作为密码系统

在第 1 章和第 2 章中，已经看到一些随机感知矩阵的分类（以下称为编码矩阵）对于 CS 的问题是通用的，即它们在提供一种非自适应线性降维方法方面是接近最优的，这种方法适用于任何基于 D 的稀疏表示的信号。由于这个惊人的事实，这种随机性至少在某种程度上可以用来提供一种加密形式的想法，早在 CS 建立之初就已经有人预料到了[13,14]。

Rachlin 和 Baron[49] 是第一个正式阐述 CS 安全视角工作的。作者用经典信息论保密的基本概念来研究计算机科学。因此，他们将信息源 Alice 看作是一个发送者，他向预期的接收者提供明文 x（感兴趣的信号）。因此，这个接收者 Bob 就提供了密文 y（测量向量），密文 y 是一个秘密的、经过适当转换的明文表示。因此，如果他同时被提供 A，或者同等地获得在接收端生成编码矩阵所需的加密密钥或共享密钥，他就能够成功地从 y 恢复 x。这种交换由一个加密算法进行转换，在我们的例子中，这个算法相当于：（1）以一种安全的方式生成一个伪随机比特流，其中包含某个编码矩阵 A 的符号。（2）将 A 应用于 $y = Ax$，即一个随机编码矩阵的线性变换，通过标准通信信道传输密文。因此，密码系统是对 Alice 发送的明文进行加密，然后 Bob 从信道接收到的密文解密。从这个角度来看，CS 被看作是一个私有或对称密钥密码系统，这是一种在安全通信中为双方提供相同的加密密钥的方法。

另一方面，恶意用户 Eve 可能截获信道上的 y，并对检索 x 感兴趣，甚至包含从加密密钥获得的符号的编码矩阵 A；因此，攻击或密码分析是任何能够提供明文或加密密钥的过程。

9.1.2 初步考虑

乍一看，CS 类似于线性分组码，在某种方式上类似于 McEliece 和

Niederreiter 密码[41,44]；然而，需要强调两个关键的区别。首先，标准 CS 与其他数字对数字加密方法的比较并不简单：CS 的基本理论同时考虑了实数的明文和暗文，对于量化 CS[27,28] 来说，x 总是被视为一个实数向量（即 $\mathbf{R}^n$）而不是整数向量（即 $\mathbf{Z}^n$），而密文 y 则由适当的量化 1 bit 到 B bit 位测量组成。其次，编码矩阵是不可逆的：正因为如此，明文的成功解密实际上取决于一个非线性操作的输出，即解码算法。这反过来又受到明文的影响，需要考虑稀疏性、合适的基 D 以及完美的 A，从而在给定 y 时恢复 x。根据这两个基本事实，成功的解密方法是一种解码算法，即在给定测量值 y、A 和 D 的情况下，能够足够精确地恢复 x（就 RSNR 而言）。

由于私钥密码系统是通过对构成上述加密密钥的有限比特位达成一致来工作的，因此组成 $A \in \mathbf{R}^{m \times n}$ 的 mn 个符号将从初始获得的伪随机比特序列中提取。在 CS 的情况下，可以把初始值看作加密密钥本身，扩展后的伪随机二元序列最终会根据加密密钥所花费的比特数重复产生。下面将假设由秘密算法（例如伪随机数生成器，PRNG）展开产生的伪随机序列的周期足够长，以保证在合理的观察时间内，相同的 A 不会出现两次。这个假设是确保 A 不能从已知足够数量的明文和密文中恢复的基础，这是 Drori[18] 首先做的简单观察，并且近似文中表述的概念[57,Section 2.9]。CS 关于安全性的大多数文献都认可这一基本要求[4,10,11,49]，如果违反了这一基本要求，可能会导致收集的几个明文 - 密文对对应于同一个编码矩阵，从而有可能成功地进行密码分析。

另一个相关的影响是我们分析的明文的维度。由于将考虑一个输入信号 x，因此，考虑两个区域或模型的样本大小是明智的。

（1）M_1：对于有限长 n，令 $x \in \mathbf{R}^n$ 是一个实值随机向量。它的实现是用相同的字母 x 表示的有限长的明文，并假定具有有限的能量 $E_x = \|x\|_2^2$。让每个 $x = D\xi$，其中 D 是一个标准正交基，ξ 为 k 稀疏，以符合稀疏信号恢复的要求。然后将 x 映射为 $y = Ax$，得到测量值的随机向量 $y \in \mathbf{R}^m$，其实现是有限长度密文。

（2）M_2：对于 $n \to \infty$，令 $X = \{x_k\}_{k=0}^{+\infty}$ 是一个实值随机过程。它的实现或无限长的明文 x 被假定具有有限的功率 $W_x = \lim\limits_{n \to \infty} \dfrac{1}{n} \sum\limits_{k=0}^{n-1} x_k^2$。可以将它们表示为有限长度的明文 $x^{(n)} = (x_0 \cdots x_{n-1})^{\mathrm{T}}$ 构成的序列 $x = \{x^{(n)}\}_{n=0}^{+\infty}$。$X$ 被映射到或者为有限 m 的有限长密文的随机向量 y，或者为 $m, n \to \infty$，$\dfrac{m}{n} \to q$ 的无限长密文的随机过程 $Y = \{y_j\}_{j=0}^{+\infty}$。两种情况都由随机变量 $y_j = \dfrac{1}{\sqrt{n}} \sum\limits_{k=0}^{n-1} A_{j,k} x_k$ 组成。

注意到，在第二个模型中的 $\frac{1}{\sqrt{n}}$ 缩放是为了将密文规范化为明文的长度；这不仅是满足理论上需要规范化的目的，而且在实际中也需要满足在量化器范围内设计。

此外，由于 RGE 和 RAE 随机矩阵都适合于绘制编码矩阵（至少只要它们是用 i. i. d. 符号选择的），假设 $A \sim \mathrm{RAM}(I)$。这种选择的动机是，产生单个编码矩阵符号所需的比特数是最大的，因为当密钥扩展为伪随机序列时，PRNG 输出的比特数是一种宝贵的资源。在这个假设下，将让 RAE 编码矩阵的任何实例都是长周期可重复序列中的一个通用的、唯一的元素。

最后，为了探索 CS 的安全特性，需要讨论两种主要的密码分析形式：（1）试图从密文中提取关于明文的信息的统计方法；（2）试图从密文和其他一些先验信息（最坏的情况为完整的明文）中检索，其中加密密钥通过穷举解搜索来产生编码矩阵。

9.1.3 基本安全限制

评估一个密码系统是否被赋予了安全属性的黄金标准可以追溯到香农的开创性工作[52]。实际上，香农提出的保密概念要求密文的分发与被加密的明文是完全相同的。这种严格的条件确保收集任意大量密文的统计分析在其输出时都不能产生任何关于明文的信息。数学上，这对应于下面的表述。

定义 9.1（完全保密） 我们说一个密码系统具有香农意义上的完全保密[52]，那么对所有的 $x \in \mathbf{R}^n$，$f(y \mid x) = f(y)$，或等价于 $f(x \mid y) = f(x)$。

这一概念也可以用 x 和 y 之间的互信息来表达[16, 第8.5节]（因为下面不会使用这个概念，所以把它留给读者来研究，并将重点放在定义 9.1 中提到的概率密度函数条件上）。

由 CS 执行的编码是一个线性映射，因此它不能完全隐藏包含在明文 x 中的信息。这有两个主要的结果。首先，线性传播尺度信息；因此，如果有一个纯文本 x' 和另一个文本 $x'' = \alpha x'$，对于某些 $\alpha \in \mathbf{R}$，至少提取缩放因子 α 是很简单的。对于 $\alpha = 0$ 的特定情况，导致了一个众所周知的争论，Rachlin 和 Baron[49] 反对完全保密的基本要求。

定理 9.1 （CS 的非完全保密，源自[49, 引理1]）设 $x \in \mathbf{R}^n$，$y = Ax \in \mathbf{R}^m$ 是表示明文和密文的随机向量，$A \in \mathbf{R}^{m \times n}$，$m < n$ 是由加密密钥生成的任意编码矩阵。该密码系统并不是完全保密的，即密文的概率密度函数以明文为条件，$f(y \mid x) \neq f(y)$。

为了深入了解 CS 的主要安全限制,用稍微不同的符号展示了[49]中给出的证明过程。

证明(定理 9.1)　　假设存在至少一个明文 $x \notin \ker A$,使得 $f(x) > 0$(即明文的概率密度函数在 A 的零空间外具有非零密度)。考虑密文 $y = 0_m$,然后,有

$$f(y) \mid_{y = 0_m} \equiv \int_{\ker A \subset \mathbf{R}^n} f(y \mid x) \mid_{y = 0_m} f(x) \,\mathrm{d}x = \int_{\ker A \subset \mathbf{R}^n} f(x) \,\mathrm{d}x < 1$$

因此,由于任意一个明文 $x \in \ker A$ 满足 $f(y \mid x)_{y = 0_m} = 1$,那么 $f(y \mid x)_{y = 0_m} \neq f(y)_{y = 0_m}$,因此,$f(y \mid x) \neq f(y)$。注意这个证明是如何简单地依赖于 $\ker A$ 的存在的。

其次,线性意味着连续性。因此,对于某个固定的 A,当 x' 和 x'' 很接近时,对应的 y' 和 y'' 也很接近。由于从 y'' 到 A 的反像在原则上属于一个离 x' 任意远的点存在的子空间(即 $\ker A \neq \varnothing$),$m < n$ 会使这个设置稍微复杂一些。根据 RIP 矩阵的定义,设计选择了保持距离的嵌入矩阵 A。这一事实与数字到数字密码[52]的扩散(或雪崩效应)概念本质上是相反的,即明文中一个符号的变化应导致密文中所有符号的变化。因此,对于某些固定的 A,密文强烈暗示接近的明文(在欧氏意义上)。为了反驳这个看似不可避免的问题,采用这样的假设:在伪随机编码矩阵生成器的非常大的周期内,A 的单个图形可能只被使用一次。因此,两个相邻的明文 x'、x'' 将被不同的编码矩阵 A' 和 A'' 映射到非相邻密文 y'、y'';如果 A',$A'' \sim \mathrm{RAM}(I)$,则它们的 $\frac{mn}{2}$ 个符号将不同,以确保由 CS 执行的线性编码具有类扩散特性。

因此,可以很好地理解,在标准 CS 中遵守两个主要的安全限制:首先,由于 $\ker A$ 的存在,在一般情况下不能授予完全保密;其次,编码矩阵的设计与 RIP 意味着保存明文和密文之间的距离,所以设计一个密码的唯一途径就是确保在恶意用户观察时间内的任何明文 - 密文对都与不同的 A 相关。

9.2　统计密码分析

现在关注的重点是哪些安全属性仍然可以实现,以及通过一个稍微不同的方式,利用线性编码泄露到密文的信息所包含明文的能量来判断哪些信息泄露到密文的分布中。这在几个独立的论著[5, 9, 49]中得到证实。此外将证明,对于任意独立同分布的子高斯随机编码矩阵,从 CS 编码密文的统计分析

中,实际上只能推导出一个比例因子 α。

在 CS 的渐近和非渐近构型中,展示了可实现的安全特性,即对于 $n \to \infty$ 和有限 n 与 9.4.3 节中的模型完全相似。不能保证完全保密。还指出,所提供的证据在形式上与仅统计密文攻击[57] 相对应。

9.2.1　渐近保密

完全保密是不可能实现的,现在引入渐近球面保密的概念。这是一种弱形式的保密,原则上类似于 Wyner[58],但强调的是相同功率的明文。我们证明了具有独立同分布子高斯随机编码矩阵的 CS 具有这种性质,即在模型 (M_2) 中,纯文本 x 不能从其所有可能密文的统计性质推断出任何信息,除了它的功率。这个属性的含义是一个基本的保证,恶意的窃听者拦截测量向量 y 将不能提取任何关于明文的信息,除了它的功率。

定义 9.2(渐近球面保密)　设 X 是一个随机过程,其明文的功率 $0 < W_x < \infty$, Y 为对应密文的随机过程。一个密码系统对于它的任何明文 $x = \{x^{(n)}\}_{n=0}^{+\infty}$ 和密文 $y = \{y^{(m)}\}_{m=0}^{+\infty}$ 都具有渐近球面保密,有

$$f_{Y|X}(y \mid x) \xrightarrow[\text{dist.}]{} f_{Y|W_x}(y) \tag{9.1}$$

其中 f 的下标表示各随机过程的联合条件概率密度函数, $f_{Y|W_x}$ 表示具有相同功率 W_X 的明文 x 的条件概率密度函数, $\xrightarrow[\text{dist.}]{}$ 表示随着 $m, n \to \infty$ 分布收敛。

从一个窃听者的角度来看,渐近球面保密意味着给定拥有的任何密文 y,有

$$f_{X|Y}(x \mid y) \simeq \frac{f_{Y|W_x}(y)}{f_Y(y)} f_X(x) \tag{9.2}$$

这意味着任何两个具有相同的、先验的和相等的 W_x 功率的不同明文,在这个渐近设置中将与它们的密文保持不可区分;因此,下列命题成立。

定理 9.2　(独立同分布子高斯随机编码矩阵的渐近球面保密性)设 X 为随机过程,其有界值明文为有限功率 W_x, y_j 为随机过程 Y 中的任意随机变量,如 (M_2)。对于 $n \to \infty$ 有

$$f_{y_j|X}(y_j) \xrightarrow[\text{dist.}]{} N(0, W_x) \tag{9.3}$$

因此,独立同分布子高斯随机编码矩阵提供了独立的、渐近秘密测量,如式(9.1) 所示。

因为 A 的行是独立的,条件测量 $y_j \mid W_x$ 对明文的功率也独立,定理 9.2 认为,尽管在香农意义上是不安全的,但采用适当编码矩阵的 CS 能够隐藏明文,

在 $n \to \infty$ 时,保证其安全。下面是这个定理的证明。

证明(定理 9.2)　这个证明可以通过林德伯格 - 费勒中心极限定理(见参考文献[7]定理 27.4)进行简单证明,在 M_2 中,Y 中的 y_j 对应明文随机过程 X 中的 x。根据假设,明文 $x = \{x_k\}_{k=0}^{n-1}$ 有功率 $0 < W_x < \infty$,并且 $\forall k \in \{0, n-1\}$,对于有限的 $M_x > 0$,有 $x_k^2 \leqslant M_x$。任意 $y_j \mid X = \lim_{n \to \infty} \sum_{k=0}^{n-1} z_{j,k}$,其中设 $z_{j,k} = A_{j,k} \dfrac{x_k}{\sqrt{n}}$ 是一个独立的,非同分布的矩的随机变量序列,$\mu_{z_{j,k}} = 0$,$\sigma_{z_{j,k}}^2 = \dfrac{x_k^2}{n}$;通过让部分和 $S_j^{(n)} = \sum_{k=0}^{n-1} z_{j,k}$,那么均值 $\mu_{S_j^{(n)}} = 0$ 和 $\sigma_{S_j^{(n)}}^2 = \dfrac{1}{n} \sum_{k=0}^{n-1} x_k^2$。因此,验证了充要条件[7,(27.19)]

$$\lim_{n \to \infty} \max_{k=0,\cdots,n-1} \frac{\sigma_{z_{j,k}}^2}{\sigma_{S_j^{(n)}}^2} = 0$$

通过直接观察

$$\lim_{n \to \infty} \max_{k=0,\cdots,n-1} \frac{\dfrac{x_k^2}{n}}{\dfrac{1}{n} \sum_{k=0}^{n-1} x_k^2} \leqslant \frac{M_x}{W_x} \lim_{n \to \infty} \frac{1}{n} = 0$$

这个条件的验证保证了 $y_j \mid X = \lim_{n \to \infty} S_j^{(n)}$ 是 $\mu_{y_j} = 0$,方差 $\sigma_{y_j \mid X}^2 = \lim_{n \to \infty} \mathrm{E}[(S_j^{(n)})^2] = W_x$ 的正态分布,与式(9.3)一致。

这种保密定义的结果是,对于有限的 n,可以通过适当的度量标准化来实现完全保密,至少在高斯随机编码矩阵的情况下是这样。Bianchi 等[5]已经正式声明了这一点。虽然这在数学意义上是成立的,但这样的标准化显然失去了有关信号功率(或能量,对于有限的 n)的相关信息;因此,原始明文的恢复只有在一定范围内才有可能(即信息丢失,类似于 1 bit 位 CS[28] 中发生的情况是可以接受的)。此外,如果能量要在一个安全信道上单独传输,则完全保密要求将被委托给后面一个信道。然而,在 CS 方案的特殊情况下,设计提供精确的标准化测量,完全保密可以实现;一般来说,这将受到量化的影响,使得度量的安全性和它们的解析之间的相互作用成为一个有趣的分析。

总结所讨论的内容,渐近范围允许推导出一个弱的保密概念,表明当编码矩阵用独立同分布子高斯矩阵时,信息从明文泄露到密文是如何受 W_x 限制的。

9.2.2　非渐近保密

由于 CS 作为密码系统的潜在应用，以及一般情况下 CS 与独立同分布子高斯随机编码矩阵将需要有限大小的配置，n 的数量级为几百到上百万个变量，主要关注的是如何在非渐近设置中展示在前一节中引入的安全属性。下面用两种经验方法和一个理论结果对可实现的安全特性进行检验，保证了在有限 n 下，能够以极快的速度收敛到式（9.3）中的分布。

1. 假设检验统计密码分析

作为有限 n 的渐近球面保密结果的第一个经验证明，考虑了一种统计密文攻击，旨在从密文 y'、y'' 中区分两个未知的正交明文 x'，x''：$\langle x', x'' \rangle = 0$。假设两个明文的能量都是有限的（如 M_1）。然后让攻击者通过应用不同的随机生成的编码矩阵 RAE(I) 到某个 x'，从而获取集合 Y' 中收集到的大量密文。另一个密文集合表示为 Y''，它们分别对应 x' 或 x''，并试图区分这两者中哪一个是真正的明文。

这将攻击简化为统计假设检验的应用[16，第11.7节]，零假设是 Y'' 的统计样本的分布与 Y' 的统计样本的分布相同。为了获得最大的可靠性，采用了两级测试方法：对正交明文 x' 和 x'' 的许多随机实例重复上述实验，进行双向柯尔莫哥洛夫 - 斯米尔诺夫（KS）检验，比较由正交明文产生的 Y' 和 Y'' 得到的经验分布。以上的每一个 KS 检验都产生了一个 p 值，量化了来自同一分布的两个数据集出现较大差异的概率。考虑到它们的意义，可以将个体的 p 值与期望的显著性水平进行比较，以给出是否可以拒绝零假设（即分布平等）的初步评估。

然而，我们知道，当零假设成立时，分布上的独立检验的 p 值必须在 $[0,1]$ 中均匀分布，收集其中的 P 个样本，并将这组二级样本进行单向 KS 检验，以评估在 5% 的标准显著性水平下的均匀性。

这个测试程序是在 $E_{x'} = E_{x''} = 1$（相同的能量明文），$n = 256$ 的情况下进行的；$E_{x'} = 1$，$E_{x''} = 1.01$，即两个明文之间有 1% 的能量差。$P = 5\,000$ 的结果 p 值是由包含 5×10^5 个密文对计算出的，得到图 9.1 所示的 p - 值直方图。我们展示了这两种情况下 p 值的经验概率密度函数，以及第二级评估的 p 值，即来自均匀分布的样本显示出与平面直方图的偏差大于观察到的直方图的概率。当两个明文具有相同的能量时，所有证据都一致认为密文分布在统计上是不可区分的。在第二种情况下，即使是很小的能量差异也会导致统计上可检测到的偏差,并导致对两者之间的真正明文的正确推断。

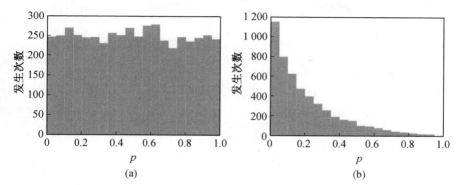

图9.1　二级 KS 统计检验区分两个正交明文 x'、x'' 的结果(当 $E_{x'} = E_{x''} = 1$(a) 采用球面保密,p 值的均匀分布表明相应密文在统计上是不可区分的;当 $E_{x'} = 1$,$E_{x''} = 1.01$(b) 不适用球面保密时,p 值的分布表明相应密文是可区分的)

2. Kullback - Leibler 散度统计密码分析

为了进一步强调任意两个明文 x',$x'' \in \mathbf{R}^n$ 在不同独立同分布子高斯随机编码矩阵下不能通过密文 y',$y'' \in \mathbf{R}^m$ 分析推断出来,即使 n 是有限长的,计算任意两个随机变量 a、b 的 Kullback - Leibler 散度[16,(8.46)],也就是

$$D(a \parallel b) = \int_{-\infty}^{+\infty} f(a) \log\left(\frac{f(a)}{f(b)}\right) \mathrm{d}a \mathrm{d}b \tag{9.4}$$

这是 a 和 b 的概率密度函数之间相似度的一个简单度量。现在通过考虑两个明文 x',$x'' \in \mathbf{R}^{2500}$ 和提取序列 $n = \{50,100,150,\cdots,2\,500\}$,来评估在式 (9.4) 中的 $D(y'_j \mid x' \parallel y''_j \mid x'')$。对于每个 n,两个样本集合被归一化为 $E_{x'} = E_{x''} = 1$,并沿着从 RAE(I) 中获取的矩阵的 10^8 个独立同部分随机行向量投影,形成一个很大的实例集 $y'_j \mid x' \parallel y''_j \mid x''$。这些样本被用来形成经验①概率密度函数 $\hat{f}(y'_j \mid x')$,$\hat{f}(y''_j \mid x'')$,从而估计图 9.2 中所示的 Kullback - Leibler 散度对 n 的值。

作为参考,展示了散度估计的理论期望值,使用从 $N(0,1)$ 中获取的两组 n 个样本,即由于直方图估计器偏差 $\beta \approx 3.67 \times 10^{-6}$ bit。很明显,当 n 大于几

---

①　为了增强这种评估,在估计直方图时采用了最优的非均匀分箱,因为概率密度函数预期分布为 $N(0,1)$。这种分箱相当于取标准正态分布的逆 CDF 来获得 256 个等概率箱,从而最大化它们的熵。

百时,密文的分布在统计上变得不可区分,因为信息比特数可以利用它们的差异(当 $n > 500$ 时,大约 10^{-5} bit)推断出,这主要是因为偏差 β,因此不能支持统计密码分析。

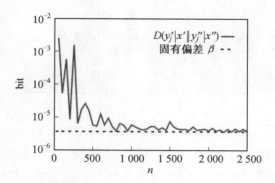

图 9.2　不同明文 x'、x'' 对应的两个密文元素概率分布的估计 Kullback – Leibler 散度

3. 非渐近收敛速度

到目前为止,已经用两种方法观察了渐近球面秘密如何具有有限 n 效应;从更正式的角度来看,现在对有限 n 的收敛速度式(9.3)进行评估,以保证窃听者拦截密文时会观察到除明文能量外几乎没有信息的近似高斯随机向量样本。在此,认为 x 是一个随机向量,如 M_1,其能量 E_x 的明文 x 位于球 $E_x S_{n-1}^2 = \{x \in \mathbf{R}^n : \|x\|_2^2 \leq E_x^2\}$ 上。在这个具体的例子中,验证式(9.3)收敛速度的过程实质上需要研究随机变量的线性组合的分布, $y_j = \sum_{k=0}^{n-1} A_{j,k} x_k$ 条件为 $x = (x_0 \cdots x_{n-1})^T \in E_x S_{n-1}^2$。

独立同分布随机变量和的一般收敛速度 $O(n^{-1/2})$ 由著名的 Berry – Esseen 定理[3]给出。在我们的例子中,应用了[31]的近期成果,它改进和扩展了这种收敛速度,即解决了独立同分布随机向量(即 A 的任意行)和均匀分布在 $\sum_{E_x}^{n-1}$ 上向量的内积情况。

定理 9.3　(独立同分布子高斯随机编码矩阵的收敛速度)让 x、y 是随机向量 M_1,并且 A 是独立同分布子高斯随机矩阵中提取的,具有零均值、单位方差和有限四阶矩。对于任何 $\rho \in (0,1)$,存在一个子集 $B \subseteq E_x S_{n-1}^2$ 具有概率测度是 $\sigma^{n-1}(B) \geq 1 - \rho$,使得 y 中的所有项 y_j 满足

$$\sup_{\alpha < \beta} \left| \int_{\alpha}^{\beta} f(y_j \mid x \in B) \, dy_j - \frac{1}{\sqrt{2}} \int_{\alpha}^{\beta} e^{-\frac{t^2}{2E_x}} dt \right| \leq \frac{C(\rho)}{n} \qquad (9.5)$$

其中 $C(\rho)$ 是 ρ 的非递增函数。

定理 9.3 ρ 足够小意味着它最有可能(实际上,概率大于 $1-\rho$)获得 $f(y_j \mid x)$ 与极限分布 $N(0, E_x)$ 之间的收敛速度 $O(n^{-1})$。在[31]中的函数 $C(\rho)$ 界限是松散的,所以为了完成这个分析,对它的可能值执行了一次彻底的蒙特卡洛评估。特别地,有 10^4 个随机向量 x 均匀分布在 S_{n-1}^2, $n=2^4, 2^5, \cdots,$ 2^{10}。概率密度函数 $f(y_j \mid x)$ 是用以下程序估计的:从 RAM(I)获得 5×10^7 个行并执行线性编码,因此为每个 x 和 n 产生相同数量的实例 y_j。在这个大样本集能够准确地估计 4 096 个可能的等间隔的概率密度函数,并为每个 (x, n) 比较其式(9.5)中相同的正态分布的单元。该方法为式(9.5)产生样本值,允许对数量 $C(\rho)$ 进行评估,如图 9.3 所示。在这个例子中,当 $\rho \geqslant 10^{-3}$ 时,定理 9.3 在 $C(\rho) = 1.34 \times 10^{-2}$ 时成立。

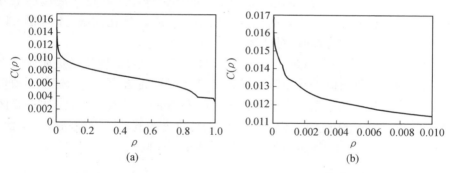

图 9.3　$C(\rho)$ 在球体 S_{n-1}^2 上基于大量明文 x 的收敛速率(9.5)和 $n=2^4, 2^5, \cdots, 2^{10}$:

(a) 在范围内 $\rho \in (0,1)$,(b) 放大范围 $\rho \in (0,0.01)$

证明(定理 9.3)　首先考虑模型(M_1)中 y 的 y_j,条件是给定的 x 具有有限的能量 E_x。这样每个变量都是 n 个独立同分布随机变量 $A_{j,k}$ 的线性组合,它有零均值、单位方差和有限的四阶矩。这个线性组合的系数是明文 x,现在假设它有 $E_x = 1$,也就是说,它位于 $\mathbf{R}^n$ 的单位球 S_{n-1}^2 上。定义 $\gamma = \left(\dfrac{1}{n} \sum_{k=0}^{n-1} E[A_{j,k}^4] \right)^{\frac{1}{4}} < \infty$,对于 RAE($I$)编码矩阵,$\gamma = 1$,而对于高斯随机矩阵,$\gamma = 3^{1/4}$。这验证了[31,定理 1.1]:对于任意 $\rho \in (0,1)$,存在一个子集 $B \subseteq S_{n-1}^2$,其概率度量为 $\mu(B)$,使得 $\sigma^{n-1}(B) = \dfrac{\mu(B)}{\mu(S_{n-1}^2)} \geqslant 1-\rho$ 并且如果是 $x \in B$,那么

$$\sup_{\substack{(\alpha,\beta)\in\mathbf{R}^2 \\ \alpha<\beta}} \left| P\left[\alpha \leqslant \sum_{k=0}^{n-1} A_{j,k}x_k \leqslant \beta\right] - \frac{1}{\sqrt{2\pi}}\int_{\alpha}^{\beta} \mathrm{e}^{-\frac{t^2}{2}}\mathrm{d}t \right| \leqslant \frac{C(\rho)\gamma^4}{n} \qquad (9.6)$$

其中 $C(\rho)$ 是一个正的,非递增的函数。将此结果应用于能量为 E_x 的 x,即在半径为 $\sqrt{E_x}$ 的球面上 $\gamma=1$(一个高斯随机),它可以通过直接缩放式(9.6)的标准正态分布的概率密度函数到 $N(0,E_x)$,得到定理 9.3 的表达式。

9.3　计算密码分析

在本节中,将重点讨论如何量化 CS 密码系统的最低复杂度形式,即标准 CS 和 RAE(I) 编码矩阵,对抗已知明文攻击。这代表了此类方案将遭受的最具威胁性的计算密码分析形式。这些攻击的属性和结果在这里通过理论方法进行了充分的探索,因为它们可以映射到一个组合优化问题,该问题可以模拟恶意用户可能尝试的针对性攻击。

将展示与明文 – 密文对匹配的候选编码矩阵行的平均数量是如何巨大的,从而使寻找真正的编码矩阵变得不确定。这样的结论是[46,49]所预料到的,其中所提出的证据基本上是针对暴力枚举的;与我们的方法的主要区别是,这种量化是理论上的,但是与经验主义攻击的概率惊人地吻合。因此,研究结果支持了基于 CS 的加密方案的计算安全性概念。

9.3.1　初步考虑

这里关注的是矩阵 $A\in\{-1,+1\}^{m\times n}$ 的编码 RAE(I),它们非常简单,因此适合在数字设备中生成、实现和存储。由于它们的简单性,这些矩阵更容易进行密码分析。相反,如果在 A 的每个元素中使用了许多符号,这将导致秘密扩展所产生的比特的快速消耗。因此,RAE 案例为其他基于 CS 的随机矩阵集合和更复杂的密码系统配置提供了基本参考。

为了理解本节讨论的安全问题的相关内容,让我们考虑通过 Key(A) 伪随机扩展得到的矩阵 $\{(A)_t\}_{t\in\mathbf{Z}}$ 的第一个序列。显然,假设任何编码矩阵都不会在编码阶段重复使用,这与该序列的使用不兼容,因为由于伪随机性,它们最终会重复。然而,可以假设序列的周期足够长,以避免在攻击者的观察时间内重复。但是,即使在这个假设成立的情况下,如果攻击者能够恢复上述矩阵序列中的哪怕几个元素,这也有可能利用 PRNG 密码分析策略(例如 LFSRs 的[39])通过图 9.12 中的信息来破解密码。因此,为了避免这样的事件,将重点放在说明即使使用最高级别的信息,即给定的 x 和 y,也无法恢复 $y = Ax$ 中的 A 一般实例。

因此,考虑的是攻击者获取了已知明文 x 对应于已知密文 y 的威胁情况,攻击者基于这些先验,目的是计算出真正的编码 A,即该恶意用户试图进行已知明文攻击(KPA)。下面将通过假设只有一对 (x,y) 对某一 A 成立,这与假设相同的 A 只在很长一段时间①后才会再次出现的假设一致。

从一对 (x,y) 开始,根据攻击者可获得的信息等级,得到一个威胁等级不断增加的 KPA(图 9.4);事实上,可以考虑一个纯粹的窃听者 Eve,并解决检索给定的问题 (x,y),或者允许 A 的部分信息,导致更复杂的攻击;这些内容将在 9.4.6 节中进行扩展。由于讨论的 KPA 依赖于 x 和 y 的确定性知识,因此在本节中假设明文和密文都是由数字字表示的。这种量化是不可避免的,因为 x 和 y 将由一个进行攻击的数字架构存储、处理和应用。为了简单起见,设 x 为 $x_k \in \{-L, \cdots, -1, 0, 1, \cdots, L\}$,$L \in \mathbf{Z}_+$。请注意,以这种方式表示明文的位数至少是 $b_x = \lceil \log_2(2L + 1) \rceil$,因此可以假设 b_x 在典型实施例中小于几十(如果明文由普通模数转换器生成,则 $b_x \leqslant 16$ bit)。因此,密文将用 y 表示,因此它的每一项 y_j 都被量化,以避免任何信息丢失。从数字到数字的角度来看,将看到 A 中的解是如何与表示明文(以及密文)的比特数相关的。

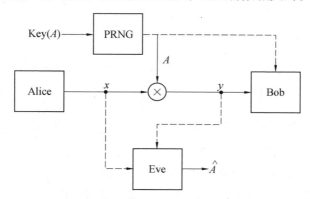

图 9.4　窃听者 Eve 实施的已知明文攻击的基本方案

①　注意,如果 n 独立,(x,y) 对是已知的相同的 A,可以求助于初级线性代数,并通过求解一个简单的线性系统来推断出真正的编码矩阵。

我们的 KPA 分析应用在 A 的单一行①上。此外，注意到该分析完全符合 Kerckhoffs[30] 原则，也就是说，攻击者唯一缺失的信息是它们各自的加密密钥部分，而在稀疏基上的其他细节在这里被认为是已知的。要真正破解加密协议，需要对序列中矩阵的所有 m 行进行以下攻击，因此需要比下面描述的方式付出更大的努力。然而，即使知道一行没有不确定性，也可能导致产生 A 的伪随机序列的解密，因此这个简化的情况具有相关性。

9.3.2 窃听者的已知明文攻击

给定一个明文 x 和相应的密文 $y = Ax$，现在假设一个窃听者 Eve，试图用一组符号 $(\hat{A})_{j,.} \in \{-1, +1\}^n$ 来恢复 A_j，使得密文中的第 j 个符号表示为

$$y_j = \sum_{k=0}^{n-1} A_{j,k} x_k = \sum_{k=0}^{n-1} \hat{A}_{j,k} x_k \tag{9.7}$$

此外，为了有利于攻击者②，假定所有 $x_k \neq 0$。现在，在分析 KPAs 时引入一个组合优化问题。

问题 9.1（子集和问题） 让 $\{u_k\}_{k=0}^{n-1}, u_k \in \{1, \cdots, L\}, v \in \mathbf{Z}_+$。定义子集和问题（SSP，[38，第四章]），即指定 n 元变量 $b_k \in \{0,1\}, l = \{0, \cdots, n-1\}$，那么优化问题为

$$v = \sum_{k=0}^{n-1} b_k u_k \tag{9.8}$$

定义解 $\{b_k\}_{k=0}^{n-1}$ 验证式（9.8）。在这个结构中，组合问题的密度定义为[32]

$$\delta(n, L) = \frac{n}{\log_2 L} \tag{9.9}$$

尽管一般来说 SSP 是 NP - 完备的，但并不是所有实例都是难解的。事实上，众所周知，高密度的实例（即 $\delta(n, L) > 1$）有大量的解或近似解，例如，动态规划；而低密度的实例是难解的，尽管对于特殊情况，多项式时间算法可以被使用[32]。从历史角度来看，这种低密度难解的 SSP 实例已经在密码学中被用于开发公钥背包密码系统[15,42]，尽管大多数已经被多项式时间算法[45] 攻克。问题 9.1 直接应用到 Eve 的 KPA 模型，如下所示。

---

① A_j 表示矩阵 A 的第 j 行。

② 如果任意 $x_k = 0$ 对应的每一项对式（9.7）没有贡献，则 $\hat{A}_{j,k}$ 在攻击中成为待定变量。因此，对于攻击者来说，x 的稀疏性实际上是一个问题，这就是为什么稀疏基 D 从未出现在当前的评估中。

定理 9.4(Eve 的已知明文攻击)　KPA 对于给定 (x,y) 下的 $A_{j,\cdot}$ 等价于一个 SSP 实例,其中每个 $u_k = |\,x_k\,|$,变量

$$b_k = \frac{1}{2}(\operatorname{sgn}(x_k)\hat{A}_{j,k} + 1)$$

并且和为

$$v = \frac{1}{2}\left(y_j + \sum_{k=0}^{n-1} |\,x_k\,|\right)$$

这个 SSP 有真解 $\{\bar{b}_k\}_{k=0}^{n-1}$,它被映射到行 $A_{j,\cdot}$ 上,其他候选解证实了式 (9.8),但对应的矩阵行 $\hat{A}_{j,\cdot} \neq A_{j,\cdot}$。

我们还定义了 $(x,y,A_{j,\cdot})$ 作为一个问题实例。得到的映射如下。

证明(定理9.4)　定义二进制变量 $b_k \in \{0,1\}$,符号 $(x_k)\hat{A}_{j,k} = 2b_k - 1$ 和正系数 $u_k = |\,x_k\,|$。通过式(9.7) 等于 $y_j = \sum_{k=0}^{n-1}(2b_k - 1)u_k$,那么形成 $v = \frac{1}{2}\left(y_j + \sum_{k=0}^{n-1} |\,x_k\,|\right)$ 的 SSP 问题。因为知道每个密文项 y_j 必须对应于 x 和行 $A_{j,\cdot}$ 的内积时,后者直接映射到该 SSP 的真解,即 $\{\bar{b}_k\}_{k=0}^{n-1}$。

在我们的例子中,看到密度式(9.9) 很高,因为 n 很大,$\log_2 L$ 被 x 的数字表示固定(例如,$b_x \leq 64$)。因此,正在解决一个高密度问题式(9.8)。事实上,所分析的 CS 实施例对 KPAs 的抵抗并不是因为对应的 SSP 的难度,而是如下所示,随着 n 的增加,候选解的数量巨大,攻击者应该在其中找到真解来估计出 A 的某一行。因为不存在选择它们的先验标准,所以认为它们是不可区分的。

9.3.3　窃听者已知明文攻击的期望解数量

下一个定理利用[51] 推导的理论计算 Eve 的 KPA 的候选解的期望数。

定理 9.5　(Eve's 已知明文攻击的期望解数量) 对于较大的 n,定理 9.4 中 KPA 的候选解的期望数,其中(i)所有系数 $\{u_k\}_{k=0}^{n-1}$ 是独立同分布的均匀提取的 $\{1,\cdots,L\}$,(ii) 真解 $\{\bar{b}_k\}_{k=0}^{n-1}$ 用等概率独立的二元值获得,为

$$S_{\mathrm{Eve}}(n,L) \simeq \frac{2^n}{L}\sqrt{\frac{3}{\pi n}} \tag{9.10}$$

定理 9.5 的证明将在下一节给出。这一结果(以及推导出它的整个统计力学框架)并没有暗示式(9.10) 在多大程度上代表有限 n。为了弥补这一点,通过使用 CPLEX 作为二进制编程求解器[26],并强制计算完整的解池,枚

举了几个随机生成的小 n 问题实例的解；这使得式(9.10) 的渐近表达式可以通过将其预期解数与 Eve 的 KPA 计算实现有效解数进行比较来验证。

这种数据证据如图 9.5 所示，其中经验平均解数 $\hat{S}_{Eve}(n,L)$ 到 50 个问题实例，在 $L = 10^4$ 和 $n = \{16, \cdots, 32\}$ 的情况被绘制出来并与式(9.10) 相比较。这里可以观察到明显匹配，因此可以估计，例如，一个 $n = 16 \times 16$ 的灰度图像，像素量化为 $b_x = 8$ bit(无符号) 的 KPA 编码将区别于平均 $1.25 \times 10^{1\,229}$ 个好的候选解，对于编码矩阵的每一行。这个数字与所有可能的行数相差不远，$2^{4\,096} = 1.04 \times 10^{1\,233}$。因此，任何使用该策略的攻击者都会面临大量的候选解，攻击者会从中选择一个假定是编码矩阵的一部分的解来尝试猜测 A。

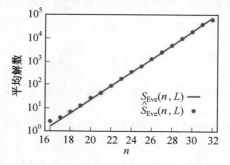

图 9.5　Eve 的 KPA 与 $L = 10^4$ 的理论近似式(9.10) 相比的经验平均解数

在开始定理 9.5 的证明之前，先介绍一个以下发展中所需的技术定义。

定义 9.3　定义函数

$$F_p(a,b) = \int_0^1 \frac{\xi^p}{1 + e^{a\xi-b}} d\xi \tag{9.11}$$

$$G_p(a,b) = \int_0^1 \frac{\xi^p}{(1 + e^{a\xi-b})(1 + e^{b-a\xi})} d\xi \tag{9.12}$$

现在继续通过与 Sasamoto 等人开发的关于 SSP 解个数的理论接口来证明主命题。

证明(定理 9.5)　首先要注意，对于大 n,ν 在定理 9.4 中是一个 $\left[0, \frac{nL}{2}\right]$ 范围内的整数，当 $n \to \infty$ 时，这个区间外的值渐近不可达(见[51,第 4 节])。令 $\tau = \frac{v}{nL}, \tau \in \left[0, \frac{1}{2}\right]$，那么 $a(\tau)$ 是方程 $\tau = F_1(a,0)$ 在 a 处的解(即 [51,(4.2)])，它是唯一的，因为在式(9.11) 中的 $F_p(a,0)$ 在 a 中是单调递

减的。

由 $[51,(4.1)]$，具有整数系数 $\{u_k\}_{k=0}^{n-1}$ 均匀分布在 $[1,L]$ 上的 SSP 解的数量是

$$S_{\mathrm{Eve}}(\tau,n,L) \simeq \frac{\mathrm{e}^{n[a(\tau)\tau + \int_0^1 \log(1+\mathrm{e}^{-a(\tau)\xi})\,\mathrm{d}\xi]}}{\sqrt{2\pi n L^2 G_2(a(\tau),0)}}$$

针对上式，期望得到一个近似的高斯分布（图 9.6）。

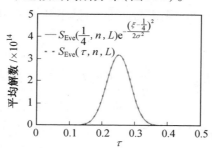

图 9.6　$S_{\mathrm{Eve}}(\tau,n,L)$ 的高斯近似（$n=64$，$L=10^4$，$\sigma^2 \approx \dfrac{1}{12n}$）

现在计算 $S_{\mathrm{Eve}}(\tau,n,L)$ 在 τ 处的平均值，这显然取决于选择 $v \in \left[0, \dfrac{nL}{2}\right]$ 中任意值的概率，即 $\tau \in \left[0, \dfrac{1}{2}\right]$。因为 ν 一个线性组合的结果，某个特定值出现在 SSP 随机实例中的概率与解的数量成比例。在标准情况下，τ 的概率密度函数必须与 $S_{\mathrm{Eve}}(\tau,n,L)$ 成比例，即 τ 的分布为

$$f_\tau(t) = \frac{1}{\int_0^{\frac{1}{2}} S_{\mathrm{Eve}}(\xi,n,L)\,\mathrm{d}\xi} \begin{cases} S_{\mathrm{Eve}}(t,n,L), & 0 \leqslant t \leqslant \dfrac{1}{2} \\ 0, & \text{其他} \end{cases}$$

对于 $f_\tau(t)$，可以计算出解的期望个数：

$$E_\tau[S_{\mathrm{Eve}}(\tau,n,L)] = \frac{\int_0^{\frac{1}{2}} S_{\mathrm{Eve}}^2(\xi,n,L)\,\mathrm{d}\xi}{\int_0^{\frac{1}{2}} S_{\mathrm{Eve}}(\xi,n,L)\,\mathrm{d}\xi} \tag{9.13}$$

虽然可以求助于数值积分，式（9.13）可以利用上述内容简化，即 $S_{\mathrm{Eve}}(\tau,n,L)$ 有一个近似高斯分布（图 9.6），在 $\tau = \dfrac{1}{4}$ 处有最大值。因此，在 τ 处的期望就变为

$$E_\tau\big[S_{\mathrm{Eve}}(\tau,n,L)\big] \simeq S_{\mathrm{Eve}}\Big(\frac{1}{4},n,L\Big)\frac{\displaystyle\int_{-\infty}^{\infty}\Big(\mathrm{e}^{-\frac{\left(\xi-\frac{1}{4}\right)^2}{2\sigma^2}}\Big)^2\mathrm{d}\xi}{\displaystyle\int_{-\infty}^{\infty}\mathrm{e}^{-\frac{\left(\xi-\frac{1}{4}\right)^2}{2\sigma^2}}\mathrm{d}\xi} =$$

$$S_{\mathrm{Eve}}\Big(\frac{1}{4},n,L\Big)\frac{1}{\sqrt{2}} = \frac{2^n}{L}\sqrt{\frac{3}{\pi n}}$$

这实际上是独立于 σ^2 用于高斯近似，其中利用了 $a\Big(\frac{1}{4}\Big)=0$ 来得到定理的表述。

9.3.4　窃听者已知明文攻击解决方案的预期距离

当 Eve 面对从完整 KPA 到 A 行的大量解输出时，一个合理的担忧是，它们中的大多数可能是真实编码矩阵行的很好的近似。为了确定是否如此，测定 $A_{j,\cdot}$ 和对应的候选矩阵 $\hat{A}_{j,\cdot}$ 之间的距离，得到 KPA 的汉明距离，即它们之间不同的项数。

定理 9.6　（在给定离真解汉明距离处，Eve 的已知明文攻击的期望解的数量）定理 9.4 中 KPA 在离真解汉明距离 h 处的候选解的期望值，其中（i）所有系数 $\{u_k\}_{k=0}^{n-1}$ 是独立同分布的均匀从 $\{1,\cdots,L\}$ 中获取的；（ii）真解 $\{\bar{b}_k\}_{k=0}^{n-1}$ 用等概率独立的二进制值获得，为

$$S_{\mathrm{Eve}}^{(h)}(n,L) = \binom{n}{h}\frac{P_h(L)}{2^h L^h} \tag{9.14}$$

其中 $P_h(L)$ 是 L 处的一个多项式，对于 $h=\{2,\cdots,15\}$，其系数在表 9.1 中给出。

这个定理的证明和表 9.1 的推导如下所示。首先想提出一些经验证据，证明式（9.14）中的表达式在给定的汉明距离下正确地预测了期望的解数。这个过程只需要处理 9.3.2 节中列举的解决方案。因此，图 9.7 展示了 $n=\{21,23,\cdots,31\}$，Eve 的 KPA 与真解汉明距离在给定值 $h=\{2,\cdots,15\}$ 时，超过 50 个问题实例的解的经验平均值，并且与表 9.1 中多项式系数式（9.14）预测的值进行比较。观察到了明显的匹配，在灰度图像（$n=4\,096,L=128$）的情况下，只有 1.95×10^{41} 候选解超出了平均值，$1.25\times10^{1\,229}$ 的汉明距离是 $h\leqslant16$，而 6.33×10^{76} 达到汉明距离 $h\leqslant32$。由于这些结果适用于被推断的矩阵的每一行，这表明随机选择的候选解是（或接近）真解的概率是可以忽略的。

表 9.1　对于 $h=\{2,\cdots,15\}$，多项式的系数 $P_h(L)=\sum_{j=1}^{h-1}p_j^h L^j$ 描述在式（9.14）中 Eve 的 KPA 的解（期望的汉明距离）

h	P_1^h	P_2^h	P_3^h	P_4^h	P_5^h	P_6^h	P_7^h	P_8^h	P_9^h	P_{10}^h	P_{11}^h	P_{12}^h	P_{13}^h	P_{14}^h
2	2													
3	-3	3												
4	$\frac{14}{3}$	-4	$\frac{16}{3}$											
5	$\frac{15}{2}$	$\frac{65}{12}$	$\frac{15}{2}$	$\frac{115}{12}$										
6	$\frac{62}{5}$	$\frac{15}{2}$	11	$\frac{27}{2}$	$\frac{88}{5}$									
7	-21	$\frac{959}{90}$	$\frac{203}{12}$	$\frac{707}{36}$	$\frac{301}{12}$	$\frac{5887}{180}$								
8	$\frac{254}{7}$	$\frac{140}{9}$	$\frac{1226}{45}$	$\frac{266}{9}$	$\frac{334}{9}$	$\frac{422}{9}$	$\frac{19328}{315}$							
9	$\frac{255}{4}$	$\frac{2613}{112}$	$\frac{731}{16}$	$\frac{14701}{320}$	$\frac{457}{8}$	$\frac{2233}{32}$	$\frac{1415}{16}$	$\frac{259723}{2240}$						
10	$\frac{1022}{9}$	$\frac{2585}{72}$	$\frac{359105}{4536}$	$\frac{7055}{96}$	$\frac{9869}{108}$	$\frac{1725}{16}$	$\frac{28625}{216}$	$\frac{48325}{288}$	$\frac{124952}{567}$					
11	$\frac{1023}{5}$	$\frac{16973}{300}$	$\frac{60775}{432}$	$\frac{5463953}{45360}$	$\frac{435941}{2880}$	$\frac{7449761}{43200}$	$\frac{19811}{96}$	$\frac{1091629}{4320}$	$\frac{2764663}{8640}$	$\frac{381773117}{907200}$				
12	$\frac{4094}{11}$	$\frac{2277}{25}$	$\frac{687791}{2700}$	$\frac{72523}{360}$	$\frac{3907067}{15120}$	$\frac{341143}{1200}$	$\frac{599327}{1800}$	$\frac{7909}{20}$	$\frac{1045349}{2160}$	$\frac{2205833}{3600}$	$\frac{41931328}{51975}$			
13	$\frac{1365}{2}$	$\frac{591721}{3960}$	$\frac{2020421}{4320}$	$\frac{44385419}{129600}$	$\frac{7815847}{17280}$	$\frac{116257063}{241920}$	$\frac{3192163}{5760}$	$\frac{110721221}{172800}$	$\frac{13148473}{17280}$	$\frac{19285357}{20736}$	$\frac{20345507}{17280}$	$\frac{20646903199}{13305600}$		
14	$\frac{16382}{13}$	$\frac{44863}{180}$	$\frac{34353347}{39600}$	$\frac{38237381}{64800}$	$\frac{1292711}{1600}$	$\frac{42972293}{51840}$	$\frac{122732801}{129600}$	$\frac{92420419}{86400}$	$\frac{53508931}{43200}$	$\frac{76095383}{51840}$	$\frac{77441609}{43200}$	$\frac{588168119}{259200}$	$\frac{866732192}{289575}$	
15	$\frac{16383}{7}$	$\frac{1074679}{2548}$	$\frac{583763}{360}$	$\frac{113982839}{110880}$	$\frac{12673507}{8640}$	$\frac{58584511}{40320}$	$\frac{400088153}{241920}$	$\frac{1033251187}{564480}$	$\frac{23927713}{11520}$	$\frac{193398181}{80640}$	$\frac{98109773}{34560}$	$\frac{279340567}{80640}$	$\frac{1060693411}{241920}$	$\frac{467168310097}{80720640}$

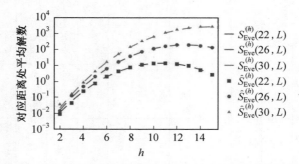

图 9.7　与 $L = 10^4$ 和 $n = 22, 26, 30$ 的理论近似值式 (9.14) 相比，Eve 的 KPA 在汉明距离真值为 h 处的经验平均解数（彩图见附录）

现在继续给出式 (9.14) 中基于计数论证的结果证明。

证明（定理 9.6）　在这里集中计算 Eve 的 KPA 候选解 b 与真实解 $\bar{b}$ 的差别，并用 h 表示（汉明距离 h）。假设 $K \subseteq \{0, \cdots, n-1\}$ 是一组不一致的指标，即对于所有指标 $k \in K$ 的项，有 $b_k = 1 - \bar{b}_k$；这个集合的基数是 h，是 $\binom{n}{h}$ 可能的集合。因为 b 和 $\bar{b}$ 是同一 SSP 的解，$b_k = \bar{b}_k$ 对于 $k \notin K$ 是一致的，那么 $\sum_{k \in K} (1 - \bar{b}_k) u_k = \sum_{k \in K} \bar{b}_k u_k$ 必须成立，则等式

$$\sum_{\substack{k \in K \\ \bar{b}_k = 0}} u_k - \sum_{\substack{k \in K \\ \bar{b}_k = 1}} u_k = 0 \tag{9.15}$$

尽管式 (9.15) 让我们想起了众所周知的分割问题，但在我们的例子中，K 是由设置所有 u_k 和 $\bar{b}_k$ 的每个问题实例选择的。因此，式 (9.15) 在许多情况下成立，这取决于所有 u_k 和 $\bar{b}_k$ 的 $2^h L^h$ 可能值中有多少满足它。唯一可行的情况是 $h > 1$，不失一般性，假设 $K = \{0, \cdots, L-1\}$（不一致出现在前 h 个有序索引中）来分析它们。

此外，当式 (9.15) 在某些 $\{\bar{b}_k\}_{k=0}^{n-1}$ 下成立时，在 $\{1 - \bar{b}_k\}_{k=0}^{n-1}$ 下也成立。因此，可以用 $\bar{b}_0 = 0$ 来计算验证式 (9.15) 的配置，已知它们的数量将只占总数的一半。在这种情况下，$\bar{b}_0 = 0$ 的配置必须有至少一个 $l > 0, \bar{b}_k = 1$，以满足式 (9.15)，给出 $2^{h-1} - 1$ 要核对的总数。

下面的一段说明，对于 $h < L$，验证式 (9.15) 的配置数可以写成阶数为 $h - 1$ 的多项式。考虑到这一点，可以从 $h = \{2, 3\}$ 的显式计算开始。

（1）对于 $h = 2$，$\bar{b}$ 中的 $\bar{b}_k$ 只有一个可行的配置，因此，在式（9.15）中 $u_0 = u_1$ 时，$2^2 L^2$ 超出 $2L$ 个配置；

（2）对于 $h = 3$，$\bar{b}$ 中的 $\bar{b}_k$ 有三个可行的配置。由于式（9.15）的对称性，所有的配置都有相同的行为，我们重点关注，例如，$\bar{b}_0 = \bar{b}_1 = 0$ 和 $\bar{b}_2 = 1 \Rightarrow u_0 + u_1 = u_2$；只有当 $u_0 + u_1 \leqslant L$，即 $\dfrac{L(L-1)}{2}$ 个配置时才满足要求。总共是 $2 \times 3 \times \dfrac{L(L-1)}{2} = 3L(L-1)$ 超过 $2^3 L^3$ 个可能的配置；

（3）对于 $h > 3$，这个过程就不那么直观了；然而，至少可以证明 $P_h(L)$ 计算式（9.15）成立的配置是 L 下的一个多项式，自由度为 $h-1$。为了说明这一点，分三个步骤进行。

① 用 $\pi_{\bar{b}}$ 表示（$h-1$）维 $\mathbf{R}^h$ 的子空间，它是由 $\displaystyle\sum_{\substack{k \in K \\ \bar{b}_k = 0}} \xi_k - \sum_{\substack{k \in K \\ \bar{b}_k = 1}} \xi_k = 0, \xi_k \in \mathbf{R}^h$ 定义的。交集 $\alpha_{\bar{b}}(L) = [1, L]^h \cap \pi_{\bar{b}}$ 表示 $\{u_k\}_{k=0}^{h-1} \in [1, L]^h$ 的每个配置，并且满足式（9.15）是 $\alpha_{\bar{b}}$ 中的整数点。为了计算这些点，定义 $\beta_{\bar{b}}(L) = [0, L+1]^h \cap \pi_{\bar{b}}$ 并且在 $\alpha_{\bar{b}}$ 中整数点的数量等于在 $\beta_{\bar{b}}$ 中整数点的数量（$\beta_{\bar{b}}$ 边界点中至少有一个是 0 或者 $L+1$）。

注意到 $[0, L+1]^h$ 与 $L+1$ 的线性尺度关系，而 $\pi_{\bar{b}}$ 是一个子空间，因此尺度是不变的。根据埃尔哈特定理[20]，它们的交集 $\beta_{\bar{b}}(L)$ 是 $h-1$ 维多面体，并且多面体的尺寸与整数 $L+1$ 成比例。那么在 $\beta_{\bar{b}}(L)$ 中整数点的数量 $N_{\bar{b}}(L)$ 是自由度等于 $\beta_{\bar{b}}(L)$ 维度，即 $h-1$ 的 $L+1$（或 L）处的一个多项式。根据埃尔哈特 - 麦克唐纳互易定理[36]，可知 $\beta_{\bar{b}}$ 内点的整数点数量，因此 $\alpha_{\bar{b}}$ 等于 $(-1)^{h-1} N_{\bar{b}}(-L)$，它也是自由度为 $h-1$ 的 L 处的一个多项式。

② 如果考虑两个不同的配置 $\bar{b}'$ 和 $\bar{b}''$，则 $\alpha_{\bar{b}'}(L) \cap \alpha_{\bar{b}''}(L) = [1, L]^h \cap \pi_{\bar{b}'} \cap \pi_{\bar{b}''}$。用上面相同的论述方式说明在自由度 $h-2$ 时 L 处的多项式交集的整数点数量，一般来说任意数量多面体 $\alpha_{\bar{b}}(L)$ 交集的整数点数量是自由度不大于 $h-1$ 的一个多项式。

③ 相对于 K 是所有可能的多面体 $\alpha_{\bar{b}}$ 联合的整数点数，也就是 $\bigcup_{\{\bar{b}_k\}_{k=0}^{h-1}} \alpha_{\bar{b}}(L)$，$\{u_k\}_{k=0}^{h-1}$ 和 $\bar{b}$ 配置数量满足式（9.15）要求。这一数量可以通过包含 - 排除原则来计算，即适当地对这些多面体及其各种交集中的整数点的

数量进行加法和减法。由于多项式的加法和减法得到的不是递增的多项式，所以知道这个数是一个多项式 $P_h(L)$ 的评估值，自由度不大于 $h-1$。可以写作 $P_h(L) = \sum_{j=0}^{h-1} p_j^h L^j$。为了计算它的系数 p_j^h，可以固定一个二元配置 $\{\bar{b}_k\}_{k=0}^{h-1}$，利用整数分割函数（也叫多项式扩展）证实式（9.15）来计数点数 $\{u_k\}_{k=0}^{h-1} \in \mathbf{Z}_+^h$，然后从 $\{u_k\}_{k=0}^{h-1} \notin [1, L]^h$ 中减掉这些点。通过对所有二元配置求和，可以提取出每个 h 下与 L^j 关联的系数。针对 $h \leqslant 15$ 的符号计算，表 9.1 展示了这个过程的结果。

9.4　CS 多级加密

本节将介绍一种方法，它以一种安全的方式区分一组接收器获得的信号恢复质量，这组接收器对于获得通过 CS 编码的信息内容是非等价的。通过引入控制矩阵扰动量获取它；因此，研究它们对信号恢复的影响以期望提出多级加密协议。

9.4.1　随机扰动下的安全性和矩阵不确定性

恢复算法的灵敏度与编码矩阵的完美知识是许多应用中普遍存在的问题，在这些应用中，CS 获取的自然信号符合稀疏信号模型。

因此，当没有先验信息可利用时，量化这种灵敏度以预测信号恢复的结果是有价值的，例如，当编码矩阵被随机扰动而没有任何可利用的结构时。在本节中，通过信号恢复问题的一个简化的最小二乘模型来关注这方面，该模型可以推导出它的平均性能估计，只依赖于编码和扰动矩阵之间的交互作用。

通过对三种简单随机扰动矩阵模型在各种情况下的信号恢复的数值探索，证明了在 CS 配置中，由此产生的启发式的有效性和稳定性评价，该评价是有意义的；这种处理方法的目的是让人们意识到，这种观察结果可以用来引入一个基于 CS 的密码系统，该系统利用了对缺失信息的敏感性。因此，在大多数 CS 应用中，理解编码矩阵中扰动的影响是一个有价值的信息。

假设编码矩阵可以分解为①$A^{(1)} = A^{(0)} + \Delta A$,其中$A^{(0)} \in \mathbf{R}^{m \times n}$是解码器已知的,而$\Delta A \in \mathbf{R}^{m \times n}$是一个扰动矩阵。在这种情况下,关于$\Delta A$的任何线索通常是不可用的,对应的项$y = A^{(1)}x = A^{(0)}x + \Delta Ax$是与信号噪声相关的。在这里,设$D$是一个已知的标准正交基,可用于解码器,将不确定性留给扰动矩阵ΔA和实际的稀疏向量$\hat{\xi}$,所以$\hat{x} = D\hat{\xi}$。

1. 矩阵扰动下信号恢复算法

下面将主要讨论给定的先验信息下信号恢复算法的灵敏度;这在下面作为这些算法"调用"中的参数表示。现在从测量中存在的一些结构噪声的基本信息开始;有了这些信息,解码器也可以:

(1)选择纯净的模型,利用基追踪(见1.6节)估计$\hat{\xi} = BP(y, A^{(0)}D)$,但这是给了一个错误的假设,即测量不受噪声的影响,迫使$y = A^{(0)}\hat{x}$。

(2)以一种更普遍的方式,尝试估计噪声阈值ε以便使用带去噪的基追踪(BPDN)$\hat{\xi} = BPDN(y, A^{(0)}D, \varepsilon)$,它至少尝试用解是稀疏的先验信息去噪。噪声阈值的设置必须使范数$\| \Delta Ax \|_2 \leqslant \varepsilon$。乐观的情况下,实际的范数$\varepsilon^* = \| \Delta Ax \|_2$在这里假设是已知的,以所谓的精调方式。

(3)在理想的环境中,得到D中ξ的实际基,它可以通过数据最小二乘(OLS)估计求解,即$\hat{\xi} = OLS(y, A^{(0)}D, T)$,$\hat{\xi}_T = (A^{(0)}D_{\cdot, T})^+ y$,$\hat{\xi}_{T^c} = 0$。请注意,这个不完全知情的解决方案缺少$\Delta A$的先验信息,因此产生的解$\hat{\xi}$对应$T$使误差最小化。

大量算法和问题模型处理扰动下的信号恢复的一般情况[47,60],当可以利用ΔA中的某些结构时,可以得到明显的改善。然而,关注这样一种情况,ΔA是从一个随机矩阵集合中提取的,其中独立同分布项在每个x的实例中都是变化的;如[47]中所示,这种情况下的信号恢复性能基本上受到前述非完全信息OLS估计的限制。

2. 矩阵扰动下的恢复保证

在评价这种矩阵扰动的影响方面,Herman和Strohmer给出了第一个基本结果[24],将所建立的凸优化[12]的信号恢复保证理论推广到这种扰动情况;对

---

① 使用上角标(1)和(0)的原因是很大程度上区分了两个层次的信息,前者表示对真相的完全了解,后者表示对真相的部分了解。

该结果的总结如下。

定义9.4　（扰动常数（来自参考文献[24]））让

$$\sigma^{(k)}_{\min/\max}(A) = \min_{T \subseteq \{0,\cdots,n-1\}, |T|=k}/\max \sigma_{\min}/\max(A_{\cdot,T})$$

表示矩阵 $A \in \mathbf{R}^{m \times n}$ 的所有 k 列子矩阵的最小最大奇异值。定义扰动常数

$$\begin{cases} \varepsilon^{(k)}_{A^{(1)}} \geqslant \dfrac{\sigma_{\max(k)}(\Delta AD)}{\sigma_{\max(k)}(A^{(1)}D)} \\[3mm] \varepsilon_{A^{(1)}} \geqslant \dfrac{\sigma_{\max}(\Delta AD)}{\sigma_{\max}(A^{(1)}D)} \geqslant \varepsilon^{(k)}_{A^{(1)}} \end{cases} \tag{9.16}$$

本节对 $CS^{[12]}$ 的著名稳定性定理进行了修正，以在没有其他噪声源的情况下恢复稀疏向量。

定理9.7　（在扰动存在下 BPDN 的稳定恢复（来自[24,定理2]））让 $y = (A^{(0)} + \Delta A)x \in \mathbf{R}^m$ 是带有附加扰动噪声的测量值，$\Delta Ax \in \mathbf{R}^m$；$x = D\xi$，其中 D 是一个标准正交基 $\xi \in \mathbf{R}^n$：$\| \xi \|_0 = k$；$A^{(1)} = A^{(0)} + \Delta A \in \mathbf{R}^{m \times n}$ 验证 RIP 常量满足 $\delta_{2k} < \sqrt{2}(1 + \varepsilon^{(2k)}_{A^{(1)}})^{-2} - 1$，$\varepsilon^{(2k)}_{A^{(1)}} < 2^{\frac{1}{4}} - 1$。那么，$\hat{\xi} = BPDN(y, A^{(0)}D, \gamma)$ 具有噪声阈值为

$$\gamma = \varepsilon^{(k)}_{A^{(1)}} \sqrt{\frac{1 + \delta_k}{1 - \delta_k}} \| y \|_2$$

是为了让

$$\| \hat{\xi} - \xi \|_2 \leqslant c'_1 \gamma \tag{9.17}$$

其中

$$c'_1 = \frac{4\sqrt{1 + \delta_{2k}}(1 + \varepsilon^{(2k)}_{A^{(1)}})}{1 - (\sqrt{2} + 1)[(1 + \delta_{2k})(1 + \varepsilon^{(2k)}_{A^{(1)}})^2 - 1]} \tag{9.18}$$

虽然在形式上是正确的，但在基于 RIP 的大多数其他分析中，性能明显高于误差范数界限(9.17)。尽管之前的工作已经给出了稀疏信号恢复的误差下界[1,2]，但在一些文献[34,35]给出了矩阵扰动的特殊情况分析。寻求遵循以下原则的设计准则，即考虑到稀疏信号恢复算法的非线性（例如，非光滑目标函数的凸优化，如"1 - 范数"），可以通过合理的数学思维和模拟传输的形式形成适当的求解方法。

3. 矩阵扰动下的平均性能

BP 和 BPDN 作为非光滑凸优化问题的相对复杂性，使得在典型恢复问题

中无法对灵敏度和扰动矩阵进行平均分析。现在以一个简化的模型假设：
(1) $(A^{(0)}, \Delta A)$ 是从两个已知的和独立同分布的随机矩阵集合中得到的，
(2) $\hat{x} = D\hat{\xi}$，通过求解 $\mathrm{BP}(y, A^{(0)})$ 来满足 $y = A^{(0)}\hat{x}$。将它与原来的 $y = A^{(1)}x$ 和
$\Delta A = A^{(1)} - A^{(0)}$ 配对，获得

$$A^{(0)}\Delta x = \Delta A x, \quad \Delta x = \hat{x} - x \tag{9.19}$$

由此，进一步假设 ΔA 确实是一个扰动，即对应 $A^{(0)}$ 它的实体很小。这样，
最小二乘近似误差 Δx 应该很小，所以可以假设 $\hat{x}$ 在一个以 x 为中心的球中，在
约束条件式(9.19) 下使其半径最小，得到最小二乘解

$$\Delta x = \arg\min \Delta \zeta \in \mathbf{R}^n \| \Delta \xi \|_2^2 \quad \text{s.t.} \quad A^{(0)}\Delta \zeta = \Delta A x \tag{9.20}$$

即 $\Delta x = (A^{(0)})^+ \Delta A x$（其中 $\cdot^+$ 表示 Moore–Penrose 伪逆）。为了研究作为随
机向量时 Δx 的期望，即该解的均方误差，可以计算

$$\mathrm{E}\big[\, \| \Delta x \|_2^2 \,\big] = \mathrm{tr}\, \mathscr{C}_{\Delta x} = \mathrm{tr}\, E_{A^{(0)}, \Delta A, x}\big[(A^{(0)})^+ \Delta A x x^{\mathrm{T}} \Delta A^{\mathrm{T}} [(A^{(0)})^+]^{\mathrm{T}} \big] =$$
$$\mathrm{tr}\, E_{A^{(0)}, \Delta A}\big[(A^{(0)})^+ \Delta A \mathscr{X} \Delta A^{\mathrm{T}} [(A^{(0)})^+]^{\mathrm{T}} \big]$$

假设 $A^{(0)}$ 和 ΔA 是从与 x 无关的随机矩阵集合中得出的，所以这个比率

$$\frac{\mathrm{E}\big[\, \| \Delta x \|_2^2 \,\big]}{\mathrm{E}\big[\, \| x \|_2^2 \,\big]} = \mathrm{tr}\, E_{A^{(0)}, \Delta A}\big[(A^{(0)})^+ \Delta A \frac{\mathscr{X}}{E_x} \Delta A^{\mathrm{T}} [(A^{(0)})^+]^{\mathrm{T}} \big] \tag{9.21}$$

其中能量归一化相关矩阵 $\dfrac{\mathscr{X}}{E_x}$ 是利用信号的二阶矩得到。由于假设 D 是一个
正交基，可以采用稀疏信号模型，其中 ξ 的 $\dbinom{n}{k}$ 基中每一个元素有相同的概
率，k 非零项是独立同分布的零均值随机变量。相关矩阵 $\dfrac{\mathscr{C}_\xi}{E_\xi} = \dfrac{1}{n} I_n$ 和 $\mathscr{X} =$
$D\mathscr{C}_\xi D^{\mathrm{T}} = \dfrac{E_\xi}{n} I_n$。在这种特殊情况下，由于编码矩阵扰动可能存在，因此
$\mathrm{ARSNR} = \dfrac{\mathrm{E}\big[\, \| x \|_2^2 \,\big]}{\mathrm{E}\big[\, \| \Delta x \|_2^2 \,\big]}$ 是一种简化评估结果。

$$\mathrm{ARSNR} = n\big[\, \mathrm{tr}\, E_{A^{(0)}, \Delta A} [(A^{(0)})^+ \Delta A \Delta A^{\mathrm{T}} [(A^{(0)})^+]^{\mathrm{T}}] \,\big]^{-1} \tag{9.22}$$

$A^{(0)}$ 和 ΔA 的期望取决于考虑的 CS 配置，可以通过蒙特卡洛实验以经验计算
任意感兴趣的随机矩阵集合。另外，更具有建设性的方式是

$$\mathrm{ARSNR} = \Big(E_{A^{(0)}, \Delta A}\Big[\frac{1}{n} \sum_{j=0}^{n-1} [\sigma_j((A^{(0)})^+ \Delta A)]^2 \Big] \Big)^{-1} \tag{9.23}$$

将预期性能与$(A^{(0)})^+ \Delta A$的奇异值的平均值联系起来,然而就数值求解的计算要求而言,它的吸引力要小得多。请注意,这种估计有一些明显的局限性:

(1) 因为它侧重于非去噪恢复(即$BP(y, A^{(0)}D)$的解),当扰动引起的干扰通过冗余信息补偿时恢复效果会下降,这是因为:① 大量测量值超过恢复(允许有效去噪)所需的最小值;②已知每个实例的误差范数$\varepsilon^* = \| \Delta A x \|_2$,它通过$BPDN(y, A^{(0)}D, \varepsilon^*)$求解。

(2) 如果m值很小,不能进行有效恢复,则估计将失去其有效性,也就是,完全知情的$BP(y, A^{(1)}D)$下恢复失败。在这种情况下,认为BP或$BPDN$能很好地近似真实信号是不明智的;本质原因是$\| \Delta x \|_2$并不小(因为在x邻域的最小二乘假设不成立①),该估计将无法得出恢复质量的相关预测。

因此,当m足够大时,式(9.22)和更一般的式(9.21)期望是最有效的,以至$BP(y, A^{(1)}D)$的相变到几乎确定的恢复域已经发生,但不会比实现它所需的最小m大很多。实际上,这就是CS配置的有趣设计,以及为什么式(9.22)会与下面的例子相匹配。

4. 随机矩阵扰动的实际性能

在本节中,选择不同的随机矩阵合集,从中抽取ΔA,并引入投影 – 扰动比

$$\text{PPR}_{A^{(0)}, \Delta A} = \frac{E[\, \| A^{(0)} \|_F^2 \,]}{E[\, \| \Delta A \|_F^2 \,]}$$

表示$A^{(0)}$相对于ΔA的相对平均能量。

(1) 扰动模型。

这里重点讨论三个扰动模型:

① 密集高斯加性(DGA)模型。ΔA取自独立同分布项,方差为$\sigma_{\Delta A}^2 = \dfrac{1}{\text{PPR}_{A^{(0)}, \Delta A}}$的高斯随机矩阵。

② 密集均匀乘法(DUM)模型。$\Delta A = U \circ A^{(0)}$,其中$\circ$表示哈达玛积,$\Delta A_{j,k} = A_{j,k} U_{j,k}$,矩阵$U$取自与$A^{(0)}$无关的,具有独立同分布,表示为$U_{j,k} \sim U\left(-\dfrac{\beta}{2}, \dfrac{\beta}{2}\right)$的随机矩阵,其中$\beta = 2\sqrt{\dfrac{3}{\text{PPR}_{A^{(0)}, \Delta A}}}$。

---

① [2]中有一种更正式但类似的直觉,尽管处理的是一个稍微不同的估计问题。

③ 稀疏符号翻转(SSF)。随机索引集合 C 是独立产生的,使得

$$\Delta A_{j,k} = \begin{cases} -2A_{j,k}^{(0)}, & (j,k) \in C \\ 0, & (j,k) \notin C \end{cases} \tag{9.24}$$

对应于元素 $A^{(0)}$ 的符号翻转,其中每一对 $\{0, \cdots, m-1\} \times \{0, \cdots, n-1\}$ 被选择的概率为 η。得到的稀疏随机矩阵集合有密度 $\eta = \dfrac{1}{4\,\mathrm{PPR}_{A^{(0)},\Delta A}}$,控制方差 $\sigma_{\Delta A}^2 = 4\eta$。

(2)实验和估计。

在数值实验中,考虑了维数 $n = 256$ 的一个简单设置,并假设 D 为离散余弦变换;产生 ξ 为一个白随机向量,并假设 $\binom{n}{k}$ 个可能基中的每一项等概率,k 代表非零项,是满足独立同分布为 $N\left(0, \dfrac{1}{k}\right)$ 的随机变量。考虑 $k = 8$、16、32 作为高稀疏到低稀疏性的信号原型。

矩阵 $A^{(0)} \in \mathbf{R}^{m \times n}$ 取自独立同分布,单位方差的高斯随机矩阵集合。如前一节所述,期望采用完全知情的 BP 应用到 m 足够大的情况求解,来估计值 (9.22)。

对于这方面的定量评估,生成 200 个 ξ 实例,在没有扰动的情况下对它们进行编码,然后应用 $\mathrm{BP}(y, A^{(1)}D)$,用 SPGL1 测量不同 m 值的 ARSNR。考虑到求解器的精度设置允许最大值为 $\mathrm{RSNR} \approx 120 \text{ dB}$,通过观察图 9.8 中的证据,得出当 $m = 103, k = 8$;$m = 138, k = 16$;$m = 184, k = 32$ 时,目标 ARSNR 达到 110 dB。此时,假设解码器在相变之后继续工作是安全的。

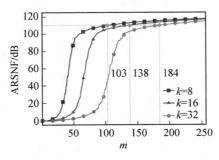

图 9.8　$\mathrm{BP}(y, A^{(0)}D)$ 相变后 ARSNR 曲线随 m 的变化

基于(m, k)的配对，分析了扰动的影响，以及用式（9.22）预测的近似程度；在"扰动模型"部分选取三个模型的分布参数，来得到一个给定的 $\text{PPR}_{A^{(0)}, \Delta A} \in \{0, 5, \cdots, 80\}$ dB。为被选中的(m, k)生成200个实例$(\xi, A^{(0)}, \Delta A)$。用$A^{(1)} = A^{(0)} + \Delta A$来编码$x = D\xi$，尝试通过$\text{BP}(y, A^{(0)}D)$、$\text{BPDN}(y, A^{(0)}D, \varepsilon^*)$和不完全知情的$\text{OLS}(y, A^{(0)}D, T)$方法恢复$\hat{\xi}$。这三个结果与在式（9.22）估计的蒙特卡洛仿真的结果进行比较，平均超过200个$(A^{(0)}, \Delta A)$的实例。

当$k = 16$时，针对三种不同的扰动模型，结果如图9.9 ~ 9.11所示。每个解码器的ARSNR与$\text{PPR}_{A^{(0)}, \Delta A}$估计的结果相比是增加的（即扰动逐渐减小）。

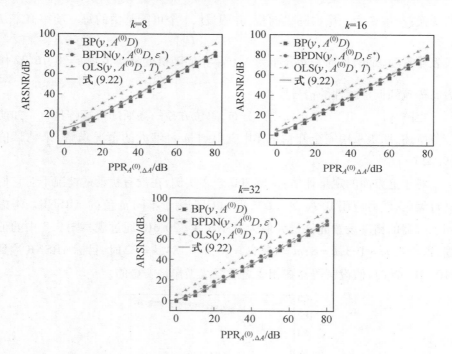

图9.9　ARSNR 相对于$\text{PPR}_{A^{(0)}, \Delta A}$的平均性能估计（比较式（9.22）（虚线），$\text{BP}(y, A^{(0)}D)$（空圆），$\text{BPDN}(y, A^{(0)}D, \varepsilon^*)$（填充圆），$\text{OLS}(y, A^{(0)}D, T)$（实线））

此外，因为相对于扰动模型估计有可忽略的变量，将后者固定到 DGA，并探索发生相变时不同的稀疏水平的影响；结果如图9.9所示。请注意，尽管这只是一个估计，式（9.22）似乎在预测$\text{BP}(y, A^{(0)}D)$和$\text{BPDN}(y, A^{(0)}D, \varepsilon^*)$

之间的平均性能方面相当有效。这与它的推导是一致的,它从一个非去噪的、原始 BP 方法开始,但假设在最小二乘意义上恢复有能力尽可能接近真实解。

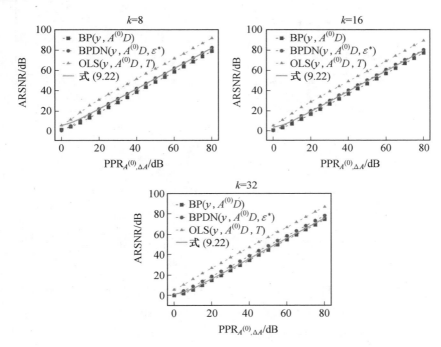

图 9.10　ARSNR、相对于 $PPR_{A^{(0)},\Delta A}$ 在式(9.22)的平均性能估计(虚线),与 $BP(y,A^{(0)}D)$(空心圆)、$BPDN(y,A^{(0)}D,\varepsilon^*)$(实心圆)、$OLS(y,A^{(0)}D,T)$(实线)对 DUM 扰动的比较

作为性能评估的结果,可以得出,式(9.22)中的估计(或式(9.21)对非白信号的扩展)确实足够准确地预测在 $BP(y,A^{(0)}D)$ 和 $BPDN(y,A^{(0)}D,\varepsilon^*)$ 之间矩阵扰动下信号恢复算法的平均恢复性能,特别是当所使用的 CS 配置工作在相变曲线的适当区域时,即集合 (m,n,k) 通过 BP 恢复总是可行的。

在下一节将重点介绍 SSF,将其作为一种方法,在编码矩阵中引入可控的、容易生成的扰动,以提供嵌入在传感或编码过程中的数据保护;因此,人们对设计的估计很感兴趣,它可以作为轻量级加密协议的设计公式。

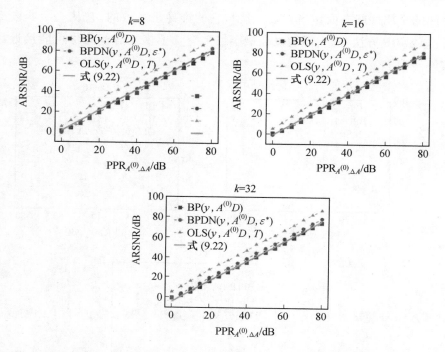

图 9.11 ARSNR、相对于 $\mathrm{PPR}_{A^{(0)},\Delta A}$ 在式（9.22）的平均性能估计（虚线），与 $\mathrm{BP}(y, A^{(0)}D)$（空心圆）、$\mathrm{BPDN}(y, A^{(0)}D, \varepsilon^{*})$（实心圆）、$\mathrm{OLS}(y, A^{(0)}D, T)$（实线）对 SSF 扰动的比较

9.4.2 多级加密原理

在这里讨论了一种轻量级的数据保护方案，即 CS 多级加密。考虑这样一个场景：多个用户接收到相同的密文 $y = A^{(1)}x$，通知已知明文所用的标准正交基 D，x 是 k - 稀疏的，但不同的是，他们中的一些人知道真正的编码矩阵 $A^{(1)}$，而其他用户只提供了它的一个近似版本，即 $A^{(0)}$。$A^{(1)}$ 和 $A^{(0)}$ 之间产生的不匹配，后者将在解码过程中使用，并且将限制其信号恢复的质量，如下所述。

1. 两级算例

基于这个原则，引入控制扰动的一种简单直接且不可检测的方法，它是以随机模式翻转编码矩阵项的子集的符号。令 $A^{(0)} \in \{-1, +1\}^{m \times n}$ 表示为初始编码矩阵，$C^{(0)}$ 为每个 $A^{(0)}$ 随机选择的 $c < mn$ 个索引对的子集。由此构造真正的编码矩阵 $A^{(1)}$

$$\forall (j,k) \in \{0, \cdots, m-1\} \times \{0, \cdots, n-1\}$$

$$A_{j,k}^{(1)} = \begin{cases} A_{j,k}^{(0)}, & (j,k) \notin C^{(0)} \\ -A_{j,k}^{(0)}, & (j,k) \in C^{(0)} \end{cases} \tag{9.25}$$

并用它来根据 $y = A^{(1)}x$ 编码 x。虽然这种改变只是简单地涉及在 mn 个伪随机符号的缓冲区中反转 c 个随机选择的符号位,但将使用如9.4.1节所示的线性扰动模型

$$A^{(1)} = A^{(0)} + \Delta A \tag{9.26}$$

其中 ΔA 是一个 c – 稀疏随机阵①

$$\forall (j,k) \in \{0,\cdots,m-1\} \times \{0,\cdots,n-1\}$$

$$\Delta A_{j,k} = \begin{cases} 0, & (j,k) \notin C^{(0)} \\ -2A_{j,k}^{(1)}, & (j,k) \in C^{(0)} \end{cases} \tag{9.27}$$

或可等价于

$$\forall (j,k) \in \{0,\cdots,m-1\} \times \{0,\cdots,n-1\}$$

$$\Delta A_{j,k} = \begin{cases} 0, & (j,k) \notin C^{(0)} \\ 2A_{j,k}^{(1)}, & (j,k) \in C^{(0)} \end{cases} \tag{9.28}$$

其稀疏符号翻转密度为 $\eta = \dfrac{c}{mn}$。通过这种方式,任意接收器仍可由 ΔA 得到一个与真实矩阵不同的编码矩阵。这种扰动是不可检测的,即 $A^{(1)}$ 和 $A^{(0)}$ 在统计上是不可区分的,因为它们是相同 RAE(I) 集合的等概率实现,$\{-1,+1\}^{m \times n}$ 中的所有点都有相同的概率。

　　因此,接收 $y = A^{(1)}x = (A^{(0)} + \Delta A)x$,并知道 $A^{(1)}$ 的一类用户能够在没有其他噪声源且 m 充分大于稀疏度 $k:x = D\xi, \|\xi\|_0 = k$ 的情况下,可以通过求解 BP$(y,A^{(1)}D)$ 来恢复精确的稀疏解 $\hat{\xi} = \xi$。仅知道 y 和 $A^{(0)}$ 的二类用户由于缺少 $A^{(1)}$ 上的信息片段,受等价信号和扰动相关的非白噪声项 ϵ 的影响,即

$$y = A^{(1)}x = A^{(0)}x + \epsilon \tag{9.29}$$

其中 $\epsilon = \Delta Ax$ 是纯干扰,因为 ΔA 和 x 对于二类接收者都是未知的。它的近似 $\hat{x}$ 是作为如 BP$(y,A^{(1)}D)$ 或 BPDN$(y,A^{(0)}D,\varepsilon^*)$ 的解得到的,其中 $\varepsilon^* = \|\epsilon\|_2$,9.4.1 节中的考虑在此处适用;在 $y = A^{(0)}\hat{x}$ 的错误假设下执行信号恢复,即使用损坏的编码矩阵将导致得到有噪声的 $\hat{x} = D\hat{\xi}$。

---

　　①　具体来说,它可以看作是从一个三值随机矩阵集合 $\Delta A \in \{-2,0,2\}^{m \times n}$ 中得出的,该矩阵集合由 c 个非零元素的所有等概率赋值构成。简化情况下,让它具有独立同分布的条目 $\forall (j,k) \in \{0,\cdots,m-1\}\{0,\cdots,n-1\}$, $P[\Delta A_{j,k} = -2] = P[\Delta A_{j,k} = 2] = \dfrac{\eta}{2}$, $P[\Delta A_{j,k} =] = 1 - \eta$,因此密度参数实际上控制了概率分配。

就恢复保证而言，虽然以定理 1.7 和 9.7 的形式预测了恢复误差范数 $\|\hat{x} - x\|_2$ 的上界，但本节的关键问题是找到误差范数的下界，即两类恢复误差的最佳情况分析。预计这将取决于扰动密度 η，对其进行适当选择以确定每个类别的期望质量范围。这一点在 9.4.3 节中进行了精确证明，同时通过直接应用定理 9.7 对上界进行了量化。

2. 一种多级加密方案

可以对上述两类方案迭代处理，得到任意数量的用户类：对 $A^{(0)}$ 的索引对 $C^{(u)}$，$u \in \{0, \cdots, w-2\}$ 的不相交子集应用稀疏符号翻转，从而有

$$A_{j,k}^{(u+1)} = \begin{cases} A_{j,k}^{(u)}, & (j,k) \notin C^{(u)} \\ -A_{j,k}^{(u)}, & (j,k) \in C^{(u)} \end{cases}$$

得到相应的 $\{A^{(u)}\}_{u=0}^{w-1}$，每个 $\{A^{(u)}\}_{u=0}^{w-1}$ 依次与 w 个用户类别中的一个相关联，这些用户类别逐渐完成真实编码 $A^{(w-1)}$。因此，如果明文 x 用 $A^{(w-1)}$ 编码，可以区分知道完整编码 $A^{(w-1)}$ 的高级用户、只知道 $A^{(0)}$ 的低级用户和知道 A^{u+1}，$u = 0, \cdots, w-3$ 的中级用户。这种简单的技术可用于提供对 x 中信息的多类访问，从而可以在解码器处获得不同的信号恢复性能。

3. 系统视角

本节描述的方法提供了一种多类加密的架构，其中 CS 编码器和每个接收器之间的共享密钥取决于授予后者的质量级别。特别地，w 级 CS 方案的完整加密密钥由 w 个种子组成，即向低级用户提供密钥 Key($A^{(0)}$)，向一级用户提供 Key($A^{(1)}$) = (Key($C^{(0)}$), Key($A^{(0)}$))，直到向高级用户提供密钥

$$\text{Key}(A^{(w-1)}) = (\text{Key}(C^{(w-2)}), \cdots, \text{Key}(C^{(0)}), \text{Key}(A^{(0)}))$$

图 9.13 中描绘了一个实现该策略的示例性网络。在两级加密的情况下，它简化为图 9.12 的简单方案，其中密钥 Key($C^{(0)}$)、Key($A^{(0)}$)) 完全定义了密钥协议。

从资源的角度来看，多级 CS 可以以几乎零的计算开销实现。编码矩阵生成器实质上是一个 PRNG 伪随机数发生器（例如 LFSR 线性移位反馈寄存器），并且在编码器和高级解码器端的结构相同，而低级解码器可能使用相同的编码矩阵生成方案，但由于共享密钥 Key($C^{(u)}$) 的缺失，无法重建真正的编码矩阵生成方案。

与预期相符，初始矩阵 $A^{(0)}$ 是通过使用 PRNG 扩展 Key($A^{(0)}$) 生成的伪随机二进制流更新的。在流缓冲器上引入符号翻转作为简单的后处理步骤，通过重用相同的 PRNG 架构并扩展相应的密钥 Key($C^{(u)}$)，可以使计算成本最小（图 9.14）。

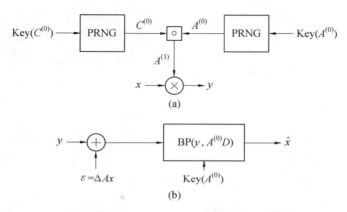

图 9.12　CS 的二级加密概述：(a) 编码器，× 表示矩阵 – 向量
的乘积，° 由式(9.25) 组成；(b) 二级解码器，缺失信
息对解码器编码矩阵的虚拟影响以 $\varepsilon = \Delta Ax$ 这部分
的影响突出显示

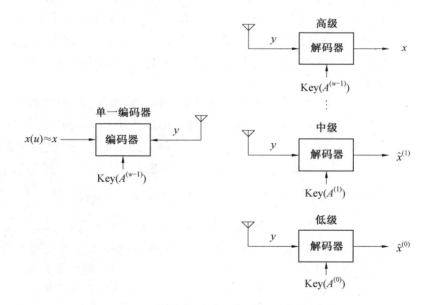

图 9.13　单发多收多级 CS 网络(编码器通过 CS 获取模拟信号 $x(u)$ 并传输测量向
量 y。低质量解码器在已知部分编码的情况下重建信号，产生扰动噪声
并得到第 u 个用户类的近似解 $\hat{x}(u)$)

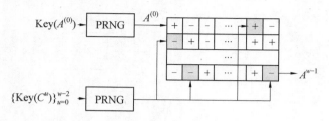

图 9.14　编码矩阵生成器架构

必须谨慎选择 PRNG 以避免密码解析[39]；但是，由于此 PRNG 生成的值从未公开，只要矩阵被重用的周期足够大，就可以避免输出上对 PRNG 的加密安全[40]或者原语的安全增强[19]，从而节省资源。

9.4.3　性质和主要结果

1. 恢复误差的保证和界限

从被编码信号的一些统计先验开始分析多级 CS 的性质，此分析不依赖于其先验分布，而是使用与信号域上许多概率分布对应的一般矩假设。为了量化接收相同测量值 $y = A^{(0)}\hat{x}$ 的低级和高级用户之间的恢复的质量性能差距，现在给出简单的二级情况下恢复误差的性能界限，从基本直觉出发，如果 x 的稀疏基不是规范基，那么大多数明文 $x \notin \ker \Delta A$，所以扰动噪声 $\epsilon \neq 0_m$。

主要结果：

以下结果旨在预测任意二级解码器的最佳情况恢复质量（或等效为恢复误差下限），假设 y 由 $A^{(0)}$ 编码，$y = A^{(1)}x$ 处于不存在其他噪声源的情况下，且不考虑 x 的稀疏性。由于 $A^{(1)} \sim \mathrm{RAE}(I)$，当用 $A^{(1)}$ 编码 x 时，任何基于此矩阵集合性质的精确信号的恢复是保证成立的。通过这样的保证，测量向量 y 的维数 m 必须以一个依赖于速率 $\frac{k}{n}$ 的量超过稀疏度 k。下面假设 $\frac{m}{n}$ 和 $\frac{k}{n}$，使已知真实编码 $A^{(1)}$ 的解码器能够通过 $\mathrm{BP}(y, A^{(1)}D)$ 精确地重构原始信号。

下面将介绍一个结果，该结果说明了二级接收机的恢复误差范数至少（而不是至多，CS 中的性能保证通常是这样的）是某个量，这本质上取决于扰动 $\Delta A = A^{(1)} - A^{(0)}$ 的性质；这将作为多级加密方案的基本设计准则。

定理 9.8　（二级恢复误差下限（非渐近情况））令：

（1）由 $\mathrm{RAE}(I)$ 得到 $A^{(0)}, A^{(1)} \in \{-1, +1\}^{m \times n}$，$\Delta A$ 如式（9.27），密度为 $\eta \leqslant \frac{1}{2}$；

(2)$x \in \mathbf{R}^n$ 与 M_1 中的有限 $E_x = \mathrm{E}\big[\sum_{k=0}^{n-1} x_k^2\big], F_x = \mathrm{E}\big[(\sum_{k=0}^{n-1} x_k^2)^2\big]$ 相同。

对于 $\forall \theta \in (0,1)$，任意 $y = A^{(1)} x$，满足 $y = A^{(0)} \hat{x}$ 的 $\hat{x}$ 都有

$$P\Big[\|\hat{x} - x\|_2^2 \geqslant \frac{4\eta m E_x}{\sigma_{\max}(A^{(0)})^2}\theta\Big] \geqslant \zeta \tag{9.30}$$

其中

$$\zeta = \frac{1}{1 + (1-\theta)^{-2}\Big[\big[1 + \frac{1}{m}\big(\frac{3}{2\eta} - 1\big)\big]\frac{F_x}{E_x^2} - 1\Big]} \tag{9.31}$$

如下所示，将其推广到渐近情况（即模型 M_2）。

定理 9.9　（二级恢复误差下限（渐近情况））令：

(1)$A^{(0)}, A^{(1)}, \Delta A, \eta$ 同定理 9.8，$m, n \to \infty, \frac{m}{n} \to q$；

(2) 对有界的 $W_x = \lim\limits_{n \to \infty} \frac{1}{n} \mathrm{E}\big[\sum_{k=0}^{n-1} x_k^2\big]$ 和一致有界的 $\mathrm{E}[x_k^4] \leqslant m_x, m_x > 0, X$ 同 $M_2, \alpha - $ 混合[7,(27.25)]。

对于 $\forall \theta \in (0,1)$，任意 $y = \frac{1}{\sqrt{n}} A^{(1)} x$，满足 $y = \frac{1}{\sqrt{n}} A^{(0)} x$ 的 $\hat{x}$ 都有①

$$P\Big[W_{\hat{x}-x} \geqslant \frac{4\eta q W_x}{(1 + \sqrt{9})^2}\theta\Big] \simeq 1 \tag{9.32}$$

上述定理的证明如下。简而言之，定理 9.8 和 9.9 表明，二级解码器以任意算法 $\hat{x}$ 恢复，使 $y = A^{(0)} \hat{x}$ 出现恢复误差，其范数极有可能超过一个分别取决于扰动 ΔA 的密度 η、欠采样率 $\frac{m}{n}$、平均能量 E_x 或功率 W_x 的量。

特别地，式(9.30) 中的非渐近情况是一个概率下限：作为一个定量例子，假设它成立的概率为 $\zeta = 0.98$，并且有 $\frac{F_x}{E_x^2} = 1.0001, n = 1024, m = 512$，则对于平均能量 $E_x = 1$ 的随机向量，$\sigma_{\max}(A^{(0)}) \simeq \sqrt{m} + \sqrt{n}$ 可以取任意 $\theta = 0.1 \Rightarrow \eta = 0.1594$，得到 $\|\hat{x} - x\|_2^2 \geqslant 0.0109$。也就是说，在密度为 $\eta = 0.1594$、以 0.98 的概率扰动的情况下，会导致最小恢复误差范数为 19.61 dB。

在对随机过程 X 的充分验证的假设下，在定理 9.9 中阐述了恢复误差功

---

① 显然恢复误差功率 $W_{\hat{x}-x} = \lim\limits_{n \to \infty} \frac{1}{n} \sum_{k=0}^{n-1} (\hat{x}_k - x_k)^2$。

率 $W_{\tilde{x}-x}$ 下概率为 1 的更强的渐近结果，其中 θ 可以任意接近 1，并且仅影响收敛到下界的速度。在二级解码器没有其他噪声源的情况下，采用式（9.30）和式（9.32）中的界限作为参考的最佳情况，这实际上在大多数实例问题和重建算法中表现出更高的恢复误差，并在 9.4.5 节的示例应用程序中进行了说明。

2. 多级加密的主要结果的证明

下面给出定理 9.8 和 9.9 的证明。首先引入一个引理，该引理给出了式（9.29）中 ϵ 的欧几里得范数的独立概率结果。

引理 9.1 令：

（1）$\omega \in \mathbf{R}^n$ 为满足 $E_\omega = \mathrm{E}\left[\sum_{k=0}^{n-1}\omega_k^2\right]$，$F_\omega = \mathrm{E}\left[\left(\sum_{k=0}^{n-1}\omega_k^2\right)^2\right]$ 的随机向量；

（2）$\Delta A \in \{-2,0,2\}^{m\times n}$ 是式（9.27）中的稀疏随机矩阵，取自独立同分布实例，并且密度为 $\eta = \dfrac{c}{mn} \leqslant \dfrac{1}{2}$ 的随机矩阵集合。

如果 ω 和 ΔA 独立，那么对于任何 $\theta \in (0,1)$ 均有

$$P\left[\parallel\Delta A\omega\parallel_2^2 \geqslant 4m\eta E_\omega\theta\right] \geqslant \zeta \tag{9.33}$$

其中

$$\zeta = \left\{1 + (1-\theta)^{-2}\left[\left(1 + \frac{1}{m}\left(\frac{3}{2\eta} - 1\right)\right)\frac{F_\omega}{E_\omega^2} - 1\right]\right\}^{-1} \tag{9.34}$$

证明如下。

证明（引理 9.1） 考虑：

$$\parallel\Delta A\omega\parallel_2^2 = \sum_{j=0}^{m-1}\sum_{k=0}^{n-1}\sum_{i=0}^{n-1}\Delta A_{j,k}\Delta A_{j,i}\omega_k\omega_i$$

推导出此正随机变量的一阶和二阶矩如下；ΔA 是从具有均值 $\mu_{\Delta A} = 0$，方差 $\sigma_{\Delta A}^2 = 4\eta$，以及 $\forall (j,k) \in \{0,\cdots,m-1\} \times \{0,\cdots,n-1\}$，$\mathrm{E}[\Delta A_{j,k}^4] = 16\eta$ 的独立同分布实例的随机矩阵集合中得出的。利用 ω 和 ΔA 间的独立性，以及 ΔA 是从具有独立同分布实例的随机矩阵集合中得出的，可以得到

$$\mathrm{E}\left[\parallel\Delta A\omega\parallel_2^2\right] = \sum_{j=0}^{m-1}\sum_{k=0}^{n-1}\sum_{i=0}^{n-1}\mathrm{E}\left[\Delta A_{j,k}\Delta A_{j,i}\right]\mathrm{E}\left[\omega_k\omega_i\right] =$$

$$\sum_{j=0}^{m-1}\sum_{k=0}^{n-1}\sum_{i=0}^{n-1}\sigma_{\Delta A}^2\delta(l,i)\mathrm{E}\left[\omega_k\omega_i\right] =$$

$$\sum_{j=0}^{m-1}\sigma_{\Delta A}^2\sum_{k=0}^{n-1}\mathrm{E}\left[\omega_k^2\right] = 4m\eta E_\omega$$

对于 ΔA 的上述性质，也可以得到

$$\mathrm{E}\big[\,\Delta A_{j,k}\Delta A_{j,i}\Delta A_{v,h}\Delta A_{v,o}\,\big] = \begin{cases} \sigma_{\Delta A}^4, & \begin{cases} j \neq v, k = i, h = o \\ j = v, k = i, h = o, l \neq h \\ j = v, k = h, i = o, l \neq i \\ j = v, k = o, i = h, k \neq i \end{cases} \\ \mathrm{E}\big[\,\Delta A_{j,k}^4\,\big], & j = v, k = i = h = o \\ 0, & \text{其他} \end{cases}$$

$$\tag{9.35}$$

说明 ΔA 中所有可能的 4 个实例的期望值。将式（9.35）代入 $\mathrm{E}\big[\,(\,\parallel \Delta \omega \parallel_2^2\,)^2\,\big]$ 进行计算后可得

$$\mathrm{E}\big[\,(\parallel \Delta A\omega \parallel_2^2\,)^2\,\big] = 16m\eta\big(\eta(m-1)F_\omega + 3\eta(F_\omega - G_\omega) + G_\omega\big)$$

其中 $G_\omega = \mathrm{E}\big[\,\sum_{k=0}^{n-1}\omega_k^4\,\big]$。现在可以对正随机变量使用单边切比雪夫不等式，即任意随机变量 $z \geqslant 0$ 均可验证

$$\forall \theta \in (0,1), \quad P[z \geqslant \theta \mathrm{E}[z]] \geqslant \frac{(1-\theta)^2\mu_z^2}{(1-\theta)^2\mu_z^2 + \sigma_z^2} \tag{9.36}$$

将此不等式应用于 $\parallel \Delta A\omega \parallel_2^2$，则对于 $\forall \theta \in (0,1)$ 有

$$P[\,\parallel \Delta A\omega \parallel_2^2 \geqslant \theta \mathrm{E}[\,\parallel \Delta A\omega \parallel_2^2\,]\,] \geqslant$$

$$\Big[\,1 + (1-\theta)^{-2}\Big[\frac{\mathrm{E}\big[\,(\,\parallel \Delta A\omega \parallel_2^2\,)^2\,\big]}{\mathrm{E}\big[\,\parallel \Delta A\omega \parallel_2^2\,\big]^2} - 1\Big]\,\Big]^{-1} =$$

$$\Big[\,1 + (1-\theta)^{-2}\Big[\Big(1 - \frac{1}{m}\Big)\frac{F_\omega}{E_\omega^2} + \frac{3\eta(F_\omega - G_\omega) + G_\omega}{\eta m E_\omega^2} - 1\Big]\,\Big]^{-1}$$

当 $\eta \leqslant \dfrac{1}{2}, 3\eta(F_\omega - G_\omega) + G_\omega \leqslant \dfrac{3}{2}F_\omega$ 时，由上式可得式（9.34）。现在可以证明定理 9.8。

证明（定理 9.8）   由于所有解码器在没有其他噪声源的情况下都接收到相同的测量值 $y = A^{(1)}x$，因此二级解码器会直接假设 $y = A^{(0)}\hat{x}$，$\hat{x}$ 是由满足该等式的解码器求得的 x 的近似值，例如 9.4.1 节中的朴素 BP（反向传播）。由于 $A^{(1)} = A^{(0)} + \Delta A$，如果定义 $\Delta x = \hat{x} - x$，则有 $A^{(1)}x + \Delta Ax = A^{(0)}\hat{x}$，因此 $A^{(0)}\Delta x = \Delta Ax$。

$\parallel \Delta x_2^2 \parallel$ 则可直接限制为 $\sigma_{\max}(A^{(0)})^2 \parallel \Delta x \parallel_2^2 \geqslant \parallel \Delta Ax \parallel_2^2$，使得

$$\parallel \hat{x} - x \parallel_2^2 \geqslant \frac{\parallel \Delta Ax \parallel_2^2}{\sigma_{\max}(A^{(0)})^2} \tag{9.37}$$

对式（9.37）中的 $\parallel \Delta Ax \parallel_2^2$ 应用引理 9.1 的概率下界，可得，对于 $\theta \in$

$(0,1)$，$\parallel \Delta Ax \parallel_2^2 \geqslant 4m\eta E_x\theta$，且式(9.34)给出了一个超过 ζ 的概率值。把这个不等式的均方根代入式(9.37)，可得式(9.30)。

以下引理适用于求定理9.9的渐近结果式(9.32)。

引理9.2　令 X 为 α - 混合随机过程，当存在 $m_x > 0$ 时，一致有界的四阶矩 $\mathrm{E}[x_k^4] \leqslant m_x$。定义

$$E_x = \mathrm{E}\Big[\sum_{k=0}^{n-1} x_k^2\Big] \quad 和 \quad F_x = \mathrm{E}\Big[\Big(\sum_{k=0}^{n-1} x_k^2\Big)^2\Big]$$

如果有

$$W_x = \lim_{n\to\infty} \frac{1}{n}E_x > 0$$

则

$$\lim_{n\to\infty} \frac{F_x}{E_x^2} = 1$$

证明（引理9.2）　首先，根据 Jensen 不等式 $F_x \geqslant E_x^2$，可知 $\lim\limits_{n\to\infty} \frac{1}{n}E_x > 0$，

也即 $\lim\limits_{n\to\infty} \frac{1}{n^2}E_x^2 > 0$，$\lim\limits_{n\to\infty} \frac{1}{n^2}F_x > 0$。因为 $\lim\limits_{n\to\infty} \frac{1}{n^2}E_x^2 = W_x^2 > 0$，可得

$$\lim_{n\to\infty} \frac{F_x}{E_x^2} = 1 + \frac{\lim\limits_{n\to\infty} \frac{1}{n^2}F_x - \frac{1}{n^2}E_x^2}{W_x^2} \tag{9.38}$$

并且观察到

$$\Big| \frac{1}{n^2}F_x - \frac{1}{n^2}E_x^2 \Big| \leqslant \frac{1}{n^2} \sum_{j=0}^{n-1} \sum_{k=0}^{n-1} | \varXi_{j,k} |$$

其中

$$\varXi_{j,k} = \mathrm{E}[x_k^2 x_k^2] - \mathrm{E}[x_k^2]\mathrm{E}[x_k^2] = \mathrm{E}[(x_k^2 - \mathrm{E}[x_k^2])(x_k^2 - \mathrm{E}[x_k^2])]$$

从 α - 混合假设可知，当 $h \to \infty$ 时，序列 $\alpha(h)$ 的 $| \varXi_{j,k} | \leqslant \alpha(| j - l |) \leqslant m_x$ 减小到0。因此

$$\Big| \frac{1}{n^2}F_x - \frac{1}{n^2}E_x^2 \Big| \leqslant \frac{1}{n^2} \sum_{j=0}^{n-1} | \varXi_{j,j} | + \frac{2}{n^2} \sum_{h=1}^{n-1} \sum_{j=0}^{n-h-1} | \varXi_{j,j+h} | \leqslant$$

$$\frac{nm_x}{n^2} + \frac{2}{n^2} \sum_{h=1}^{n-1} (n - h)\alpha(h) \leqslant$$

$$\frac{m_x}{n} + \frac{2}{n} \sum_{h=1}^{n-1} \alpha(h)$$

本引理的论点是从如下事实出发的：当 $n \to \infty$ 时，上述的上界减为0。这

一事实在 $\sum\limits_{h=0}^{+\infty} \alpha(h)$ 收敛时非常明显。否则当 $\sum\limits_{h=0}^{+\infty} \alpha(h)$ 发散时,可以利用斯托尔兹 - 切萨罗定理求得

$$\lim_{n \to \infty} \frac{1}{n} \sum_{h=1}^{n-1} \alpha(h) = \lim_{n \to \infty} \alpha(n) = 0$$

下面将证明定理9.9,将定理9.8的证明推广到渐近情况。

证明(定理9.9)　将定理9.8证明过程中的不等式(9.37)根据渐近情况进行修改,即 X 为随机过程。注意到 $A^{(0)}$ 是从零均值、单位方差项的 RAE(I) 中得出的;因此,当 $m, n \to \infty$ 且 $\dfrac{m}{n} \to q$ 时,因为 $\sqrt{n}\,\sigma_{\max}(A^{(0)})$ 的所有奇异值都属于区间 $\left[1 - \dfrac{1}{\sqrt{q}}, 1 + \dfrac{1}{\sqrt{q}}\right]$,故由 [22],$\sqrt{n}\,\sigma_{\max}(A^{(0)})$ 的值是已知的。因此,假设 $\sigma_{\max}(A^{(0)}) \simeq \sqrt{m} + \sqrt{n}$,并在 $m, n \to \infty$ 时取按 $\dfrac{1}{n}$ 归一化的式(9.37)的极限,即恢复误差功率为

$$W_{\hat{x}-x} = \lim_{n \to \infty} \frac{1}{n} \sum_{k=0}^{n-1} (\hat{x}_k - x_k)^2 \geq \lim_{m, n \to \infty} \frac{\left\| \Delta A \dfrac{x^{(n)}}{\sqrt{n}} \right\|_2^2}{(\sqrt{m} + \sqrt{n})^2} \qquad (9.39)$$

其中 $x^{(n)}$ 是 X 的明文 $x = \{x^{(n)}\}_{n=0}^{+\infty}$ 的第 n 个有限长度项。现在可以把引理9.1 应用于 $\omega = \dfrac{x^{(n)}}{\sqrt{n}}$,对于式(9.39)不等号右侧分子上的每个 $\| \Delta A \omega \|_2^2$,$F_\omega = \dfrac{1}{n^2} F_x$,$E_\omega = \dfrac{1}{n} E_x$,$E_x$、$F_x$ 同引理9.2。对于 $m, n \to \infty$,$\eta \leq \dfrac{1}{2}$,式(9.34)中的概率变为

$$\forall \theta \in (0,1), \quad \lim_{m, n \to \infty} \zeta = \left[1 + (1 - \theta)^{-2} \left(\lim_{n \to \infty} \frac{\dfrac{1}{n^2} F_x}{\dfrac{1}{n^2} E_x^2} - 1 \right) \right]^{-1}$$

由于 X 也满足引理9.2的假设,故有

$$\lim_{n \to \infty} \frac{F_\omega}{E_\omega^2} = 1$$

因此 $\lim\limits_{m, n \to \infty} \zeta = 1$。所以当 $\dfrac{m}{n} \to q$ 且概率为 1 时,式(9.39)的不等号右侧变为

$$\forall \theta \in (0,1), \quad \lim_{m, n \to \infty} \frac{\| \Delta A \omega \|_2^2}{n \left(1 + \sqrt{\dfrac{m}{n}} \right)^2} = \lim_{m, n \to \infty} \frac{4 m \eta E_x}{n^2 \left(1 + \sqrt{\dfrac{m}{n}} \right)^2} \theta$$

且恢复误差功率满足式(9.32)。

因此，定理9.8和9.9在各自的情况下是成立的。

（1）二级恢复误差的上界。

直接应用定理9.7，二级恢复误差范数基本上是由上界限定的。要应用它，必须要在特定情况下计算 $\epsilon_{A^{(1)}}^{(k)}$、$\epsilon_{A^{(1)}}^{(2k)}$。由于 $A^{(1)}$ 和 ΔA 均取自独立同分布的随机矩阵集合，因此通过限制式(9.16)中的极端奇异值可以估计它们的值的理论结果。

可以按照以下方式估计 $\epsilon_{A^{(1)}}^{(k)}$：因为 ΔA 是从独立同分布、有零均值项的随机矩阵集合中得出的，其中

$$\forall (j,k) \in \{0,\cdots,m-1\} \times \{0,\cdots,n-1\}, \mathrm{E}[\Delta A_{j,k}^2] = 4\eta, \mathrm{E}[\Delta A_{j,k}^4] = 16\eta \tag{9.40}$$

可以应用[33，定理2]得到

$$\mathrm{E}[\sigma_{\max(k)}(\Delta A)] = 2c'(\sqrt{k\eta} + \sqrt{m\eta} + (mk\eta)^{\frac{1}{4}}) \tag{9.41}$$

$c' > 0$ 是一个常数。然后，使用[55，定理5.39]中给出的非渐近估计，可以假设 $\sigma_{\max}^{(k)}(A^{(1)}) = c''(\sqrt{k} + \sqrt{m})$，其中 $c'' > 0$ 是另一个常数。从而可得

$$\epsilon_{A^{(1)}}^{(k)} \simeq 2c \frac{\sqrt{k\eta} + \sqrt{m\eta} + (mk\eta)^{\frac{1}{4}}}{\sqrt{k} + \sqrt{m}} \tag{9.42}$$

常数 $c = \dfrac{c'}{c''} > 0$，近似则是由于式(9.41)实际上产生了最大值的期望。

然而，这个近似只有在 D 是规范基时才能应用；因为在许多实际情况下此条件不成立，所以可以借助于 $\epsilon_{A^{(1)}}^{(k)}$ 的蒙特卡洛仿真，例如 D 是一个随机正交基。作为一个数值分析的例子，以式(9.16)计算了 10^4 个 $A^{(1)}$ 和 ΔA 的子矩阵实例，其中 $m = 512, k = 1,4,16, \eta \in [5 \times 10^{-4}, 10^{-2}]$。以此便可以找到 $\epsilon_{A^{(1)}}^{(k)}$ 的代表值，如图9.15(a)所示。在这个测试例子中，式(9.42)的 $c \approx 0.5714$ 时与模拟相匹配。同样的设置下，只有当 $\eta \leqslant 8 \times 10^{-3}$ 时，$\epsilon_{A^{(1)}}^{(k)} < 2^{\frac{1}{4}} - 1$。图9.15(b)中给出了符合定理9.7的允许常数的相应范围 $\delta^{(2k)} \leqslant \delta_{\max}^{(2k)}$，即必须满足编码矩阵的 RIP 约束，使式(9.17)成立。

基于 RIP 的分析为信号恢复提供了非常强的充分条件，这在我们的案例中对小范围 η 建立了一个正式的上界。正如[24]的作者所得到的，典型的恢复误差远小于这个上界。因此，将用另一种不太严格但实际有效的最小二乘方法，使用与定理9.8相同的假设来限制平均恢复质量性能，如下节所述。

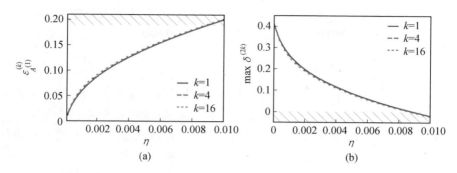

图 9.15　基于大量的 $A^{(1)}$、$\Delta A(m=512,\eta \in [5 \times 10^{-4},10^{-2}])$ 以及 D 为随机正交基,对定理 9.7 中常数进行经验估算(定理 9.7 中的禁止区域用斜条纹标记):(a) $\epsilon_A^{(k)}$ 的经验值,(b) $\delta^{(2k)}$ 的最大允许值

(2)平均信噪比界限。

之前的部分中已经讨论了扰动密度 η 是 CS 多级加密的主要设计参数,并在 9.4.1 节中提出了一种预测各种扰动下平均恢复性能的方法,其中包括作为加密方案核心的稀疏符号翻转。为提供 η 的选择标准,采用如下推导出的两个 ARSNR 界限。

(3)下界。

通过应用定理 9.7 推导出的第二(或更低)级恢复误差上界仅与 (k,η) 的小值兼容,如图 9.15 所示。为了在更大的范围内约束典型的恢复性能,采用与 9.4.1 节类似的方法,即分析低级解码器的行为,该解码器会直接恢复 $\hat{x}$,使

$$y = A^{(0)}x = (A^{(0)} + \Delta A)x, \quad A^{(0)}(\hat{x} - x) = \Delta A x$$

大多数情况下,这样的恢复会得到近似 x 的 $\hat{x}$,因此有 $\hat{x} - x = (A^{(0)}) + \Delta A x$,即

$$\frac{\| \hat{x} - x \|_2^2}{\| x \|_2^2} \leqslant \sigma_{\max}((A^{(0)}) + \Delta A)^2$$

根据对双方的经验期望,将标准变为 ARSNR > LB(m,n,η),其中

$$\text{LB}(m,n,\eta) = -10\lg \hat{E}(\sigma_{\max}((A^{(0)})^{+}\Delta A)^2) \quad (\text{dB}) \qquad (9.43)$$

然后,通过对 $\sigma_{\max}((A^{(0)}) + \Delta A)$ 的彻底蒙特卡洛仿真来计算式(9.43)。

(4)上界。

通过假设 ARSNR < UB(m,n,η) 来找到相反的标准,其中

$$\text{UB}(m,n,\eta) = -10\lg \frac{4\eta m}{(\sqrt{m} + \sqrt{n})} \quad (\text{dB}) \qquad (9.44)$$

这是当 $\theta \simeq 1$,由式(9.32)的简单重组得到的。将看到式(9.43)和

（9.44）是如何很好地符合示例的 ARSNR 性能的，并能够由给定的 (m, n, η) 设置中充分可靠地估计低级接收器的性能范围。

9.4.4 应用示例

本节将详细介绍多级 CS 方案的一些应用示例。每个示例都研究了在两级方案中的一级接收器与二级接收器的恢复质量；这些结果中包含了多级设置，这是因为高级接收器对应于一级恢复性能（在扰动密度 $\eta = 0$ 时），而低级用户将在固定的 $\eta > 0$ 时达到二级接收器的性能.

1. 实验框架

对每个被重构的明文 $x = D\xi$ 和每个近似值 $\hat{x} = D\hat{s}$，再次评估式（2.4）的 ARSNR；将该平均性能指数与式（9.43）和式（9.44）进行比较，以选择合适的扰动密度 η，从而使低级的恢复性能设置为期望的质量水平。特别地，每例报告式（9.43）都是通过蒙特卡洛模拟 5×10^3 例以上的 $(A^{(0)}) + \Delta A$ 的奇异值而得到的。

重点是尽管这种方法很简单，但它可以有效避免低级接收器访问高质量信息内容，通过特征提取算法对 $\hat{x}$ 的可理解的信息内容进行自动评估，来补充每个示例的 ARSNR 证明。这些相当于对加密的部分知情攻击，企图暴露从恢复信号中推断出的敏感内容。更具体地说，将从语音片段、心电图 PQRST 峰值的位置以及图像中的文本中恢复出英文语句。

2. 恢复算法

虽然本书广泛讨论了 BP 和 BPDN 算法的应用，特别是讨论了它们对矩阵扰动的敏感性，但这些凸问题在实践中经常被各种高性能算法所取代。详细地说，诸如[17, 50]中的概率推理算法能够解决与 BPDN 基本相同的问题，其具有关于影响测量的加性噪声性质的统计先验。因此，如果想评估低级解码器可实现的最佳性能，应用上述算法是非常适合的。为了完备性，初步测试了在 SPGL1 中实现的 BPDN 的方案，来作为多数常见算法的参考示例；并与贪心算法 CoSaMP[43] 和 GAMP 算法[50] 进行了比较。

为优化这些初步的测试，对算法进行了优化调整：将 BPDN 求解为 $\text{BPDN}(y, A^{(0)}D, \varepsilon^*)$，即好似事先已知 $\varepsilon^* = \| \Delta A x \|_2$；CoSaMP 以每个实例下的精确稀疏度 k 进行初始化；GAMP 以稀疏增强、独立同分布的伯努利 - 高斯先验（如[56]）运行，以每个实例的精确稀疏率 $\frac{k}{n}$ 和每个测试集的精确均值和方差来进行初始化。此外，在每种示例下都手动调整了与信号无关的参数，来获得最佳的恢复性能。

为简洁起见,在每个示例中研究了随扰动量的变化,在低级解码器中产生最准确的恢复质量的算法。发现在示例中 GAMP 的所有设置中都达到了最高的 ARSNR,这与[56]中的结果一致,该结果在一个广泛适用的稀疏增强先验条件下评估了算法的鲁棒恢复能力。此外,如 ΔA 验证[47,命题2.1]时,对于大 (m,n),扰动噪声 ε 近似为高斯分布,因此根据如上所述调节 GAMP 可以获得预期的最优性能。

需要注意的是,试图联合识别 x 和 ΔA 的恢复算法[47,60]可看作是对多级加密的显式攻击,9.4.6 节中对其进行了更详细的评估,预计它的性能与 GAMP 的性能兼容。

3. 语音信号

从 PTDB – TUG 数据库中考虑了原始采样频率 $f_s = 48$ kHz,可变持续时间和句长的英语口语句子集。每个语音信号被分成 $n = 512$ 个样本片段,由 $m = \dfrac{n}{2}$ 测量值的两级 CS 编码。对 500 个 n 维片段进行主成分分析得到稀疏基 D,从而得到正交基。通过对 $A^{(0)} \sim \mathrm{RAE}(I)$ 加入一个稀疏符号翻转扰动 ΔA,生成编码矩阵 $A^{(1)}$,ΔA 同式(9.27),密度为 η。令式(9.29)中的编码在现实环境设置下进行仿真,其中 n 个样本的每个窗 x 是通过不同的示例 $A^{(1)}$ 获取的,在每个语音段产生 m 个测量值。解码阶段则应用如上所述的 GAMP 来恢复给定的 $A^{(1)}$(一级)和 $A^{(0)}$(二级)的 $\hat{x}$。

对于给定的编码矩阵,一级接收器能够解码 ARSNR = 38.76 dB 的纯语音信号,而当 η 增加时,二级接收器会出现明显的 ARSNR 下降,如图 9.16(a)所示。注意到当 $\eta = 0$ 时,$\mathrm{RSNR}_{\hat{x},x}$ 在其均值(即 ARSNR)附近的相对偏差为 2.14 dB,但由于 x 是可压缩的而非 k – 稀疏的,扰动成为限制恢复的主要影响因素,随着 η 的增加,实验得到的相对偏差小于 0.72 dB。注意 ARSNR 值是如何位于式(9.43)和式(9.44)之间的突出显示的范围的。

为了进一步量化得到的有限恢复质量,使用谷歌的 Web Speech 接口[25,53]处理恢复的信号,此接口能够提供基本的自动语音识别(ASR)。图 9.16(b)为不同 η 值下自动语音识别能够正确识别单词的比例;图中还描述了一个典型的信号恢复示例,示例中一级用户(即 $\eta = 0$)达到了 RSNR = 36.58 dB,而二级解码器仅在 $\eta = 0.03$ 时达到 RSNR = 8.42 dB。识别单词的对应比例是 14/14 对 8/14。在这两种情况下,听众都可以理解句意,但二级解码器恢复的信号已被充分破坏,从而避免了直接的自动语音识别。

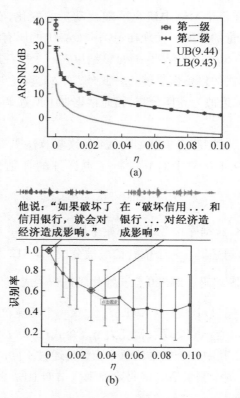

图 9.16　语音信号的多级 CS：(a) ARSNR 是扰动密度 $\eta \in [0, 0.1]$（实线）和二级
　　　　　RSNR 的上界（虚线）的函数；(b) 当 $\eta \in [0, 0.1]$ 时（底部）的自动语音
　　　　　识别单词正确识别率，$\eta \in \{0, 0.03\}$ 时（顶部）的典型恢复示例

4. 心电图（ECG）信号

　　现处理 PhysioNet 数据库[23] 中的大量 ECG 信号，采样频率为 $f_s = 256$ Hz。特别地，研究了一个典型的 25 min 心电信号（序列 e0108）的情况，用 $m = 90$ 个测量值的二级 CS 编码 $n = 256$ 个样本窗，共计 1 500 个心电实例的数据集。采用与第 3 小节相同的编码和解码方案，假设 Symmlet – 6 正交 DWT[37] 作为稀疏基 D。

　　在这种设置下，一级解码器可以重构出 ARSNR = 25.36 dB 的原始信号，而受到密度 $\eta = 0.03$ 扰动的二级解码器可以实现 ARSNR = 11.08 dB；如图 9.17(a) 所示，恢复退化取决于 η。作为二级解码器加密的额外量化，将一种自动峰值检测算法（APD）PUWave[29] 应用于一级和二级信号的重建。更详细地说，PUWave 用于检测 P、Q、R、S 和 T 波峰的位置，即脉冲序列的位置和幅度可概括心电图的诊断特性。

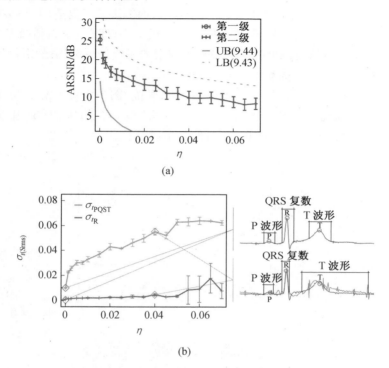

(a)

(b)

图 9.17　ECG 信号的多类 CS：(a)ARSNR 是扰动密度 $\eta \in [0,0.05]$（实线）和二级
RSNR 上界（虚线）的函数；(b) 对一级（顶部）和二级（底部）用户的典型恢
复实例（右），采用 APD 以 $\eta \in [0,0.05]$ 评估了 R（实线）和 P、Q、S、T（虚线）
的峰值的时间位移（左）

应用该 APD 为每个 $J = 1\,500$ 个的重构信号窗和每级解码器产生峰值的
估计时刻 $\hat{t}_{P,Q,R,S,T}$，然后将其与编码前在原始信号上检测到的相应峰值时刻进

行比较。因此定义了平均时间位移 $\sigma_t = \sqrt{\dfrac{1}{J}\sum_{i=0}^{J-1}(\hat{t}^{(i)} - t^{(i)})^2}$，并对 t_R 和 t_{PQST}

进行评估。一级接收器会受到 R 峰值的位移 $\sigma_{t_R} = 0.6ms_{rms}$ 和剩余峰值相对
于原始信号的位移 $\sigma_{t_{PQST}} = 9.8ms_{rms}$ 的影响。而二级用户能够用 $\sigma_{t_R} = 4.4ms_{rms}$
确定 R 峰值，其他峰值的位移为 $\sigma_{t_{PQST}} = 55.3ms_{rms}$。如图 9.17(b) 所示，随着 η
在 $[0,0.05]$ 中变化，此位移不断增大，由此可知二级用户无法准确确定除 R
峰以外的峰的位置和幅度。

5. 图像中的敏感文本

最后一个示例采用了持有打印文本的人的图像数据集，应用多级 CS 来选

择性地将这些敏感内容隐藏至低级用户。用 CS 编码像素为 640 × 512 的图像，图像分为 10 × 8 块，每块有 64 × 64 个像素，而二级策略仅适用于 3 × 4 块的相关图像区域。采用二维 Daubechies – 4 正交 DWT[37] 作为稀疏基础，用 $m = 2\,048$ 个测量值对每个有 $n = 4\,096$ 个像素的子块进行编码；然后使用二级编码，其稀疏符号翻转扰动密度 $\eta \in [0, 0.4]$。

如图 9.18(a) 所示，为本示例的 ARSNR 性能，图中为每个案例 20 个实例的平均值，可以观察到随 η 增加，ARSNR 迅速下降。在图 9.18(b) 中突出显示了这种退化在 $\eta \in \{0.03, 0.2\}$ 时的典型情况。

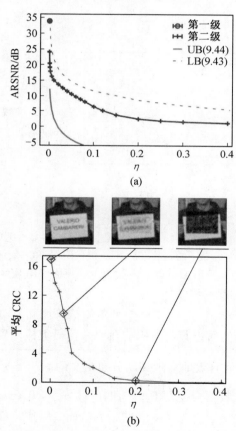

图 9.18 图像的多级 CS：(a) ARSNR 是扰动密度 η（实线）和二级 RSNR 上界（虚线）的函数；(b) $\eta \in [0, 0.4]$ 时按 OCR 计算的平均 CRC（底部）和 $\eta \in \{0, 0.03, 0.2\}$ 时的典型恢复实例（顶部）

为了使用自动信息提取算法评估加密方法的效果,对二级用户重建的图像应用一种光学字符识别算法(OCR)Tesseract[54]。在进行 OCR 前,对图像恢复数据中的文本部分进行预处理,以提高其质量:首先旋转图像,然后采用标准中值滤波抑制高通噪声分量,最后对图像进行对比度调整和阈值化,得到经过 Tesseract 处理的二级图像。为了评估 OCR 质量,测量了解码后的文本图像中的平均正确恢复字符数(CRC)。如图9.18(b)所示,平均 CRC 是 η 的函数:随着扰动密度增加,OCR 无法识别越来越多的有序字符,即二级用户逐渐无法从解码的图像中提取文本内容。

9.4.5　抵御已知明文攻击的能力

本节研究二到多级加密方案对于部分知情用户恢复精确编码矩阵的恶意尝试的鲁棒性。

1. 初步的考虑

在计算安全方面,由于编码矩阵上的缺失信息可能被视为扰动矩阵,故尝试了一个专门针对多级方案的额外的计算攻击,并试图使此攻击失效。由二级用户执行这种攻击形式,二级用户试图通过使用专门考虑编码矩阵不确定性的信号恢复算法来升级其知识[47, 60]。如9.4.1节所述SSF扰动的随机性质所预期的,9.4.4 节中在界限和性能方面的结果没有实际的改善。

以与 9.4.4 节的相同信号级为例,通过将 CS 作为加密的方案,可以说明从明文 – 密文对中提取的真实编码矩阵中的信息不会导致信号恢复质量显著提高。由这一理论和经验证据可以表明,尽管标准 CS 和基于标准 CS 的多级加密并不完全安全,但其具有显著的抗 KPA 安全性能,因此增加了其作为资源有限传感器节点的零成本加密方法的吸引力。

将上述发现与 CS 的多级加密相联系,可以发现当从独立同分布的亚高斯随机矩阵集合中提取编码矩阵时,试图通过对 y 的直接统计分析来破解编码的恶意窃听者是如何有效地呈现高斯分布密文的。

此外还可以考虑恶意二级用户的威胁,此类用户试图升级自身到对给定 $A^{(0)}$ 的真实编码矩阵 $A^{(1)}$ 的认识。让 $A^{(0)}$ 和 $A^{(1)}$ 从 RAE(I) 编码矩阵集合中提取,在最坏的情况下,可以假设攻击者有机会获得 $\varepsilon = \Delta Ax$,并且能够计算出 $f(\varepsilon)$ 进行统计加密分析。显然,这取决于 $\Delta A = A^{(1)} - A^{(0)}$ 的密度,即从具有独立相同分布条目的随机矩阵集合中提取的稀疏符号翻转。通俗直观地说,这将导致 $f(\epsilon \mid x) \rightarrow_{\text{dist.}} N(0_m, \mathscr{C}_\epsilon)$,式中 $\mathscr{C}_\epsilon = \sigma_{\Delta A}^2 E_x I_m$,$\sigma_{\Delta A}^2 = 2\eta$,$E_x = \parallel x \parallel_2^2$ 即泄露给恶意二级用户的信息是稀疏符号翻转密度 η 以及明文的能量。应用本节

中详述的程序可以进行更彻底的验证。因此，从统计学上看，密文与通过用 $A^{(0)}$（而不是 $A^{(1)}$）编码相同的明文产生的密文是没有区别的，这样二级用户就无法利用 y 的统计特性将其编码矩阵升级为 $A^{(1)}$。

　　因此，可以有把握地得出结论，即基于 CS 的多级加密的直接统计攻击只能从密文中提取非常有限的信息；下一节将对更具威胁性的已知明文攻击的情况进行扩展。

2. 升级的已知明文攻击

　　Steve 也可能尝试 KPA，它是一个恶意的二级接收器，旨在改善其信号恢复性能，以达到与一级接收器的相同质量。此 KPA 中，除 x 和 y 之外，还可知一个部分正确的编码矩阵 $A^{(0)}$，它与 $A^{(1)}$ 相差 c 项。有了这个为先验，Steve 可以计算 $\epsilon = y - A^{(0)}x = \Delta Ax$，其中 $\Delta A = A^{(1)} - A^{(0)}$ 是一个含有三值元素的未知矩阵，即 $\Delta A \in \{-2, 0, 2\}^{m \times n}$。因此，Steve 通过搜索一组三元符号 $\{\Delta A_{j,k}\}_{k=0}^{n-1}$ 来执行 KPA，使得每个 ϵ 有

$$\epsilon_j = \sum_{k=0}^{n-1} \Delta A_{j,k} x_k \tag{9.45}$$

　　其先验已知仅在 c 情况下有 $\Delta A_{j,k} \neq 0$。此外，为了简化问题的求解并使其按行可分离，假设 Steve 可以获得更准确的信息，即可知每行 ΔA_j 的非零项的精确数 c_j，或等价地，可知将 $A_{j,\cdot}^{(0)}$ 映射到相应① $A_{j,\cdot}^{(1)}$ 的稀疏符号翻转次数。通过假设这一点，可以证明 Steve 对 $A^{(1)}$ 的每行的 KPA 和微调的 SSP 之间有等价性。

　　问题 9.2　（γ - 基数子集和问题）令 $\{u_k\}_{k=0}^{n-1}$，$u_k \in \{1, \cdots, Q\}$，$\gamma \in \{1, \cdots, n\}$，$v \in \mathbf{Z}_+$。将 γ - 基数子集和问题（γ - SSP）定义为分配 n 个二进制变量 $b_k \in \{0, 1\}$，$k = 0, \cdots, n-1$ 的优化问题，则

$$v = \sum_{k=0}^{n-1} b_k u_k \tag{9.46}$$

$$\gamma = \sum_{k=0}^{n-1} b_k \tag{9.47}$$

定义了验证式（9.46）和式（9.47）的任意 $\{b_k\}_{k=0}^{n-1}$ 的解。

　　同样，Steve 的 KPA 到问题 9.2 的映射是易得的。

　　定理 9.10　（Steve 的已知明文攻击）给定 x、y、$A^{(0)}$ 和 c_j，对 $A_{j,\cdot}^{(1)}$ 的 KPA 等价于 γ - SSP，其中 $\gamma = c_j$，$Q = 2L$，$u_k = -A_{j,k}^{(0)} x_k + L$，变量

---

①　显然，ΔA 中非零条目的总数为 $c = \sum_{j=0}^{m-1} c_j$。

$$b_k = \frac{1}{2}\left(1 - \frac{\hat{A}_{j,k}^{(1)}}{A_{j,k}^{(0)}}\right)$$

以及和为

$$v = \frac{1}{2}\epsilon_j + Lc_j$$

此 SSP 具有映射到 $A_{j,\cdot}^{(1)}$ 行的真实解 $\{\bar{b}_k\}_{k=0}^{n-1}$，以及其他验证式(9.46) 和式 (9.47) 但对应于矩阵行 $(\hat{A})_j \neq A_{j,\cdot}^{(1)}$ 的其他候选解。

还定义了一个问题实例 $(x,y,A_{j,\cdot}^{(0)},A_{j,\cdot}^{(1)})$；因此，Steve 可以使用式(9.46) 的结果来求得扰动项 $\Delta A_{j,k} = -2A_{j,k}^{(0)}b_k$。定理 9.10 的推导如下所示。

证明（定理 9.10）　在这种情况下，攻击者已知 $(A^{(0)},x,y)$，并且能够计算出 $\varepsilon = y - A^{(0)}x$，即 $\epsilon_j = y_j - \sum_{k=0}^{n-1} A_{j,k}^{(0)}x_k$，其中所有的 $\Delta A_{j,k}$ 均为未知的。对于第 j 行，攻击者还已知 $\Delta A_{j,k} = -2A_{j,k}^{(0)}b_k$ 中有 c_j 个非零元素，其中二进制变量 $b_k \in \{0,1\}$，如果发生翻转则值为1，否则值为0。注意，由上述信息，有 $c_j = \sum_{k=0}^{n-1} b_k$。以此定义一组偶数权重 $D_k = -2A_{j,k}^{(0)}x_k$，即 $D_k \in \{-2L,\cdots,-2,0,2,\cdots,2L\}$，所以 KPA 是通过满足下述等式来定义的：

$$\epsilon_j = \sum_{k=0}^{n-1} D_k b_k \tag{9.48}$$

$$c_j = \sum_{k=0}^{n-1} b_k \tag{9.49}$$

为了获得有正权重以及 $\gamma = c_j$ 的标准 γ - SSP，将 $2L$ 与所有 D_k 相加，因此式(9.48) 变为 $\epsilon_j + 2L\sum_{k=0}^{n-1} b_k = \sum_{k=0}^{n-1}(D_k + 2L)b_k$。将式子两边均乘 $\frac{1}{2}$ 并用式 (9.49) 得到 $v = \frac{1}{2}\epsilon_j + Lc_j = \sum_{k=0}^{n-1} u_k b_k$，其中 $u_k = -A_{j,k}^{(0)}x_k + L \in \{0,\cdots,Q\}$，$Q = 2L$。最终排除了 $u_k = 0$ 以促进攻击。

下面将用 $r = \frac{c_j}{n}$ 表示扰动的行密度。由于在[51]中，γ - 基数SSP 情况是作为无约束 SSP 的结果的扩展得到的，因此可以得到以下定理。

定理 9.11　（Steve 的已知明文攻击的预期解决方案数量）对于较大的 n 值，定理 9.10 中 KPA 的候选解的预期数量是

$$S_{\text{Steve}}(n,L,r) \simeq \sqrt{\frac{3}{2}} \frac{r^{-1-nr}(1-r)^{-1-n(1-r)}}{2\pi nL} \tag{9.50}$$

其中：（1）所有系数 $\{u_k\}_{k=0}^{n-1}$ 独立同分布，是从 $\{1,\cdots,2L\}$ 中均匀抽取的，（2）真实解 $\{\bar{b}_k\}_{k=0}^{n-1}$ 是用等价的独立二进制值抽取的。

下面为定理9.11的证明。Steve 的 KPA 求得的候选解数量比 Eve 的 KPA 低很多个数量级，这是由于 Steve 只需要更少的信息便可获得真实编码 $A^{(1)}$ 的完整信息。为了进行数值验证，实验在一组 50 个随机生成的问题实例上模拟了 Steve 的 KPA，这些实例的扰动行密度为 $r = \left\{\frac{5}{n}, \frac{10}{n}, \frac{15}{n}\right\}$，其中 $n = \{20,\cdots,32\}$，$L = 5 \times 10^3$；尽管有附加的等式约束式（9.49），该问题在 CPLEX 中仍表述为二元编程；仍可以为给定维度填充完整的解决方案库①。

由式（9.50）中的理论值可以很好地预测图 9.19 中的经验平均解个数 $\hat{S}_{\text{Steve}}(n,L,r)$；$n$ 值越大，此近似值越准确。此外，通过恢复之前的示例，$n = 64 \times 64$ 像素的灰度图像以 $b_x = 8$ bit 进行量化，并用 $r = 0.03$ 时的 ΔA 进行两级 CS 编码，图像将平均有 6.25×10^{234} 个质量无差别的候选解。

上述分析依赖于一般情况下设置的计算参数，没有对 $A^{(1)}$ 或 ΔA 的结构进行其他的先验假设。通过假设每行扰动数量的准确的先验信息，从而暗示攻击者的最佳情况，对这一等级提升的 KPA 进行研究。如9.4.6节的实验所示，这些攻击在恢复性能方面对非预期的接收者没有产生任何优势。

下面证明定理9.11；该证明再次借鉴了 Sasamoto 等人[51] 的工作，因此在原理上类似于定理9.5，即它只是 γ – SSP 上现有结果的接口。该证明还借鉴了定义9.3。

证明（定理9.11） 如式（9.11）、式（9.12），假设 $F_p(a,b)$ 和 $G_p(a,b)$。定义归一化约束 $r = \frac{c_j}{n}$ 和两个量 $a(\tau,r)$ 和 $b(\tau,r)$，它们是下列等式

$$r = F_0(a,b)$$
$$\tau = F_1(a,b)$$

的解，其分别等价于 $[51,(5.3.4)]$。定义

$$G(\tau,r) = \begin{bmatrix} G_0(a(\tau,r),b(\tau,r)) & G_1(a(\tau,r),b(\tau,r)) \\ G_1(a(\tau,r),b(\tau,r)) & G_2(a(\tau,r),b(\tau,r)) \end{bmatrix}$$

由此，$[51,(5.8.9)]$ 证明了具有均匀分布在 $\{1,\cdots,Q\}$，$Q = 2L$，$\gamma = c_j$ 中的整数系数 $\{u_k\}_{k=0}^{n-1}$ 的 γ – SSP 解的数量为

① 在第一种情况下，完全枚举法仍然是可行的，可接受的计算时间可达 $n = 48$ 左右。

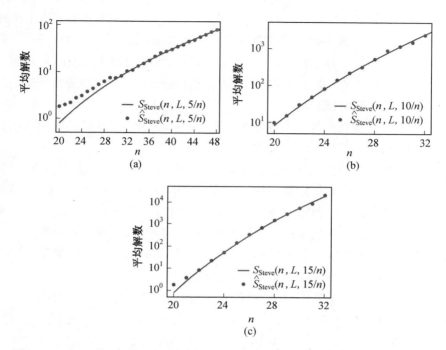

图 9.19　Steve 的 KPA 经验平均解数与 $L = 5 \times 10^3$ 的理论近似值式（9.50）的比较$\left(\text{扰动的行密度为 } r = \left\{\dfrac{5}{n}, \dfrac{10}{n}, \dfrac{15}{n}\right\}\right)$

$$S_{\text{Steve}}(\tau, n, L, r) = \frac{e^{n(a(\tau, r)\tau - b(\tau, r))}}{4\pi nL\sqrt{\det(G(\tau, r))}} e^{n\int_0^1 \log[1 + e^{b(\tau, r) - a(\tau, r)}]d\xi} \qquad (9.51)$$

使用与定理 9.5 的证明中相同的论据，对 τ 进行平均，得到与式（9.13）相同的表达式，用于计算 $E_\tau[S_{\text{Steve}}(\tau, n, L, r)]$。由于 $S_{\text{Steve}}(\tau, n, L, r)$ 在 τ 中再次具有近似高斯分布，并在 $\tau = \dfrac{r}{2}$ 时达到最大值，利用 $a\left(\dfrac{r}{2}, r\right) = 0$ 和 $b\left(\dfrac{r}{2}, r\right) = \log\left(\dfrac{r}{1-r}\right)$ 对 τ 中的期望值进行近似，得到

$$E_\tau[S_{\text{Steve}}(\tau, n, L, r)] \simeq S_{\text{Steve}}\left(\frac{r}{2}, n, L, r\right)\frac{1}{\sqrt{2}} =$$

$$\sqrt{\frac{3}{2}}\frac{r^{-1-n\rho}(1-r)^{-1-n(1-r)}}{2\pi nL} \qquad (9.52)$$

9.4.6　实际攻击实例

本节中会举例说明公共框架中的 KPA，其包含以下过程。当 Eve 如 9.3.1

节中那样执行 KPA 时，它可知单个的明文 – 密文对(x',y')并逐行攻击矩阵$A^{(1)}$；通过生成 RAE 编码矩阵的随机实例来推算每一行$\hat{A}^{(1)}_{j,\cdot}$，直到找到选定数量的候选行$\hat{A}^{(1)}_{j,\cdot}$，并能够验证$y'_j = \hat{A}^{(1)}_{j,\cdot}x'$。因此，推断出的$\hat{A}^{(1)}$实际上是通过收集$m$个随机搜索的输出组成的。这种方法比通过 9.3.1 节中的线性规划求解 Eve 的 KPA 更好，原因有二。

首先，由定理 9.5 可知期望解的数量非常多，因此随机搜索的成功率远非可忽略的，而其计算成本相对较低。

其次，当$A^{(1)}$由独立同分布的相反符号的传感序列组成时，尽管降维，但保证x'可以由y'恢复出来的理论条件也适用。相反地，所选择的整数规划求解器以一种系统的方式探索解决方案，尽管在 9.3.1 节中，枚举所有候选方案至关重要（计算成本以n呈指数增长），但它倾向于以有序的方式生成解决方案。

当只考虑其中的一部分解决方案时（当n很大且解决方案的数量根据结果变化时，这是必要的），会导致$\hat{A}^{(1)}_{j,\cdot}$的集合可能与$A^{(1)}_{j,\cdot}$相差甚远。

为测试所得的猜测$\hat{A}^{(1)}$，Eve 可假装忽略x'，并通过使用如 GAMP [50] 等的高性能信号恢复算法由$(y',\hat{A}^{(1)})$得到近似值$\hat{x}'$，如本节后面所述。这设置了①RSNR 的水平级别，用其作为$\hat{A}^{(1)}$的质量指标。然后，Eve 尝试从明文x''未知的第二个密文$y''=A^{(1)}x''$中恢复信号，如同$A^{(1)}$在某种程度上被重复使用了两次。在这种情况下，如果 Eve 的 KPA 成功检索了$\hat{A}^{(1)}$，则由 GAMP 获得的$\hat{x}''$将产生新的 $\mathrm{RSNR}_{\hat{x}'',x''} \approx \mathrm{RSNR}_{\hat{x}',x'}$。为了说明下面的内容，评估了$(\mathrm{RSNR}_{\hat{x}',x'}, \mathrm{RSNR}_{\hat{x}'',x''})$对对于使用相同$A^{(1)}$编码的固定明文$x'$、$x''$是如何分布的，并且在解码中考虑了候选解$\hat{A}^{(1)}$；如果 Eve 成功实现，则须观察与$\mathrm{RSNR}_{\hat{x}',x'}$兼容的$\mathrm{RSNR}_{\hat{x}'',x''}$。

升级的 KPA 的示例与 Eve 执行的程序的过程相同，不同之处在于 Steve 通过将已知$A^{(1)}_{j,\cdot}$映射到$\hat{A}^{(1)}_{j,\cdot}$的索引集的随机搜索来生成$\hat{A}^{(1)}$的行，其中有$y'_j = \hat{A}^{(1)}_{j,\cdot}x'$。与 9.4.5 节的理论设置相一致，假设 Steve 已知每行中的c_j条目均被翻转。对m行重复这一搜索，给出候选解$\hat{A}^{(1)}$，如上所述，将研究其中相应的$(\mathrm{RSNR}_{\hat{x}',x'}, \mathrm{RSNR}_{\hat{x}'',x''})$对是如何分布的。

1. ECG 信号

考虑与 9.4.5 节相同条件下的 ECG 信号，重点关注用$b_x = 12$ bit 量化的

---

① 此后，确定了信号u与其近似$\hat{u}$间的$\mathrm{RSNR}_{\hat{u},u}$。

$n = 256$ 个样本的两个窗 x'、x''；这些对应于维度 $m = 90$ 的测量向量 y'、y''。选用 Symmlet – 6 正交 DWT[37] 以 D 分解时，信号恢复是由窗口化信号的稀疏程度所允许的。

为 Eve 和 Steve 的 KPA 生成了 2 000 个候选解，对应于图 9.20 中的恢复性能。虽然两个恶意用户都能以相对较高①平均 $\text{RSNR}_{\hat{x}',x'} \approx 25$ dB 来重构已知明文 x'，但在样本 x'' 的第二个窗口，窃听者的平均 $\text{RSNR}_{\hat{x}'',x''} \approx -0.20$ dB（图 9.20(a)），而当两级加密方案在 $A^{(1)}$ 和 $A^{(1)}$ 间的符号翻转密度 $\eta = \dfrac{c}{mn} = 0.03$ 时，二级解码器的平均 $\text{RSNR}_{\hat{x}'',x''} \approx 12.15$ dB（图 9.20(b)）。在这种情况下，用 $A^{(1)}$ 从 y'' 重构 x'' 时，二级 RSNR = 11.08 dB，而 $\text{RSNR}_{\hat{x}',x'}$ 和 $\text{RSNR}_{\hat{x}'',x''}$ 间的相关系数为 0.014 0；这些数字清楚地表明在这种情况下，KPA 推断 $A^{(1)}$ 方面的无效性。如图 9.20 中强调的最大 $\text{RSNR}_{\hat{x}'',x''}$ 对应的 $\hat{x}''$ 的感知质量也证实了这一点。

2. 图像中的敏感文本

本示例采用同 9.4.5 节的相同测试图像，即人持有经二级加密的打印识别文本的 640×512 像素的灰度图像。为减少 KPA 的计算负担，假设每一块的大小为 64×64 像素，每个像素为 $b_x = 8$ bit，并将得到的 $n = 4\ 096$ 个像素编码为 $m = 2\ 048$ 个测量值。通过假设子块在二维 Daubechies – 4 正交 DWT[37] 上具有稀疏表示来进行信号恢复。对包含打印文本的子块进行二级加密：选择两个相邻的子块 x' 和 x''，其中包含一些字母并采用相同的 $A^{(1)}$ 进行编码；在这种情况下，由于编码矩阵中的 $c = 251\ 658$ 项（对应扰动密度 $\eta = 0.03$）的翻转，二级解码器在无须尝试升级的情况下名义上实现了 RSNR = 12.57 dB。

为了测试 Eve 和 Steve 的 KPA，为给定的 x'、y' 编码的第 j 行随机生成 2 000 个解：需要注意的是，在前一种情况下，信号维度足够小，可以在 2 min 内生成一个解决方案集，但在这种情况下，对于特别困难的实例，为单行生成 2 000 个不同的解可能需要几个小时。通过用这些候选解找到 $\hat{x}'$、$\hat{x}''$，可以得到图 9.21 中的结果：虽然两个攻击在 x' 上都有平均 $\text{RSNR}_{\hat{x}',x'} \approx 33$ dB，但 Eve 只能以平均 $\text{RSNR}_{\hat{x}'',x''} \approx 0.14$ dB 来重构 x''，而 Steve 在 $\eta = 0.03$ 时可以达到平均 $\text{RSNR}_{\hat{x}'',x''} \approx 12.80$ dB。

---

① 它们的 KPA 确实为 $y' = \hat{A}^{(1)}x'$ 提供解。

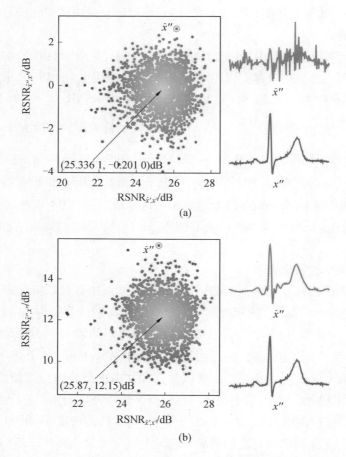

图 9.20　（a）Eve 和（b）Steve 的 KPA 在恢复隐藏 ECG 方面的有效性（每个点都是对
　　　　编码矩阵 $A^{(1)}$ 的猜测，其质量是通过解码与已知明文 x' 相对应的密文
　　　　y'（$\mathrm{RSNR}_{\hat{x}',x'}$）和解码新的密文 y''（$\mathrm{RSNR}_{\hat{x}'',x''}$）来评估的。与平均（$\mathrm{RSNR}_{\hat{x}',x'}$，
　　　　$\mathrm{RSNR}_{\hat{x}'',x''}$）的欧几里得距离由颜色梯度突出显示）

　　另外，尽管存在 $\mathrm{RSNR}_{\hat{x}'',x''} > 12.57\ \mathrm{dB}$ 的幸运猜测，但因为 $\mathrm{RSNR}_{\hat{x}',x'}$ 和
$\mathrm{RSNR}_{\hat{x}'',x''}$ 间的相关系数为 -0.0041，所以无法通过查看 $\mathrm{RSNR}_{\hat{x}',x'}$ 来识别它
们。因此，Steve 不能通过观察 $\mathrm{RSNR}_{\hat{x}',x'}$ 来选择性能最佳的解 $\hat{A}^{(1)}$，故 Eve 和
Steve 的 KPA 是无结果的。作为对此的进一步感知证据，图 9.21 为根据
$\mathrm{RSNR}_{\hat{x}',x'}$ 得出的最佳恢复结果。

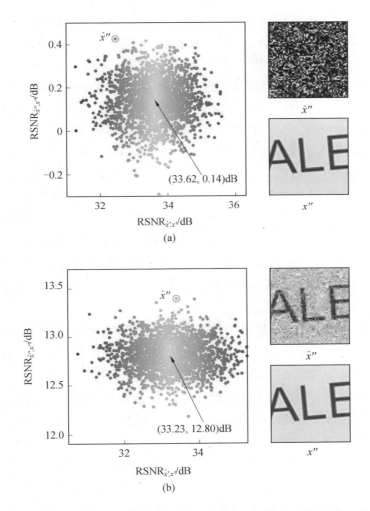

图 9.21　(a) Eve 和 (b) Steve 的 KPA 在恢复隐藏图像块方面的有效性（每个点都是编码矩阵 $A^{(1)}$ 的猜测，其质量是通过解码与已知明文 x' 相对应的密文 y'（$\mathrm{RSNR}_{\hat{x}',x'}$）和解码新的密文 y''（$\mathrm{RSNR}_{\hat{x}'',x''}$）来评估的。与平均（$\mathrm{RSNR}_{\hat{x}',x'}$，$\mathrm{RSNR}_{\hat{x}'',x''}$）的欧几里得距离由颜色梯度突出显示）

3. 基于信号恢复的升级攻击

通过 CS 对两级加密的升级攻击与恢复问题密切相关，该恢复问题已引起先验贡献的关注，即矩阵不确定性下的稀疏信号恢复，如 9.4.1 节所述。在这种情况下，假设 Steve 视角，令 $A^{(1)} = A^{(0)} + \Delta A$ 为编码矩阵，其中 $A^{(0)}$ 是先验已知的，ΔA 是未知的随机稀疏符号翻转扰动矩阵。这是一种升级的已知密文攻击，因为 $Steve$ 只有 $(y, A^{(0)})$，没有其他信息——如果 x 也是已知的，那么最好的方法仍然是定理 9. 10 中的 KPA。

　　Steve 的信息可与 x 上的稀疏先验配对，以尝试联合恢复 x 和 ΔA，最终仅对估计 $\hat{x}$ 进行改进，而非对 ΔA 的实际估计。有两种主要的算法专门解决设置为一般 ΔA 的问题，分别为矩阵不确定性广义近似消息传递（MU – GAMP，[47]）和稀疏认知总体最小二乘法（S – TLS，[60]）。

　　虽然原则上很吸引人，但可以预见这种联合恢复的方法会因多种原因而失败。首先，因为真正明文 x 是未知的，所以这种攻击本质上比 Steve 的 KPA 更难。虽然 ΔA 是给定 x 的 Steve 的 KPA 的候选解，它也还是具有相同 x 的联合恢复的可能解。由 9. 4. 5 节可知，Steve 的 KPA 通常具有大量无法区分且同样稀疏的候选解，因此当明文未知时，至少有同样多的候选解会验证联合恢复问题。因此，与 Steve 的 KPA 相比，这种方法产生更多关于 ΔA 信息的可能性微乎其微。

　　此外需注意，联合恢复相当于用未知的 ΔA 和 x 求解 $y = A^{(0)} x + \Delta Ax$，这显然是涉及非凸／非凹算子的非线性等式；一般来说这是一个很难解决的问题，只能以松弛形式解决（事实上，S – TLS 也是如此）。

　　当 ΔA 取决于低维确定性参数集时，上述算法确实能够补偿矩阵的不确定性。但是，这样的模型不适用于 CS 的二级加密：即使 ΔA 是 c – 稀疏的，它也不具有可以在攻击中利用的确定性结构——要做到这一点，需要知道随机发生符号翻转的 c 个索引对的精确集合 C_0，而这本身就需要组合搜索。

　　事实上，ΔA 在[47]的意义上是均匀的，这是因为它是一个独立同分布的、具有零均值和有界方差的随机矩阵集合的实现。因此，期望由联合恢复（使用 S – TLS 和 MU – GAMP）估计的 $\hat{x}$ 的准确性与[47]的均匀矩阵的不确定性情况相一致，其中，对于（标准的、非联合的）恢复算法 GAMP（Generalized Approximate Message Passing，[50]）的改进可以忽略不计。其理由是，对于给定的 $x^{[47,命题2.1]}$，扰动噪声 $\epsilon = \Delta Ax$ 是渐近高斯的；因此，适当调整 GAMP 的应用以达到接近最佳的性能是合理的。

　　现在给出经验证据说明，在有限的 n、m 和稀疏度 k 下，作为升级攻击的联合恢复是无效的。例如，令 $n = 256, m = 128, k = 20, \eta = \dfrac{c}{mn} \in [0.005, 0.1]$，并

生成 100 个随机实例 $x = D\xi$，其中 x 相对于随机选择的标准正交基 D 是 k – 稀疏的。对于每个 η 生成 100 对与式(9.26) 相关的矩阵 $(A^{(0)}, A^{(1)})$，并将 x 编码为 $y = A^{(1)}x$。

由 MU – GAMP、S – TLS 和 GAMP 进行信号恢复。为了使它们的性能最大化，每个算法都经过"genie"调整，以便揭示 x 所需的精确特征值。特别地，MU – GAMP 和 GAMP 提供了一个独立同分布的伯努利 – 高斯稀疏信号增强模型[50,56]，该模型具有实例 ξ 的精确均值、方差和稀疏度水平。就扰动 ΔA 而言，MU – GAMP 被赋予了其独立同分布项的 PMF。另一方面，GAMP 使用 $\epsilon = \Delta Ax$ 的噪声方差进行初始化，即假设为加性高斯白噪声。S – TLS 以其局部最优的多项式时间版本运行[60,第IV–B节]，并随 η 的变化对其正则化参数进行微调。

由于恢复出的 ΔA 通常精度很低，且不像改进的估计值 $\hat{x}$ 那样与升级攻击有关，因此着重测量了通常的 ARSNR，如图 9.22 所示。所有曲线与平均值的标准偏差均小于 1.71 dB。GAMP 和 MU – GAMP 间最大的 ARSNR 性能差为 1.22 dB，而 S – TLS 在高 η 值下通常性能较低。这些观察到的性能证实了[47] 中的发现，即 GAMP、MU – GAMP 和 S – TLS 在均匀矩阵不确定性下基本可以达到相同的性能。正如预期的那样，即使对于有限的 n 和 m，基于联合恢复的升级攻击也是无效的，因为相同情况下的 GAMP 是 9.4.5 节中采用 CS 设计二级加密的参考案例。

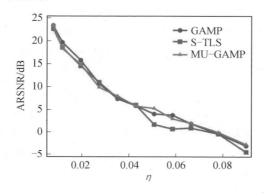

图 9.22　矩阵不确定性算法下使用信号恢复的升
级已知密文攻击的 ARSNR 性能

本章参考文献

[1] Z. Ben-Haim, Y. C. Eldar, Performance bounds for sparse estimation with random noise, in 2009 IEEE/SP 15th Workshop on Statistical Signal Processing, IEEE, Aug. 2009, pp. 225-228.

[2] Z. Ben-Haim, Y. C. Eldar, The Cramér-Rao bound for estimating a sparse parameter vector. IEEE Trans. Signal Process. 58(6), 3384- 3389 (2010).

[3] A. C. Berry, The accuracy of the Gaussian approximation to the sum of independent variates. Trans. Am. Math. Soc. 49(1), 122-136(1941).

[4] T. Bianchi, V. Bioglio, E. Magli, Analysis of one-time random projections for privacy preserving compressed sensing. IEEE Trans. Inf. Forensics Secur. 11(2), 313-327(2016).

[5] T. Bianchi, V. Bioglio, E. Magli, On the security of random linear measurements, in 2014 IEEE International Conference on Acoustics, Speech and Signal Processing(ICASSP), IEEE, May 2014, pp. 3992-3996.

[6] T. Bianchi, E. Magli, Analysis of the security of compressed sensing with circulant matrices, in 2014 IEEE International Workshop on Information Forensics and Security(WIFS), IEEE, Dec. 2014, pp. 173--178.

[7] P. Billingsley, Probability and Measure(Wiley, New York, 2008).

[8] V. Bioglio, T. Bianchi, E. Magli, Secure compressed sensing over finite fields, in 2014 IEEE International Workshop on Information Forensics and Security(WIFS), IEEE, Dec. 2014, pp. 191-196.

[9] V. Cambareri et al., A two-class information concealing system based on compressed sensing, in 2013 IEEE International Symposium on Circuits and Systems(ISCAS2013), IEEE, May 2013, pp. 1356-1359.

[10] V. Cambareri et al., Low-complexity multiclass encryption by compressed sensing. IEEE Trans. Signal Process. 63(9), 2183-2195 (2015).

[11] V. Cambareri et al., On known-plaintext attacks to a compressed sensing-based encryption: A quantitative analysis. IEEE Trans. Inf. Forensics Secur. 10(10), 2182-2195(2015).

[12] E. J. Candes, J. K. Romberg, T. Tao, Stable signal recovery from incomplete andinaccurate measurements. Commun. Pure Appl. Math. 59(8), 1207-1223(2006).

[13] E. J. Candes, T. Tao, Decoding by linear programming. IEEE Trans. Inf. Theory51(12), 4203-4215(2005).

[14] E. J. Candes, T. Tao, Near-optimal signal recovery from random projections: Universal encoding strategies? IEEE Trans. Inf. Theory 52(12), 5406-5425(2006).

[15] B. Chor, R. L. Rivest, A knapsack-type public key cryptosystem based on arithmetic in finite fields. IEEE Trans. Inf. Theory 34(5), 901-909 (1988).

[16] T. M. Cover, J. A. Thomas, Elements of Information Theory(Wiley, New York, 2012).

[17] D. L. Donoho, A. Maleki, A. Montanari, Message-passing algorithms for compressed sensing. Proc. Natl. Acad. Sci. 106(45), 18914-18919 (2009).

[18] I. Drori, Compressed video sensing, in BMVA Symposium on 3D Video-Analysis, Display and Applications, 2008.

[19] D. Eastlake, P. Jones, in US Secure Hash Algorithm 1(SHA1), 2001.

[20] E. Ehrhart, Sur un probleme de géométrie diophantienne linéaire. II. Systemes diophantiens linéaires. (French). J. für die reine und angewandte Mathematik 227, 25-49(1967).

[21] R. Fay, Introducing the counter mode of operation to Compressed Sensing based encryption. Inf. Process. Lett.116(4), 279-283(2016).

[22] S. Geman et al., A limit theorem for the norm of random matrices. Ann. Probab.8(2), 252-261(1980).

[23] A. L. Goldberger et al., Physiobank, Physiotoolkit, and Physionet: components of a new research resource for complex physiologic signals. Circulation101(23), 215-220(2000).

[24] M. A. Herman, T. Strohmer, General deviants: An analysis of perturbations in compressed sensing. IEEE J. Sel. Top. Signal Process. 4(2), 342-349(2010).

[25] G. Hinton et al., Deep neural networks for acoustic modeling in speech recognition: the Shared Views of Four Research Groups. IEEE Signal

Process. Mag. 29(6), 82-97(2012).

[26] ILOG, Inc. , ILOG CPLEX: High-Performance Software for Mathematical Programming and Optimization. http://www.ilog.com/ products/ cplex/. 2015.

[27] L. Jacques, D. K. Hammond, J. M. Fadili, Dequantizing compressed sensing: When oversampling and non-Gaussian constraints combine. IEEE Trans. Inf. Theory 57(1), 559-571(2011).

[28] L. Jacques et al. , Robust 1-bit compressive sensing via binary stable embeddings of sparse vectors. IEEE Trans. Inf. Theory 59(4), 2082- 2102(2013).

[29] R. Jane et al. , Evaluation of an automatic threshold based detector of waveform limits in Holter ECG with the QT database. Computers in Cardiology 1997, IEEE, Sept. 1997, pp. 295-298.

[30] A. Kerckhoffs, La cryptographie militaire. J. des sciences militaires IX, 5-38(1883).

[31] B. Klartag, S. Sodin, Variations on the Berry-Esseen Theorem. Theory Probab. Appl.56(3), 403-419(2012).

[32] J. C. Lagarias, A. M. Odlyzko, Solving low-density subset sum problems. J. ACM(JACM)32(1), 229-246(1985).

[33] R. Latala, Some estimates of norms of random matrices. Proc. Am. Math. Soc.133(5), 1273-1282(2005).

[34] P. - L. Loh, M. J. Wainwright, Corrupted and missing predictors: minimax bounds for high-dimensional linear regression, in 2012 IEEE International Symposium on Information Theory Proceedings, IEEE, July 2012, pp. 2601-2605.

[35] P. -L. Loh, M. J. Wainwright, et al. , High-dimensional regression with noisy and missing data: Provable guarantees with nonconvexity. Ann. Stat.40(3), p. 1637(2012).

[36] I. G. MacDonald, Polynomials associated with finite cell-complexes. J. Lond. Math. Soc.2(1), 181-192(1971).

[37] S. Mallat, A Wavelet Tour of Signal Processing: The Sparse Way. Access Online via Elsevier, 2008.

[38] S. Martello, P. Toth, Knapsack Problems: Algorithms and Computer Implementations(Wiley, New York, 1990).

[39] J. L. Massey, Shift-register synthesis and BCH decoding. IEEE Trans. Inf. Theory 15(1), 122-127(1969).

[40] M. Matsumoto et al., Cryptographic mersenne twister and fubuki stream/block cipher. Crypto-graphic ePrint Archive(June 2005).

[41] R. J. McEliece, A Public-key Cryptosystem Based on Algebraic Coding Theory. Tech. rep., Jet Propulsion Laboratory, Pasadena, CA, Jan. 1978, pp. 114-116.

[42] R. Merkle, M. Hellman, Hiding information and signatures in trapdoor knapsacks. IEEE Trans. Inf. Theory 24(5), 525-530(1978).

[43] D. Needell, J. A. Tropp, CoSaMP: Iterative signal recovery from incomplete and inaccurate samples. Appl. Comput. Harmon. Anal. 26(3), 301-321(2009).

[44] H. Niederreiter, Knapsack-type cryptosystems and algebraic coding theory. Probl. Control Inf. Theory 15(2), 159-166(1986).

[45] A. M. Odlyzko, The rise and fall of knapsack cryptosystems. Cryptol. Comput. Number Theory 42, 75-88(1990).

[46] A. Orsdemir et al., On the security and robustness of encryption via compressed sensing, in MILCOM 2008-2008 IEEE Military Communications Conference, IEEE, Nov. 2008, pp. 1-7.

[47] J. T. Parker, V. Cevher, P. Schniter, Compressive sensing under matrix uncertainties: an approximate message passing approach, in 2011 Conference Record of the Forty Fifth Asilomar Conference on Signals, Systems and Computers(ASILOMAR), IEEE, Nov. 2011, pp. 804-808.

[48] G. Pirker et al., A pitch tracking corpus with evaluation on multipitch tracking scenario, in Interspeech 2011, Aug. 2011, pp. 1509-1512.

[49] Y. Rachlin, D. Baron, The secrecy of compressed sensing measurements, in 2008 46th Annual Allerton Conference on Communication, Control, and Computing, IEEE, Sept. 2008, pp. 813-817.

[50] S. Rangan, Generalized approximate message passing for estimation with random linear mixing, in 2011 IEEE International Symposium on Information Theory Proceedings, IEEE, July 2011, pp. 2168-2172.

[51] T. Sasamoto, T. Toyoizumi, H. Nishimori, Statistical mechanics of an NP-complete problem: subset sum. J. Phys. A Math. Gen. 34(44), 9555-9568 (2001).

[52] C. E. Shannon, Communication theory of secrecy systems. Bell Syst. Tech. J. 28(4), 656-715(1949).

[53] G. Shires, H. Wennborg, Web Speech API Specification. http://dvcs. w3. org/hg/speech-api/raw-file/tip/speechapi. html, Oct. 2012.

[54] R. Smith, An overview of the tesseract OCR engine, in Ninth International Conference on Document Analysis and Recognition (ICDAR 2007), vol. 2, Sept. 2007, pp. 629-633.

[55] R. Vershynin, Introduction to the Non-asymptotic Analysis of Random Matrices(Cambridge University Press, Cambridge, 2012), pp. 210-268.

[56] J. Vila, P. Schniter, Expectation-maximization Bernoulli-Gaussian approximate message passing, in 2011 Conference Record of the Forty Fifth Asilomar Conference on Signals, Systems and Computers (ASILOMAR), IEEE, Nov. 2011, pp. 799-803.

[57] L. C. Washington, W. Trappe, Introduction to Cryptography: With Coding Theory(Prentice Hall PTR, Upper Saddle River, 2002).

[58] A. D. Wyner, The wire-tap channel. Bell Syst. Tech. J. 54(8), 1355-1387 (1975).

[59] L. Y. Zhang et al., Bi-level protected compressive sampling. IEEE Trans. Multimedia 18(9), 1720-1732(2016).

[60] H. Zhu, G. Leus, G. B. Giannakis, Sparsity-cognizant total least-squares for perturbed compressive sampling. IEEE Trans. Signal Process. 59(5), 2002-2016 (2011).

附录   部分彩图

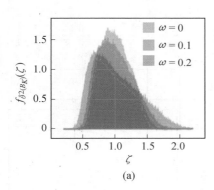 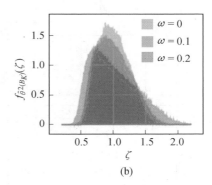

(a)　　　　　　　　　　　　　　(b)

图 1.9

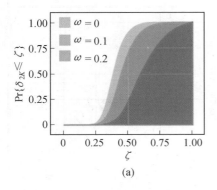 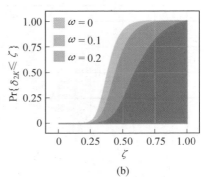

(a)　　　　　　　　　　　　　　(b)

图 1.11

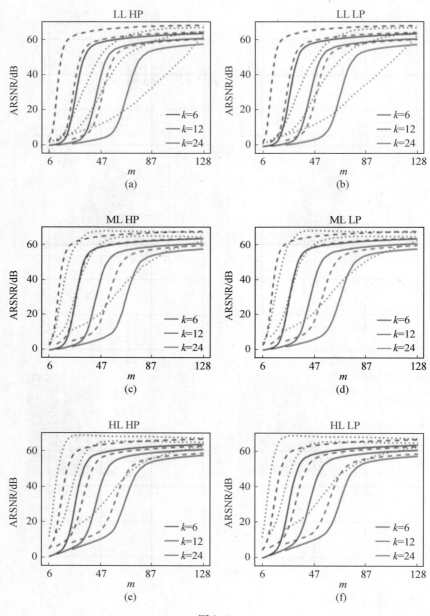

图 3.1

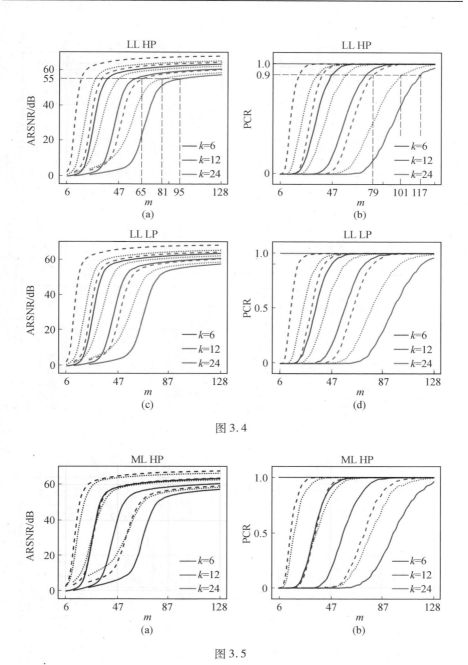

图 3.4

图 3.5

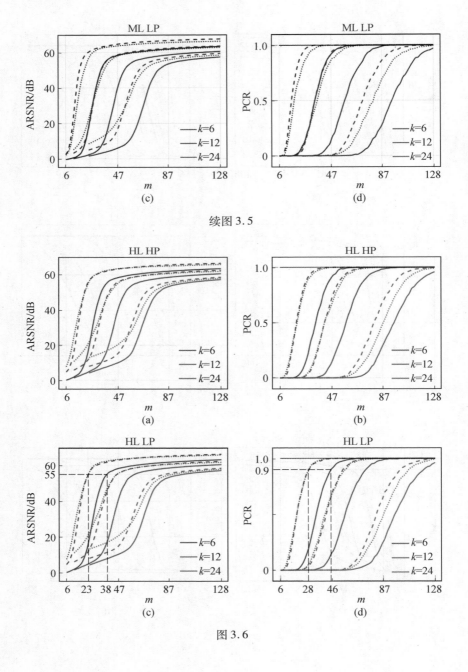

续图 3.5

图 3.6

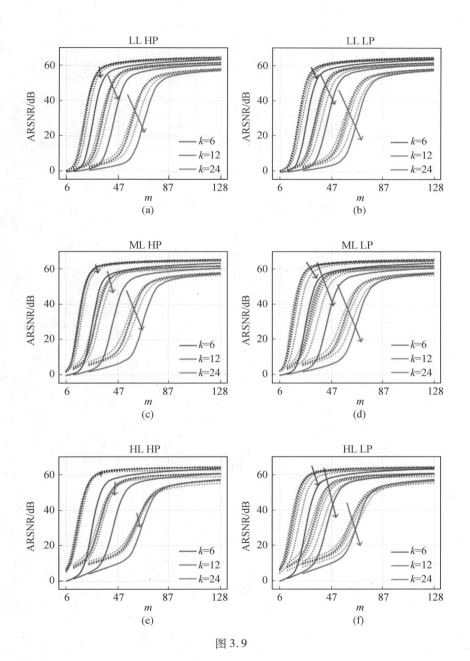

图 3.9

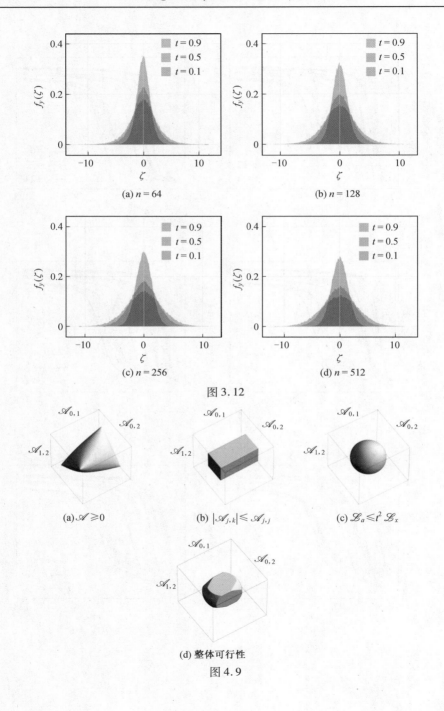

图 3.12

(a) $\mathscr{A} \geqslant 0$

(b) $|\mathscr{A}_{j,k}| \leqslant \mathscr{A}_{j,j}$

(c) $\mathscr{L}_a \leqslant t^2 \mathscr{L}_x$

(d) 整体可行性

图 4.9

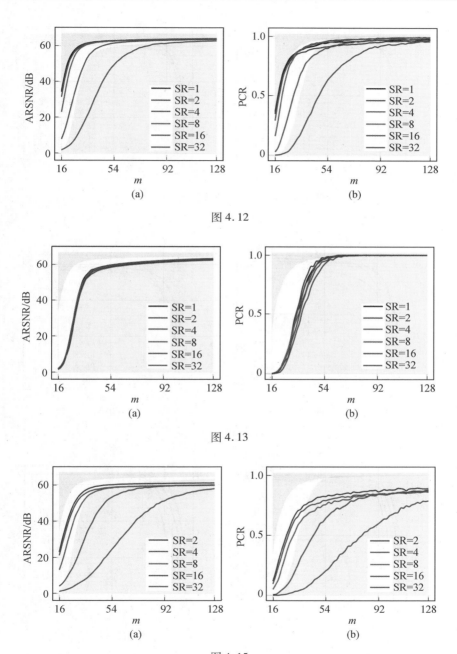

图 4.12

图 4.13

图 4.15

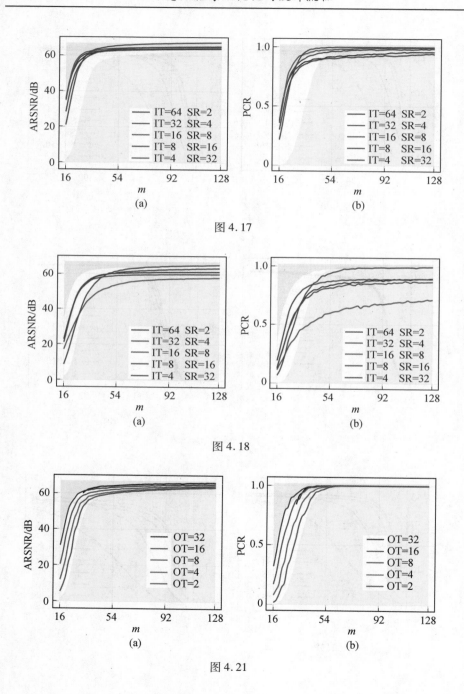

图 4.17

图 4.18

图 4.21

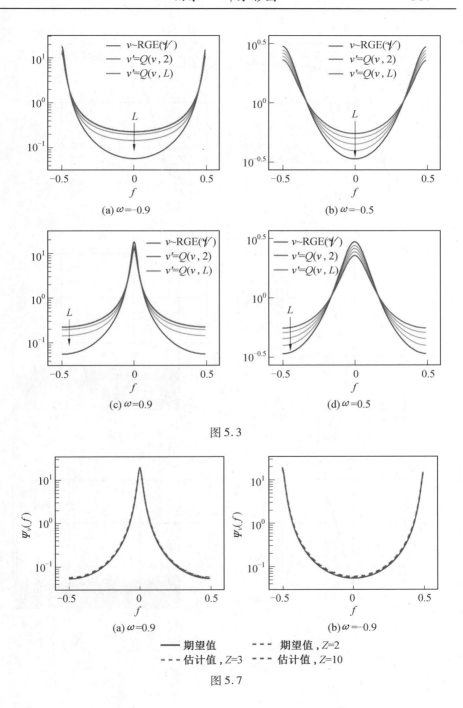

图 5.3

(a) $\omega=-0.9$

(b) $\omega=-0.5$

(c) $\omega=0.9$

(d) $\omega=0.5$

(a) $\omega=0.9$

(b) $\omega=-0.9$

期望值　　　期望值，$Z=2$

估计值，$Z=3$　　估计值，$Z=10$

图 5.7

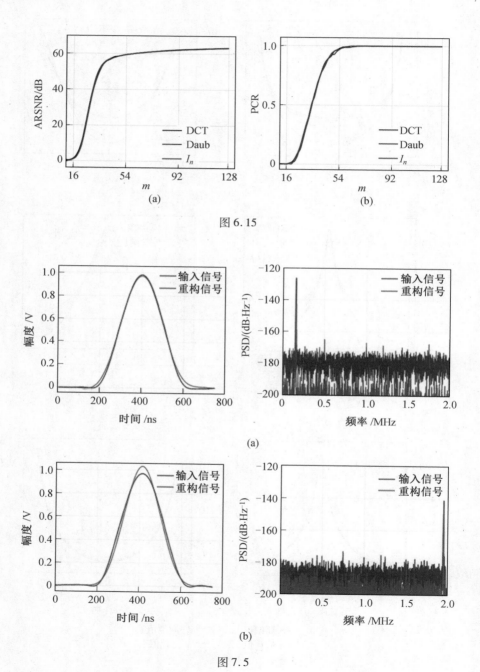

图 6.15

图 7.5

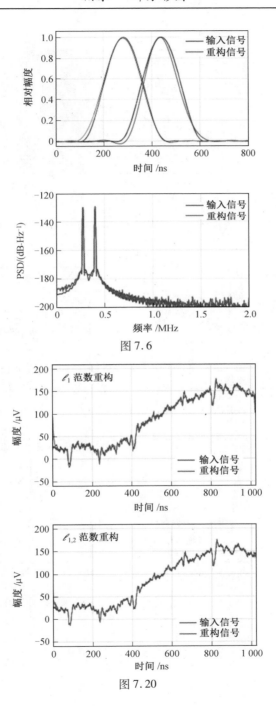

图 7.6

图 7.20

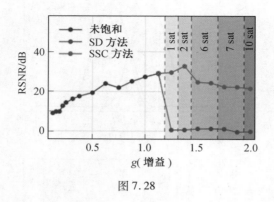

图 7.28

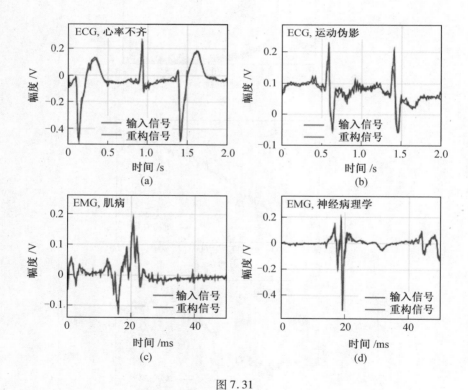

图 7.31

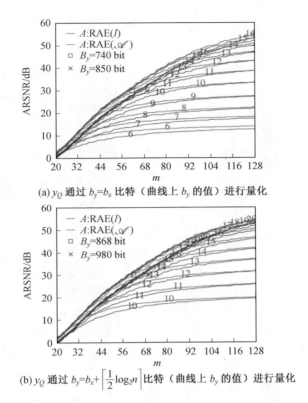

(a) y_Q 通过 $b_y=b_x$ 比特（曲线上 b_y 的值）进行量化

(b) y_Q 通过 $b_y=b_x+\left\lceil\frac{1}{2}\log_2 n\right\rceil$ 比特（曲线上 b_y 的值）进行量化

图 8.7

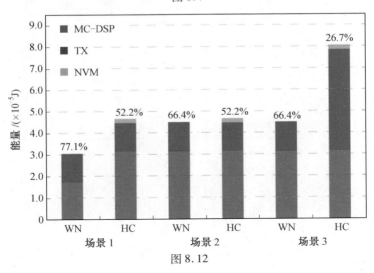

图 8.12

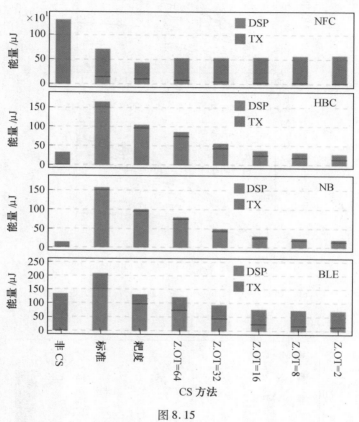

图 8.15

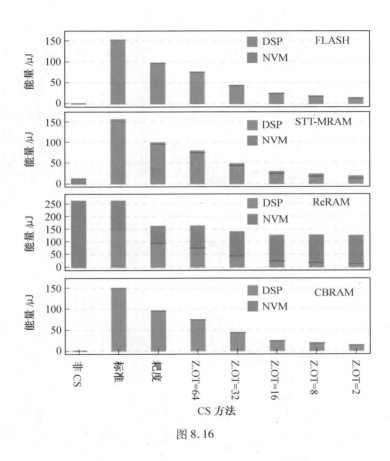

图 8.16

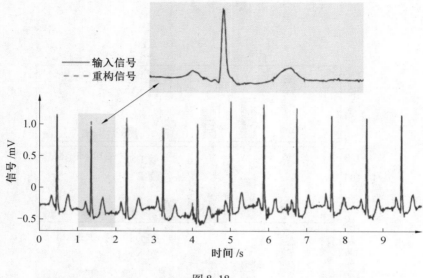

图 8.18

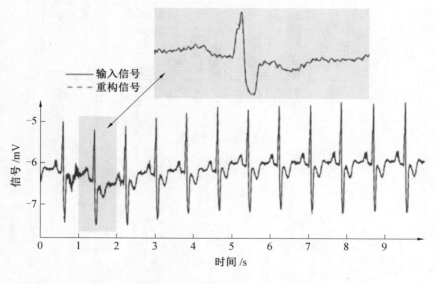

图 8.19

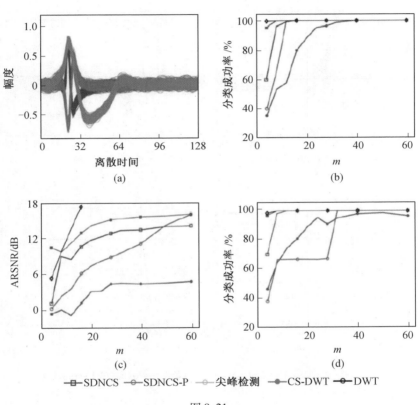

图 8.21

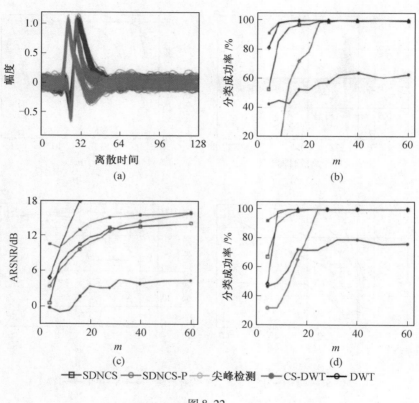

图 8.22

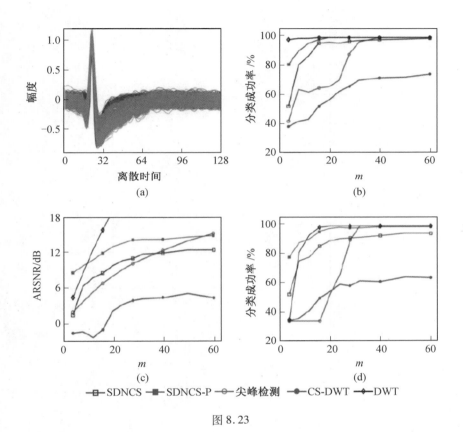

图 8.23

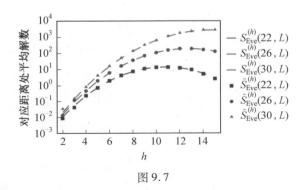

图 9.7